W0062365

ASTRONOMIE
ATLAS

WILL GATER und GILES SPARROW

ASTRONOMIE ATLAS

Monat
für
Monat

DORLING KINDERSLEY

DORLING KINDERSLEY
London, New York, Melbourne, München und Delhi

DK London
Redaktion Martha Evatt
Gestaltung und Satz Duncan Turner
Cheflektorat Sarah Larter
Bildredaktion Michelle Baxter
Herstellung Sophie Argyris, Phil Sergeant
Projektleitung Liz Wheeler
Art Director Phil Ormerod
Programmleitung Jonathan Metcalf
Bildrecherche Louise Thomas
Umschlaggestaltung Mark Cavanagh

DK Delhi
Redaktion Soma B. Chowdhury, Sudeshna Dasgupta,
Himanshi Sharma
Gestaltung und Satz Nidhi Mehra, Pooja Pipil
Projektbetreuung Alka Ranjan
DTP-Design Vishal Bhatia, Saurabh Challariya,
Pushpak Tyagi
Cheflektorat Rohan Sinha
Bildredaktion Ashita Murgai
DTP-Manager Sunil Sharma

Für die deutsche Ausgabe:
Programmleitung Monika Schlitzer
Projektbetreuung Andrea Göppner
Herstellungsleitung Dorothee Whittaker
Herstellung Mareike Hutsky

Bibliografische Information der Deutschen Bibliothek
Die Deutsche Bibliothek verzeichnet diese Publikation
in der Deutschen Nationalbibliografie;
detaillierte bibliografische Daten sind im Internet
über http://dnb.ddb.de abrufbar.

Titel der englischen Originalausgabe:
The Night Sky Month by Month

© Dorling Kindersley Limited, London, 2011
Ein Unternehmen der Penguin-Gruppe

© der deutschsprachigen Ausgabe by
Dorling Kindersley Verlag GmbH, München, 2013
Alle deutschsprachigen Rechte vorbehalten

Übersetzung Martin Kliche
Lektorat Dr. Barbara Welzel

ISBN 978-3-8310-2330-1

Colour reproduction by MDP, Bath
Printed and bound in China

Besuchen Sie uns im Internet
www.dorlingkindersley.de

Hinweis
Die Informationen und Ratschläge in diesem Buch sind von
den Autoren und vom Verlag sorgfältig erwogen und geprüft,
dennoch kann eine Garantie nicht übernommen werden.
Eine Haftung der Autoren bzw. des Verlags und seiner Beauftragten
für Personen-, Sach- und Vermögensschäden ist ausgeschlossen.

Warnhinweis
Blicken Sie niemals durch ein direkt auf die Sonne gerichtetes Teleskop
oder Fernglas, ohne sich vorher zu überzeugen, dass geeignete Schutz-
maßnahmen getroffen wurden. Ein ungeschützter Blick, selbst durch ein
kleines Sucherfernrohr, kann das Auge dauerhaft schädigen. Verlag und
Autoren übernehmen keine Haftung für hierdurch entstehende Schäden

INHALT

BLICK NACH OBEN

MONATLICHE STERNKARTEN

ALMANACH

AUTOREN

Will Gater ist Journalist und Autor auf dem Fachgebiet Astronomie. Er schreibt für mehrere astronomische und naturwissenschaftliche Fachzeitschriften und stellt diese Fachgebiete in Fernseh- und Radiosendungen vor. Seinen Blog und seine Website findet man unter www.willgater.com. Will Gater ist auch Autor des Buchs *Praktische Astronomie*, das bei Dorling Kindersley erschienen ist.

Giles Sparrow studierte Astronomie und Wissenschaftskommunikation und arbeitet seit 15 Jahren als Herausgeber und Autor von Publikationen zu den Themen Astronomie und Astrophysik. Zudem begeistert er sich für Weltraumforschung und hat viele Bücher über Weltraumtechnologie und die Geschichte des Raumflugs veröffentlicht. U. a. ist er Mitverfasser des Bestsellers *Universum* bei Dorling Kindersley.

BLICK NACH OBEN

● ●

Wer in den Nachthimmel blickt und Sterne, Planeten, Nebel und Galaxien beobachtet, beginnt zu erahnen, wie unermesslich groß das Universum ist. Astronomen betrachten den Nachthimmel als weit entfernte Kugelfläche, die die Erde umgibt – man nennt sie Himmelskugel. Astronomen nutzen sie zur Orientierung, wenn sie die Bewegungen von Himmelskörpern verfolgen. Sogar Sterne scheinen am Nachthimmel zu wandern – tatsächlich aber dreht sich die Erde unter ihnen hinweg.

Meteorschauer der Leoniden
Sternschnuppen wie diese über dem Joshua Tree National Park in Kalifornien (USA) erleuchten den Himmel. Die Leoniden werden jedes Jahr um den 17. November gespannt erwartet und stammen scheinbar aus dem Sternbild Leo (Löwe).

BLICK IN DEN WELTRAUM

Die Erde ist ein winziger Teil eines viel Größeren, das sich kaum erfassen lässt: des Universums. Weiß man, wo wir in ihm leben, versteht man besser, was man sieht.

DIE GRÖSSE DES UNIVERSUMS

Das Universum ist unermesslich und erstreckt sich weit über die Grenzen des Sonnensystems hinaus. In klaren Nächten erkennt man nur mit bloßem Auge viele Sterne und manchmal sogar das schwach leuchtende Band der Milchstraße. Von einem sehr dunklen Standort aus ist sogar der Andromedanebel zu sehen. Diese Galaxie ist ungefähr 2,5 Mio. Lichtjahre von der Erde entfernt und zählt zu den fernsten Himmelsobjekten, die mit bloßem Auge zu erkennen sind. Mit einem Teleskop oder einem Fernglas sieht man auch viel weiter entfernte Objekte wie andere Galaxien, Nebel oder Sternhaufen der Milchstraße. Hobbyastronomen können von dieser Vielfalt allerdings nur einen Bruchteil beobachten.

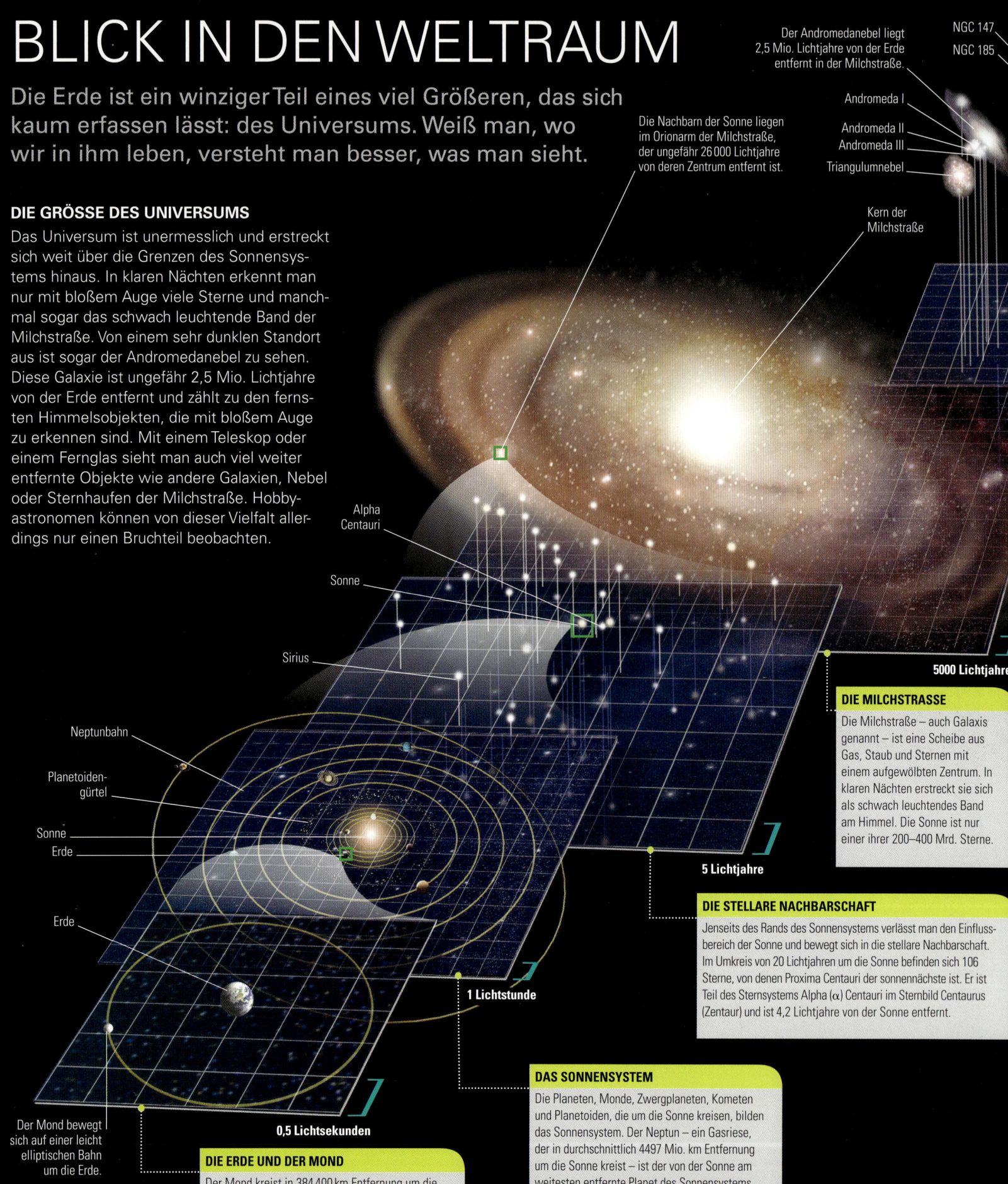

Der Andromedanebel liegt 2,5 Mio. Lichtjahre von der Erde entfernt in der Milchstraße.

NGC 147

NGC 185

Andromeda I

Andromeda II

Andromeda III

Triangulumnebel

Die Nachbarn der Sonne liegen im Orionarm der Milchstraße, der ungefähr 26 000 Lichtjahre von deren Zentrum entfernt ist.

Kern der Milchstraße

Alpha Centauri

Sonne

Sirius

Neptunbahn

Planetoidengürtel

Sonne

Erde

Erde

Der Mond bewegt sich auf einer leicht elliptischen Bahn um die Erde.

5000 Lichtjahre

5 Lichtjahre

1 Lichtstunde

0,5 Lichtsekunden

DIE MILCHSTRASSE

Die Milchstraße – auch Galaxis genannt – ist eine Scheibe aus Gas, Staub und Sternen mit einem aufgewölbten Zentrum. In klaren Nächten erstreckt sie sich als schwach leuchtendes Band am Himmel. Die Sonne ist nur einer ihrer 200–400 Mrd. Sterne.

DIE STELLARE NACHBARSCHAFT

Jenseits des Rands des Sonnensystems verlässt man den Einflussbereich der Sonne und bewegt sich in die stellare Nachbarschaft. Im Umkreis von 20 Lichtjahren um die Sonne befinden sich 106 Sterne, von denen Proxima Centauri der sonnennächste ist. Er ist Teil des Sternsystems Alpha (α) Centauri im Sternbild Centaurus (Zentaur) und ist 4,2 Lichtjahre von der Sonne entfernt.

DAS SONNENSYSTEM

Die Planeten, Monde, Zwergplaneten, Kometen und Planetoiden, die um die Sonne kreisen, bilden das Sonnensystem. Der Neptun – ein Gasriese, der in durchschnittlich 4497 Mio. km Entfernung um die Sonne kreist – ist der von der Sonne am weitesten entfernte Planet des Sonnensystems.

DIE ERDE UND DER MOND

Der Mond kreist in 384 400 km Entfernung um die Erde und ist damit der Himmelskörper, der uns am nächsten ist. Sein Licht braucht nur etwas mehr als eine Sekunde, um die Erde zu erreichen.

DIE LOKALE GRUPPE

Unsere Galaxie, die Milchstraße, ist Mitglied der Lokalen Gruppe, einer größeren Ansammlung von etwa 40 Galaxien, die in der Nachbarschaft der Milchstraße existieren. Einige dieser Galaxien – wie der Andromedanebel M31 und der Triangulumnebel M33 – sind am Nachthimmel leicht zu erkennen.

DER LOKALE SUPERHAUFEN

Die Lokale Gruppe ist Teil einer größeren Gruppe aus vielen Tausend Galaxien. Diesen Schwarm aus Galaxien nennt man Virgo-Superhaufen. Er ist etwa 100 Mio. Lichtjahre groß und liegt inmitten riesiger miteinander verbundener Streifen anderer Superhaufen, die sich über das Weltall erstrecken.

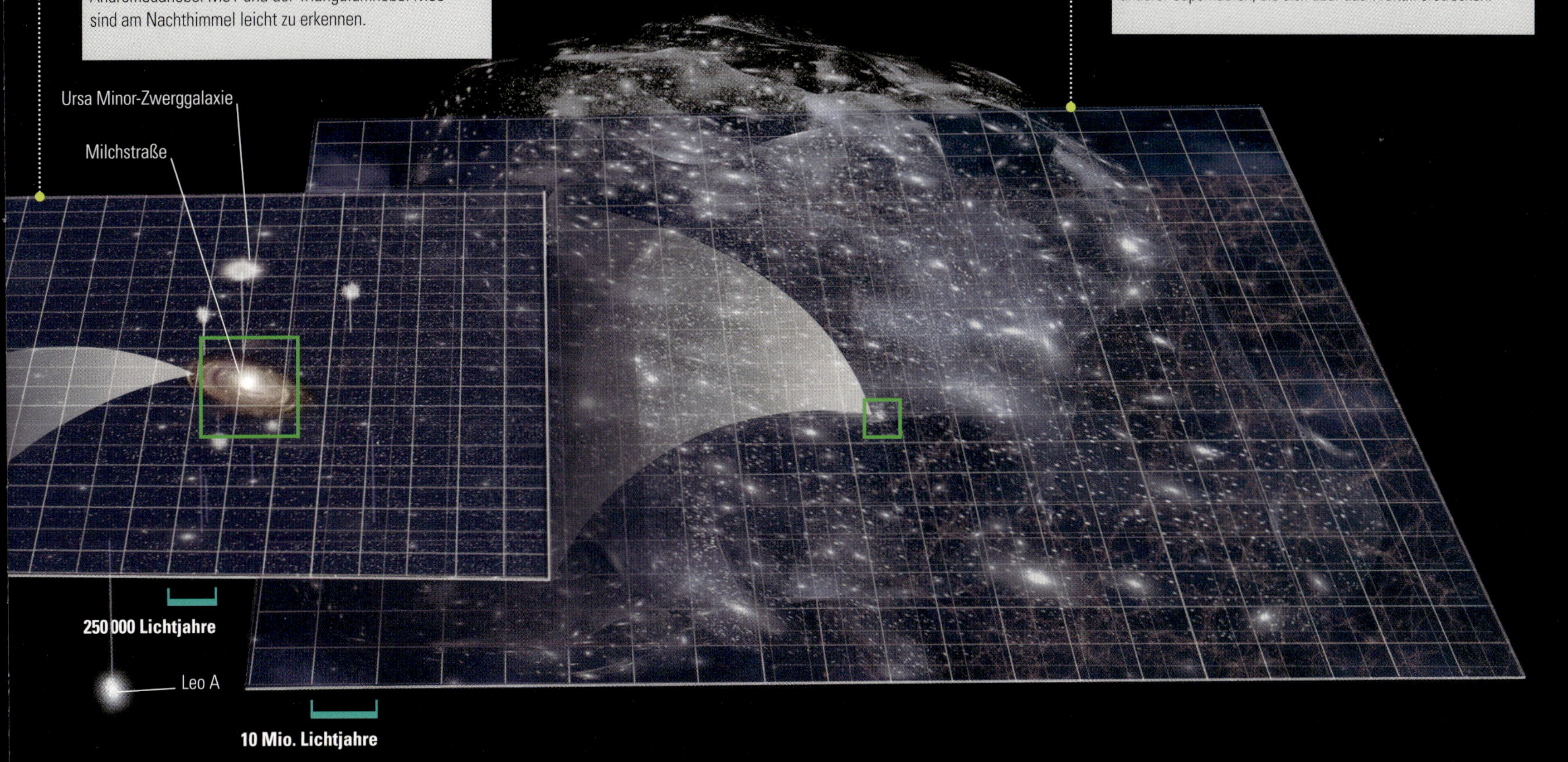

Ursa Minor-Zwerggalaxie

Milchstraße

250 000 Lichtjahre

Leo A

10 Mio. Lichtjahre

ENTFERNUNGEN BESTIMMEN

Um die riesigen Entfernungen im Universum zu messen, sind bekannte Längeneinheiten wie Kilometer oder Meilen unpraktisch, weil sie nur relativ kurze Strecken erfassen. Deshalb benutzen Astronomen zur Messung von Entfernungen – etwa zwischen Sternen oder Galaxien – das Lichtjahr. Ein Lichtjahr (Lj) entspricht der Strecke, die Lichtstrahlen in einem Jahr zurücklegen. Da die Geschwindigkeit des Lichts unglaublich hoch ist – sie beträgt 300 000 km pro Sekunde –, ist die Strecke, die Licht in einem Jahr zurücklegt, gewaltig. Weil auch die Entfernungen im All gewaltig sind, sehen wir das Licht von einem fernen Körper wie einem

Stern erst nach Jahrzehnten, Jahrhunderten oder gar Millionen Jahren, die es gebraucht hat, um die Erde zu erreichen. Folglich blicken wir in die Vergangenheit: Wir sehen das Objekt so, wie es aussah, als es das Licht, das heute bei uns eintrifft, ausstrahlte – und nicht in seinem heutigen Zustand. Demnach sehen wir den 2,5 Mio. Lichtjahre entfernten Andromedanebel, wie er vor 2,5 Mio. Jahren aussah. Im Gegensatz dazu erreicht uns das Licht der Sonne nach nur 8,5 Minuten. In der Grafik (unten) sind Entfernungen gelistet: Der erste Skalenstrich entspricht 10 000 km, jeder weitere dem 10-Fachen des vorhergehenden Werts.

Blick ins Universum
Die Himmelskörper am Nachthimmel sind unterschiedlich weit von uns entfernt. Von Meteoren, die die Erdatmosphäre durchziehen, bis zu entfernten Sternen der Milchstraße ist alles zu sehen.

ENTFERNUNG VOM MITTELPUNKT DER ERDE

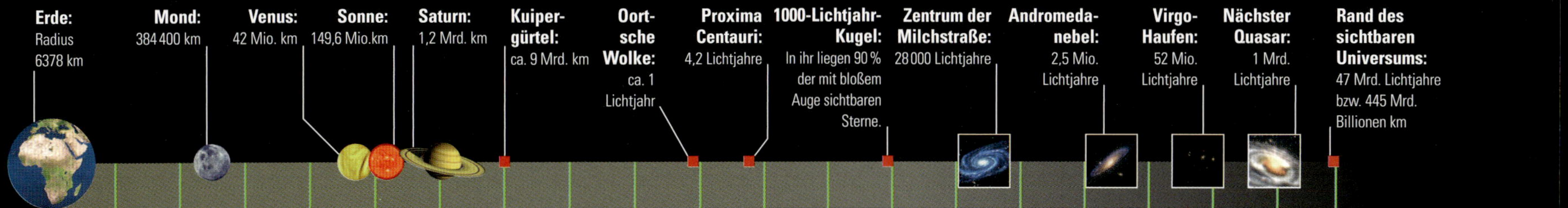

Erde: Radius 6378 km	**Mond:** 384 400 km	**Venus:** 42 Mio. km	**Sonne:** 149,6 Mio.km	**Saturn:** 1,2 Mrd. km	**Kuipergürtel:** ca. 9 Mrd. km	**Oortsche Wolke:** ca. 1 Lichtjahr	**Proxima Centauri:** 4,2 Lichtjahre	**1000-Lichtjahr-Kugel:** In ihr liegen 90 % der mit bloßem Auge sichtbaren Sterne.	**Zentrum der Milchstraße:** 28 000 Lichtjahre	**Andromedanebel:** 2,5 Mio. Lichtjahre	**Virgo-Haufen:** 52 Mio. Lichtjahre	**Nächster Quasar:** 1 Mrd. Lichtjahre	**Rand des sichtbaren Universums:** 47 Mrd. Lichtjahre bzw. 445 Mrd. Billionen km

BLICK ZU DEN STERNEN

Wer in einer klaren Nacht in den Himmel blickt, wird von zahllosen Sternen begrüßt. Um sich am Nachthimmel zu orientieren, nutzen Beobachter verschiedene Methoden.

DIE HIMMELSKUGEL

Das Koordinatensystem der Breiten- und Längengrade hilft, jeden Ort auf der Erdoberfläche zu beschreiben. Dieses System beruht auf einem einfachen imaginären Raster, bei dem anhand der horizontalen Linien – also der Breitengrade – Orte nördlich oder südlich des Äquators bestimmt werden. Anhand der senkrechten Linien oder Längengrade werden Orte östlich oder westlich des Nullmeridians – einem Kreis, der durch Nord- und Südpol sowie durch Greenwich in London verläuft – bestimmt. Ein ähnliches Netz projizieren Astronomen auf eine gedachte Kugel, die die Erde umgibt: die Himmelskugel. Ihren

Nullmeridian nennt man Himmelsmeridian, ihren Äquator entprechend Himmelsäquator. Anstelle der Breitengrade tritt die Deklination, die in Grad und Minuten gemessen wird, und die irdischen Längengrade werden am Himmel zur Rektaszension (RA), die man in Stunden und Minuten angibt. Mit diesen Koordinaten kann man Himmelsobjekte exakt lokalisieren.

BLICK AUF DIE HIMMELSKUGEL

Welchen Teil des Nachthimmels man sieht, hängt davon ab, wo man sich befindet. Ein Bewohner der südlichen Halbkugel sieht einen anderen Ausschnitt des Himmels als ein Bewohner, der auf der nördlichen Halbkugel steht. Nur am Äquator ziehen im Lauf eines Jahres alle Bereiche der Himmelskugel an einem vorbei.

Begrenzte Sicht
Der Standort eines Beobachters bestimmt, welcher Teil der Himmelskugel zu sehen ist.

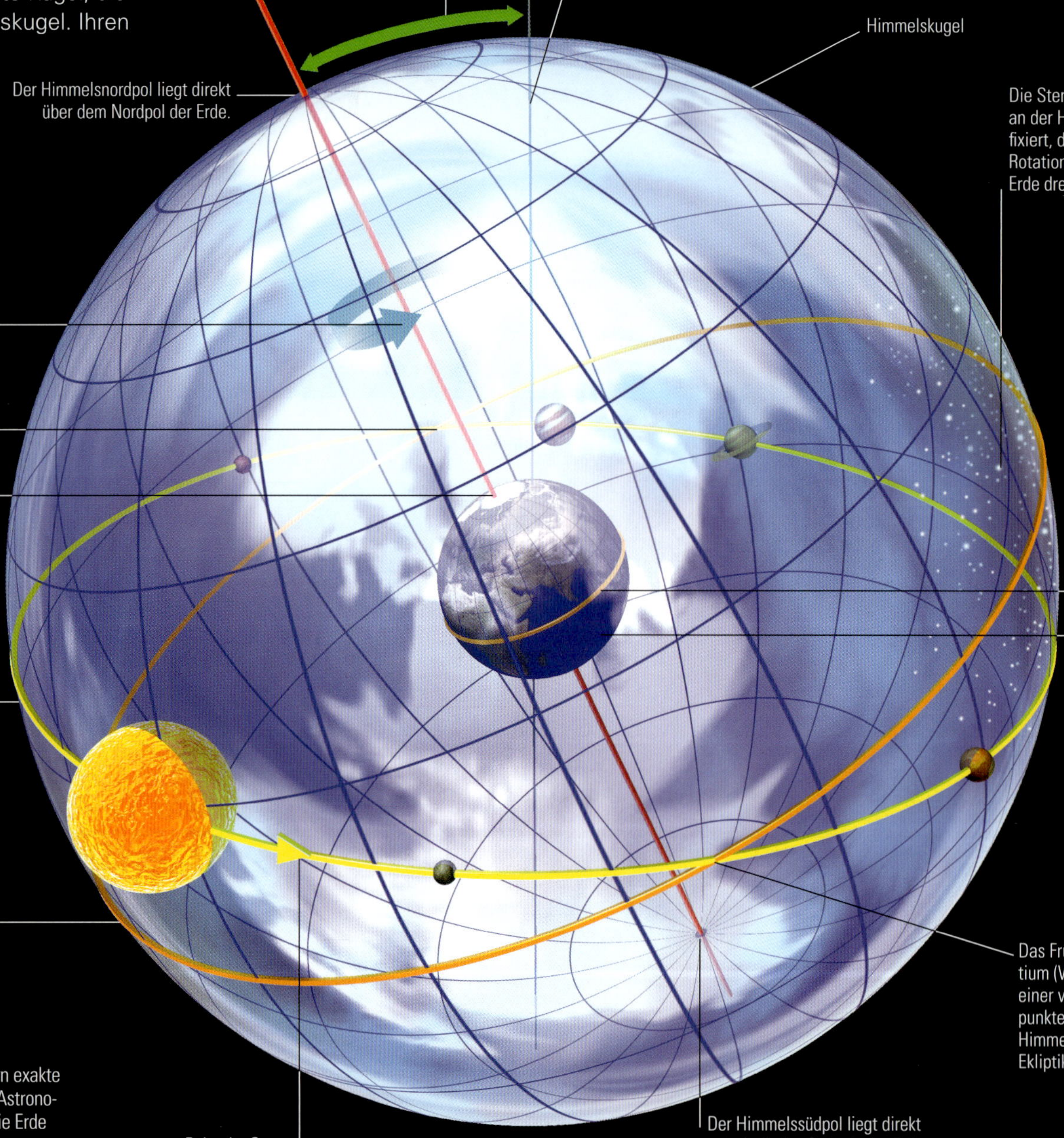

Erdachse

Die Erdachse ist um 23,5° geneigt.

Diese Linie steht senkrecht auf die Ebene der Ekliptik (Ebene der Erdumlaufbahn um die Sonne).

Himmelskugel

Der Himmelsnordpol liegt direkt über dem Nordpol der Erde.

Die Sterne sind scheinbar an der Himmelskugel fixiert, die sich gegen die Rotationsrichtung der Erde dreht.

Rotationsrichtung

Herbstäquinoktium (Waagepunkt)

Nordpol der Erde

Die Sonne und die Planeten sind nicht an der Himmelskugel fixiert, sondern bewegen sich auf oder nahe einem Kreis, der sog. Ekliptik.

Erdäquator

Erde

Himmelsäquator – ein Kreis um die Himmelskugel: Er liegt direkt über dem Erdäquator.

Das Frühlingsäquinoktium (Widderpunkt) ist einer von zwei Schnittpunkten zwischen Himmelsäquator und Ekliptik.

Positionen festlegen

Um zur Lokalisierung von Himmelskörpern exakte Koordinaten angeben zu können, haben Astronomen eine imaginäre Himmelskugel um die Erde gespannt und diese mit einem Raster überzogen.

Bahn der Sonne

Der Himmelssüdpol liegt direkt unterhalb des Südpols der Erde.

GRÖSSEN BESTIMMEN

Wer den Nachthimmel zum ersten Mal beobachtet, kann die Größe eines Sternbilds oder eines Himmelskörpers auch unter Zuhilfenahme einer Sternkarte nicht einschätzen. Dafür helfen ganz einfache Methoden bei der Bewertung der scheinbaren Größe am Himmel. Dazu streckt man einen Arm gegen den Himmel aus und nimmt dann Hände und Finger zu Hilfe. Der Zeigefinger beispielsweise verdeckt den Mond,

der nur ein halbes Grad breit ist. Die Breite einer gespreizten Hand bedeckt dagegen ungefähr 22°. Entfernungen zwischen Himmelskörpern werden in Grad gemessen. Der Andromedanebel (M31) ist am Nachthimmel etwa 3° breit. Ein Grad kann man in 60 Bogenminuten (Symbol ') teilen und jede Bogenminute in 60 Bogensekunden (Symbol "). Diese Einheiten werden manchmal unterschiedlich geschrieben und man liest oft einfach nur Minuten oder arcmin bzw. Sekunden oder arcsec. Diese kleineren Einheiten werden häufig dazu benutzt, den Abstand von den Sternen binnen eines Doppelsterns oder die Größe eines Nebels oder Sternhaufens zu beschreiben.

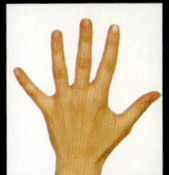

Handspanne
Am gestreckten Arm gehalten bedeckt die Handspanne etwa 22° des Himmels.

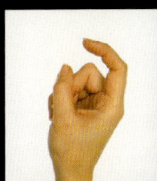

Fingerglieder
Das oberste Fingerglied ist etwa 3° breit, das zweite 4° und das dritte 6°.

Fingerbreite
Bei gestreckten Arm betrachtet bedeckt ein Finger den Mond, der etwa 0,5° misst.

- 1 Grad (°)
- 90 Grad (°)
- 360 Grad (°)

OBJEKT ODER ENTFERNUNG	WINKEL-GRÖSSE
WINKELENTFERNUNGEN	
Entfernung vom oberen Kastenstern des Großen Wagens zu Polaris	28°
Abstand der Sterne, die auf Crux weisen	6°
Abstand der Kastensterne im Großen Wagen	5°
kleiner Finger am ausgestreckten Arm	1°
Mond (durchschnittliche Größe)	31'
Sonne (durchschnittliche Größe)	32'
Abstand zwischen Jupiter und Ganymed (hellster Hauptmond von Jupiter)	6'
Auflösung des bloßen Auges (die Fähigkeit des Auges, zwei Objekte, die nah beieinander liegen, auch als zwei und nicht eins zu sehen)	3' 25"

STARHOPPING

Wer sich mithilfe einer Sternkarte am Nachthimmel orientieren möchte, nutzt meist das Starhopping (engl.: von Stern zu Stern hüpfen). Dieser Methode bedienen sich sowohl Anfänger als auch Experten, vor allem wenn sie mit dem Teleskop lichtschwache Ziele suchen, die man mit bloßem Auge nicht mehr sieht. Dabei sucht man zuerst auf einer Sternkarte (S. 16–114) sowohl das Ziel als auch alle hellen Sterne in dessen Umgebung heraus. Danach sucht man am Himmel einen Stern oder ein

Sternmuster, das man gut kennt und leicht findet. Von dort springt man zu einem anderen, möglicherweise dunkleren Nachbarstern. Dieses Hopping wiederholt man, bis man seinen Zielstern gefunden hat. Mit dieser Methode lernt man schnell, sich am Himmel zu orientieren. Besonders hilfreich ist sie, wenn man ein Fernglas oder ein Teleskop benutzt. Wer jedoch per Teleskop nach fernen Galaxien sucht, sollte sich nach einer Planetariumssoftware umsehen, die sehr viel mehr Details beschreibt.

URSA MINOR

Pherkad

Kochab

Polaris (Polarstern)

START IN URSA MAIOR (GROSSER WAGEN)

Alkaid

Mizar

Alioth

Megrez

Dubhe

Phad

Merak

1

Stellare Wegweiser
Mit dem wohl bekanntesten Starhopping findet man den Polarstern Polaris, der im Sternbild Ursa Minor liegt. Dazu beginnt man in Ursa Maior, dem Großen Wagen, und verlängert die Linie, die dessen hintere Kastensterne Merak und Dubhe verbindet, um das 5-Fache.

HIMMELSKOORDINATEN VERSTEHEN

Zur Angabe von Rektaszension und Deklination braucht man Referenzpunkte, auf die man sich bezieht. Der Refrenz- bzw. Nullpunkt der Deklination liegt auf einer Linie rund um die Himmelskugel, dem Himmelsäquator. Man kann sie sich als eine Projektion des Erdäquators an die Himmelskugel vorstellen. Objekte, die oberhalb des Himmelsäquators – also in Richtung des Himmelsnordpols liegen – haben eine positive Deklination, solche unterhalb des Himmelsäquators (in Richtung des Himmelssüdpols) eine negative. Für die Rektaszension bildet der Himmelsmeridian die Nullmarke. Der Winkel zwischen dem Himmelsmeridian und dem Meridian, auf dem der Himmelskörper liegt, beschreibt die Rektaszension.

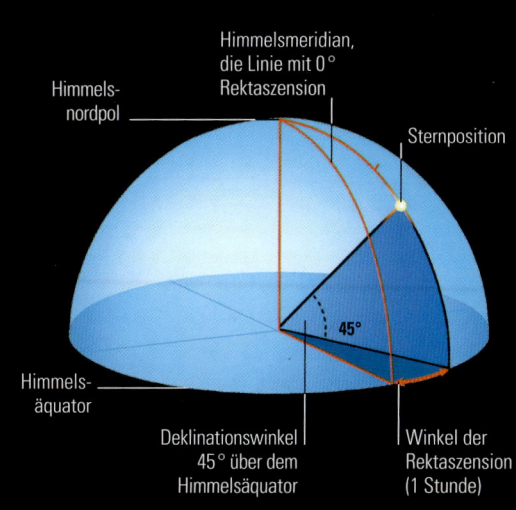

Himmelsmeridian, die Linie mit 0° Rektaszension

Himmelsnordpol

Sternposition

45°

Himmelsäquator

Deklinationswinkel 45° über dem Himmelsäquator

Winkel der Rektaszension (1 Stunde)

Position eines Sterns
Um die Position eines Objekts am Himmel zu beschreiben, benötigt man seine Rektaszension und seine Deklination (s. gegenüberliegende Seite). Der Stern in der Abbildung oben hat eine Rektaszension von 1 Stunde und eine Deklination von + 45°.

VERÄNDERLICHER HIMMEL

Der Nachthimmel verändert sich ständig und zeigt ein ganzes Panorama von Himmelsobjekten. Kennt man deren Bewegungen, weiß man, wann welches Objekt zu sehen ist.

TÄGLICHE VERÄNDERUNGEN

Die Sterne sind fix, dennoch scheinen sie nachts am Himmel zu wandern. Die scheinbaren Bewegungen verursacht die Rotation der Erde. Alle 24 Stunden dreht sie sich einmal um ihre Achse und zeigt alle 24 Stunden der Sonne dieselbe Seite. Diese Zeit ist ein Sonnentag. Die Zeit für eine vollständige Rotation gegenüber den Sternen nennt man hingegen siderischen Tag. Er ist mit

23 Stunden 56 Minuten 4 Sekunden kürzer als ein Sonnentag. Deshalb geht ein Stern jeden Tag vier Minuten eher auf als am Tag zuvor. Der Unterschied zwischen Sonnen- und siderischem Tag entsteht dadurch, dass die Erde auf ihrer Umlaufbahn um die Sonne etwas weiter gewandert ist. Wie sich die Sterne des Nachts bewegen, hängt vom Standort des Beobachters ab (rechts).

1. APRIL, 20 UHR

8. APRIL, 20 UHR

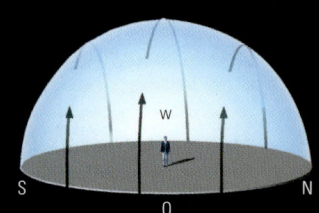
15. APRIL, 20 UHR

Verändertes Sternbild
Wegen des vierminütigen Unterschieds zwischen einem siderischen und einem Sonnentag bewegt sich das Sternbild jede Nacht ein bisschen weiter westwärts.

Bewegung am Nordpol
Wer am Nordpol steht, der sieht die Sterne gegen den Uhrzeigersinn um den Pol kreisen. Beobachter am Südpol sehen sie anders herum kreisen.

Himmels-nordpol

Bewegung bei mittleren Breiten
Für Beobachter in diesen Gebieten gehen die Sterne im Osten auf und im Westen unter. Sterne, die nie untergehen, nennt man zirkumpolar.

Zirkumpolargebiet

Bewegung am Äquator
Steht man am Äquator, gehen die Sterne im Osten senkrecht nach oben auf, wandern über den Beobachter hinweg und gehen im Westen senkrecht unter.

JÄHRLICHE VERÄNDERUNGEN

Die Sterne scheinen nicht nur im Lauf einer Nacht über den Himmel zu wandern, sie tun es auch innerhalb eines Jahres. Ein Sternbild oder Himmelsabschnitt, der zu einer bestimmten Zeit des Jahres nachts wunderbar zu sehen ist, liegt zu einer anderen Zeit hinter der Sonne und ist nicht sichtbar. Die Ursache für diese Jahresveränderungen ist der Umlauf der Erde um die Sonne, aufgrunddessen sich die Sonne – von uns aus gesehen – scheinbar vor dem Hintergrund des Nachthimmels bewegt.

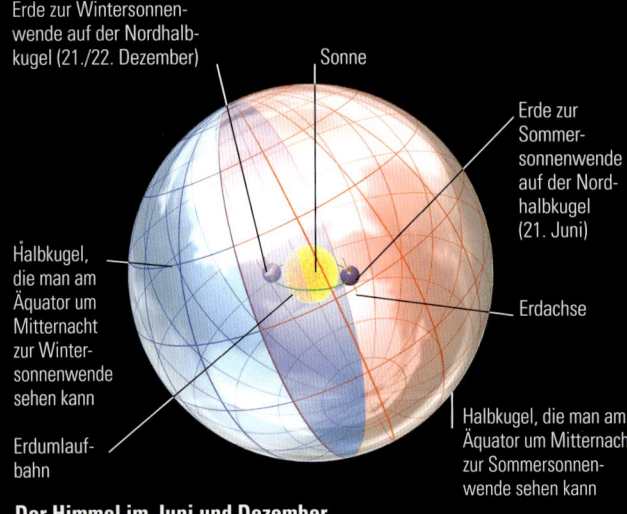

Erde zur Wintersonnenwende auf der Nordhalbkugel (21./22. Dezember)

Sonne

Erde zur Sommer-sonnenwende auf der Nord-halbkugel (21. Juni)

Erdachse

Halbkugel, die man am Äquator um Mitternacht zur Winter-sonnenwende sehen kann

Erdumlauf-bahn

Halbkugel, die man am Äquator um Mitternacht zur Sommersonnen-wende sehen kann

Der Himmel im Juni und Dezember
Im Juni sieht man am Äquator um Mitternacht die Hälfte der Himmelskugel, die entgegengesetzt von der liegt, die man am Äquator um Mitternacht im Dezember sieht.

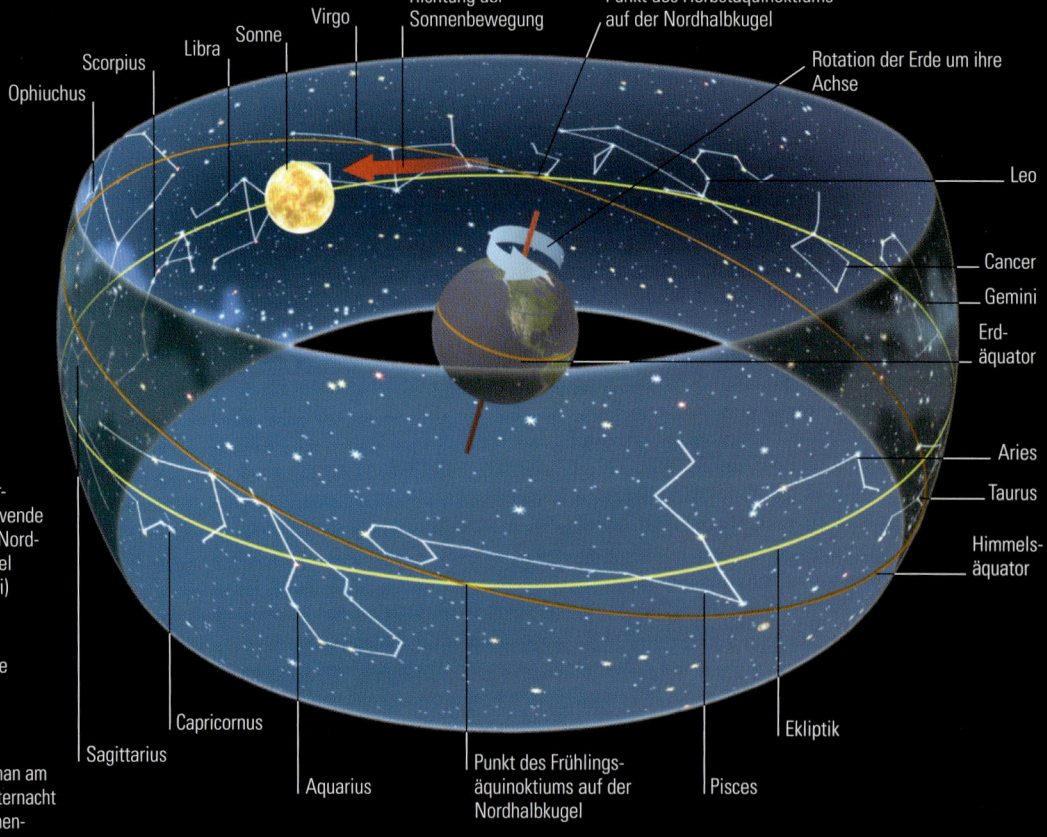

Scorpius · Libra · Sonne · Virgo · Richtung der Sonnenbewegung · Punkt des Herbstäquinoktiums auf der Nordhalbkugel · Rotation der Erde um ihre Achse · Ophiuchus · Leo · Cancer · Gemini · Erd-äquator · Aries · Taurus · Himmels-äquator · Capricornus · Ekliptik · Sagittarius · Aquarius · Punkt des Frühlings-äquinoktiums auf der Nordhalbkugel · Pisces

Tierkreis
Während die Sonne scheinbar vor dem Hintergrund der Sterne wandert, zieht sie im Lauf eines Jahres an mehreren Sternbildern vorbei. Diese Sternbilder zählen zum Tierkreis.

FINSTERNISSE

Während seines Umlaufs um die Erde verdeckt der Mond ab und zu die Sonne. Dann fällt sein Schatten auf die Erde und wer sich innerhalb des Schattens befindet, erlebt eine Sonnenfinsternis. In der dunklen Schattenzone, der Umbra, sieht man eine totale Sonnenfinsternis, bei der die Sonne vollständig vom Mond verdeckt ist. In der äußeren, etwas helleren Schattenzone, der Penumbra, sieht man eine partielle Sonnenfinsternis, bei der der Mond nur einen Abschnitt der

Sonne verdeckt. Ganz selten ist der Mond zu weit entfernt, um die Sonne komplett zu bedecken, und man sieht von der Sonne einen schmalen Ring, also eine ringförmige Sonnenfinsternis. Eine Mondfinsternis hingegen erlebt man, wenn der Mond im Schatten der Erde liegt. Für solche Finsternisse müssen Sonne, Erde und Mond exakt auf einer Linie liegen – eine seltene Konstellation. Daher finden Finsternisse nicht bei jedem Voll- oder Neumond statt.

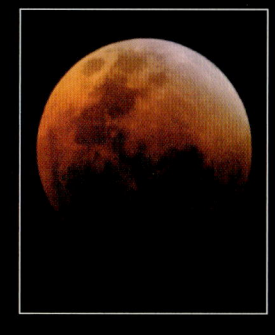

Totale Mondfinsternis
Während einer totalen Mondfinsternis leuchtet der Mond oft in tiefem Kupferrot. Solch eine Finsternis ist eines der größten Schauspiele, die man am Nachthimmel sehen kann.

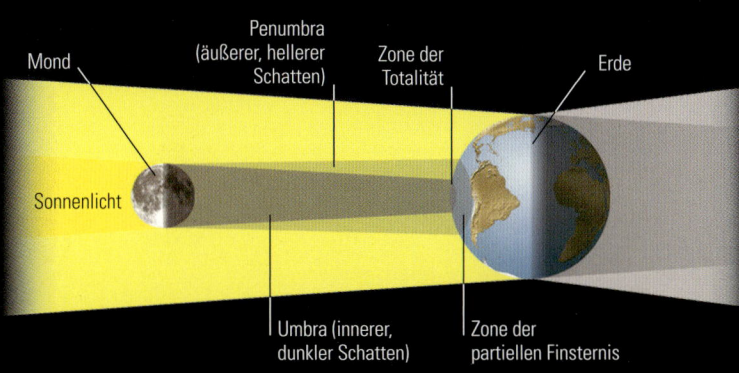

Sonnenfinsternis
Für Beobachter im Kernschatten (Umbra) des Monds ist die Sonne durch den Mond vollständig bedeckt. In der Penumbra erlebt man dagegen eine partielle Finsternis – der Mond verdunkelt dabei die Sonnenscheibe nur teilweise.

Mondfinsternis
Bei einer Mondfinsternis wandert der Mond erst in den helleren Erdschatten, die Penumbra. Dann erreicht er die dunklere Zone oder Umbra, in der er meist tiefrot leuchtet. Danach wandert er wieder in die Penumbra und aus dem Schatten heraus.

PLANETENBEWEGUNGEN

Die meisten Planeten kann man am Nachthimmel bereits mit bloßem Auge beobachten. Die Planeten Merkur und Venus nennt man auch untere oder innere Planeten, weil sie näher an der Sonne liegen als die Erde. Aufgrund ihrer Nähe zur Sonne stehen sie normalerweise vor Sonnenaufgang und nach Sonnenuntergang tief am Himmel. Den Mars und die anderen Planeten nennt man obere oder äußere Planeten. Sie

entfernen sich zeitweise weit von der Sonne und sind erst spät in der Nacht zu sehen. Weil die Planeten ungefähr in derselben Ebene um die Sonne kreisen wie die Erde, bewegen sie sich immer in der Nähe der Ekliptik (die scheinbare Bahn der Sonne am Himmel). Ihre genauen Positionen am Nachthimmel sind in den Planetenfinder-Karten verzeichnet, die bei den einzelnen monatlichen Sternkarten (S. 20–115) zu finden sind.

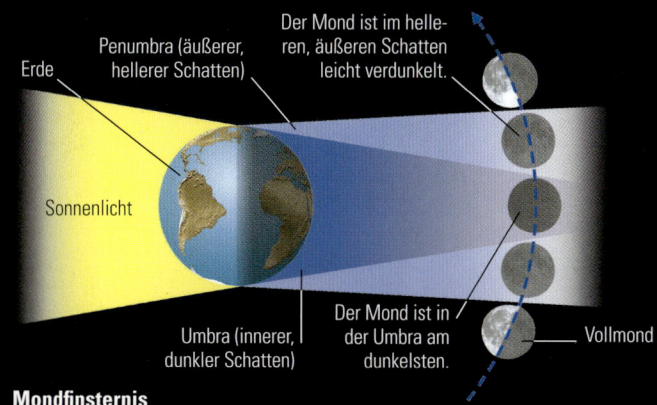

UNTERE UMLAUFBAHN

OBERE UMLAUFBAHN

Merkur und Venus
Viele Planeten kann man mit bloßem Auge sehen. In dieser Aufnahme stehen die Planeten Merkur und Venus nach Sonnenuntergang eng beieinander am Himmel – ein sehr beeindruckender Anblick.

Positionen der Planeten
Diese Grafiken zeigen wichtige Konstellationen während des Umlaufs von unteren und oberen Planeten. Untere Planeten sind bei größter Elongation am besten zu sehen, obere Planeten in Opposition.

VORBEREITUNGEN

Bei klarer Sicht ist der Nachthimmel faszinierend anzusehen. Viele Himmelskörper sieht man bereits mit bloßem Auge, doch ein Teleskop oder Fernglas offenbaren weitere Details.

PLANUNG

Um die Beobachtung des Nachthimmels genießen zu können, sollte man sich gut vorbereiten. Dabei richtet sich die jeweilige Ausrüstung stets nach dem Himmelsobjekt, das

man beobachten möchte. Funktionieren die Geräte mittels Akkus, müssen diese geladen sein. Zudem braucht man eine gute Sternkarte (S. 16–114), die den entsprechenden Himmelsabschnitt und seine Objekte zeigt. Und weil die klarsten Nächte häufig auch die kältesten sind, sollte man wärmende Kleidung mitnehmen: eine winddichte Jacke, eine wasserfeste Hose, eine Mütze und feste Schuhe. Und wer zur Beobachtung einen entlegenen Ort aufsucht, sollte auf seine Sicherheit achten und jemanden informieren. So gewappnet, steht einer gelungenen Sternenerkundung nichts im Wege.

Der richtige Standort
Neben der richtigen Ausrüstung ist vor allem der Standort, den man für die Beobachtung wählt, entscheidend. Am besten ist ein Platz fern jeglicher Lichtverschmutzung wie Straßenlaternen und erleuchteten Gebäuden.

CHECKLISTE

- warme Kleidung
- Handschuhe
- Taschenlampe mit Rotfilter
- Notizblock und Stift
- Ausrüstung (Teleskop, Fernglas etc.)
- Kompass
- Sternkarte
- warme Getränke
- Decke oder Klappstuhl

Taschenlampe
Um nachts etwas sehen zu können, braucht man eine Taschenlampe mit rotem Licht. Entweder man kauft eine solche oder man bedeckt das Lampenglas mit roter Folie und befestigt sie mit einem Gummiring.

FERNGLÄSER

Ferngläser sind sowohl bei Anfängern als auch Experten beliebt und stellen einen einfachen, kostengünstigen Weg dar, in klaren Nächten eine Vielzahl Objekte zu beobachten. Bereits mit kleinen Ferngläsern erkennt man die reichhaltigen Sternfelder der Milchstraße, glitzernde Offene Sternhaufen und die schroffe Oberfläche des Monds. Ferngläser sind unterschiedlich groß und durch zwei Zahlen gekennzeichnet, die oft an ihrer Seite eingraviert sind. Die erste Zahl gibt an, um wie viele Male ein Objekt vergrößert wird, die zweite Zahl benennt die Größe der Linse in Millimetern. Nach diesen Zahlen richtet sich auch die Bezeichnung von Ferngläsern: Solche mit einer 10-fachen Vergrößerung und einer Linse von 50 mm Durchmesser nennt man beispielsweise einfach »zehn zu fünfzig«-Ferngläser.

Fokussierrad | Okular
Lichtweg
Prisma
Linse

Okular
Prisma
Lichtweg
Linse

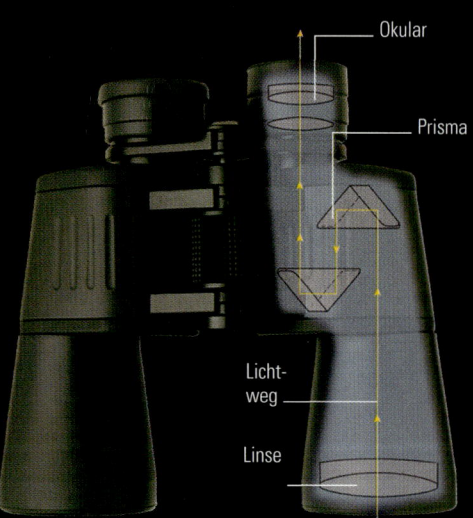

Kompaktgläser
Bei Ferngläsern mit Dachprisma fällt das Licht durch mehrere, eng beieinander stehende Prismen. Dies erlaubt eine kompakte Bauweise.

Standardferngläser
Ferngläser, in denen Porroprismen das Licht mehrfach umlenken, sind sehr beliebt, weil sie aufgrund großer Linsen eine große Auflösung ermöglichen.

Große Ferngläser
Große Ferngläser ermöglichen beeindruckende Blicke auf den Nachthimmel. Um sie ruhig halten zu können, braucht man ein stabiles Stativ.

TELESKOPE

Teleskope vergrößern Himmelsobjekte stärker als Ferngläser, sodass man noch mehr Details erkennt. Die wichtigste Kenngröße eines Teleskops ist seine Öffnung – der Durchmesser seines Spiegels oder seiner Linse –, die normalerweise in Millimetern angegeben wird. Große Spiegel oder Linsen sammeln mehr Licht als kleinere. Ein normales kleines Teleskop hat eine Öffnung von 60–80 mm. Die Montierungen von Teleskopen unterscheiden sich.

Sie alle müssen jedoch stabil genug sein, um der Optik eine feste Plattform zu bieten und das Gerät genau ausrichten zu können. Äquatoriale Montierungen lassen sich an der Rotationsachse des Nachthimmels ausrichten. So lassen sich Objekte leicht verfolgen. Im Vergleich dazu sind alt-azimutale Montierungen variabler. Sie kann man sowohl um 360° (azimutal/horizontal) als auch auf- und abschwenken (alt).

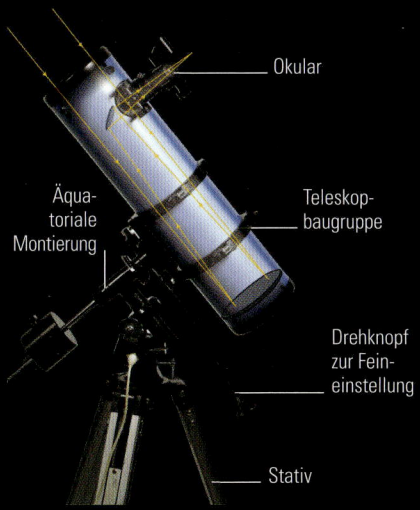

- Okular
- Äquatoriale Montierung
- Teleskopbaugruppe
- Drehknopf zur Feineinstellung
- Stativ

Newtonreflektor
Dieses einfache Modell, das aus einem Rohr auf einer Montierung und einem Stativ besteht, eignet sich gut für Anfänger. Das Okular ist seitlich oben am Rohr angebracht.

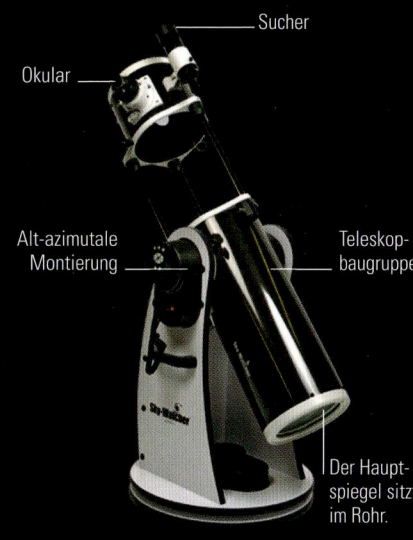

- Sucher
- Okular
- Alt-azimutale Montierung
- Teleskopbaugruppe
- Der Hauptspiegel sitzt im Rohr.

Dobsonmontierung
Der Dobsonreflektor hat eine einfache alt-azimutale Montierung. Weil diese Teleskope größere Öffnungen haben, eignen sie sich gut für weit entfernte Objekte.

BEOBACHTUNG MIT BLOSSEM AUGE

Am Nachthimmel lässt sich eine Vielzahl sehenswerter Objekte schon mit bloßem Auge erkennen. Zur Beobachtung von Meteorschauern lehnt man sich einfach in einem Stuhl zurück und beobachtet den Himmel. Genausowenig Ausrüstung, aber eines dunklen Standorts, bedarf es, wenn man die weitgespannte Milchstraße mit ihren vielen Sternen betrachten möchte. Besonders beeindruckende Anblicke erhält man aber nur fern der Lichter großer Städte.

Mit bloßem Auge zu sehen
Viele Himmelsobjekte wie die Milchstraße, der Andromedanebel, Meteore, leuchtende Dunkelwolken und die Polarlichter (oben) sind bereits mit bloßem Auge gut zu sehen.

BEOBACHTUNGEN AUFZEICHNEN

Die Beobachtungen, die man macht, kann man auf verschiedene Arten aufzeichnen. Die einfachste Art ist eine Zeichnung dessen, was man mit bloßem Auge, durch ein Teleskop oder mit dem Fernglas sieht. Dabei sollte man einen guten Bleistift und gutes Zeichenpapier benutzen. Um Sternhaufen, Nebel oder andere ferne Objekte zu skizzieren, zeichnet man zuerst deren hellste Sterne und danach die dunkleren. Eine andere beliebte, aber aufwendigere Methode ist die Astrofotografie, bei der man an ein Teleskop eine Digitalkamera anschließt.

Doch mit welcher Methode man seine Beobachtungen auch aufzeichnet, die Beobachtungsbedingungen – Uhrzeit und Datum, Name und Standort, Einzelheiten zur Ausrüstung und der Name des Objekts – sollten nicht fehlen.

Astroaufnahme des Nordamerikanebels
Astrofotografen erzielen mit empfindlichen Kameras, die auf ihren Teleskopen sitzen, erstaunliche Aufnahmen. Dabei setzen sie viele Einzelaufnahmen zu detaillierten Bildern zusammen.

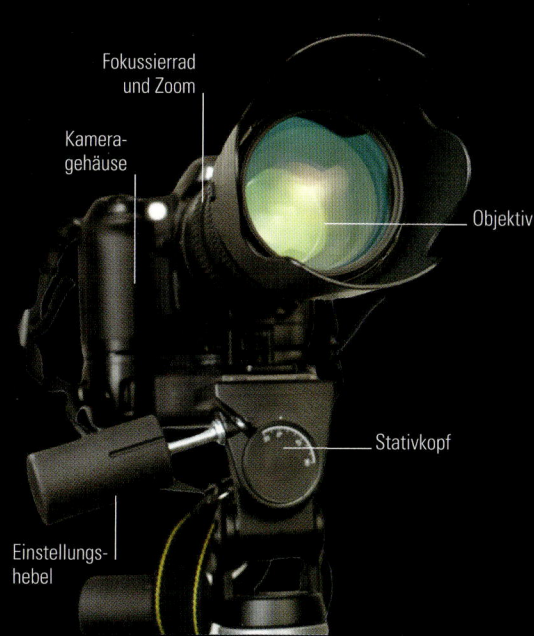

- Fokussierrad und Zoom
- Kameragehäuse
- Objektiv
- Stativkopf
- Einstellungshebel

Digitale Spiegelreflexkamera
Diese Kameras sind sehr beliebt, weil man sie an Teleskope anschließen und den Verschluss lange Zeit offen halten kann. So können sie mehr Licht von dunkleren Himmelsobjekten sammeln.

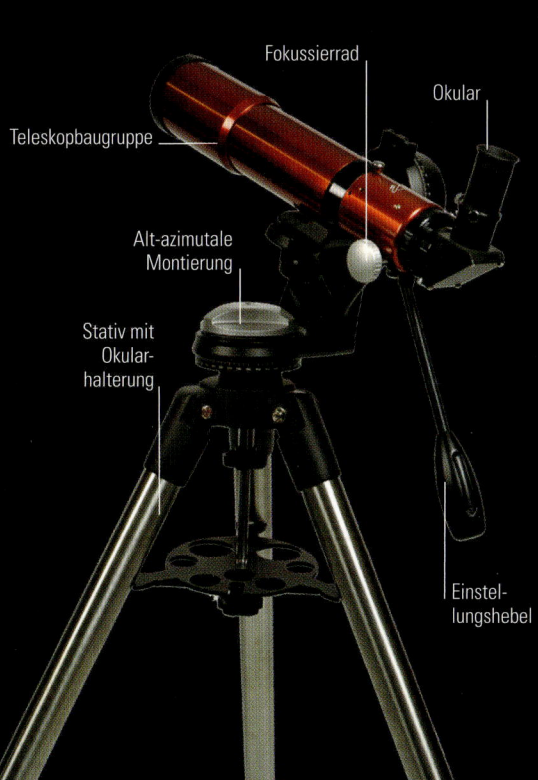

- Fokussierrad
- Okular
- Teleskopbaugruppe
- Alt-azimutale Montierung
- Stativ mit Okularhalterung
- Einstellungshebel

Refraktor
Refraktoren sind klassische Teleskope. Ihre Linsen sammeln Licht und bündeln es zu einem Bild, das man im Okular sieht. Sie eignen sich für viele unterschiedliche Himmelsobjekte.

MONATLICHE STERNKARTEN

Dadurch dass die Erde im Lauf eines Jahres einmal um die Sonne kreist, ändert sich der Anblick des Nachthimmels von Monat zu Monat. Einige Sternbilder stehen das ganze Jahr am Himmel, während andere nur in bestimmten Regionen erscheinen und wieder verschwinden. Anhand der Sternkarten kann man Sternmuster erkennen und die monatlichen Änderungen auf der Nord- und Südhalbkugel verfolgen.

Polarlichter
Die Nord- und Südpolarlichter, die man auch Aurora nennt, erscheinen in den hohen Breiten beider Erdhalbkugeln wie diese hier im Wapusk National Park (Kanada). Die beeindruckenden Erscheinungen dauern häufig Stunden und erinnern oft an leuchtende, bewegliche Vorhänge.

NUTZUNG DER STERNKARTEN

Die monatlichen Sternkarten zeigen den Himmel, wie man ihn an verschiedenen Orten der Erde sieht. Im Folgenden wird erklärt, was die Informationen der Karten besagen und wie man sie nutzt.

ÜBERBLICK UND PLANETENFINDER

Für jeden Kalendermonat werden auf einer Doppelseite die verschiedenen Himmelsphänomene herausgestellt. Dazu zählen helle Sterne, Sternbilder, interessante Himmelsobjekte und Meteorschauer. Zudem werden in kleinen Karten wichtige Sternbilder mit ihren hellsten Sternen und anderen Details vorgestellt.

Diese Überblicksseiten enthalten auch eine Planetenfinder-Karte. Sie zeigt das Band beidseits der Ekliptik, das die Planeten durchlaufen. Diese Karten bieten Himmelsbeobachtern – in Verbindung mit den Informationen der Höhepunktseiten, der monatlichen Sternkarten und des Almanachs – wertvolle Hinweise.

Uranus und Neptun
Weil sich die zwei äußeren Planeten Uranus und Neptun nur relativ langsam bewegen, werden deren Bewegungen jeweils in vergrößerten Kartenausschnitten gezeigt.

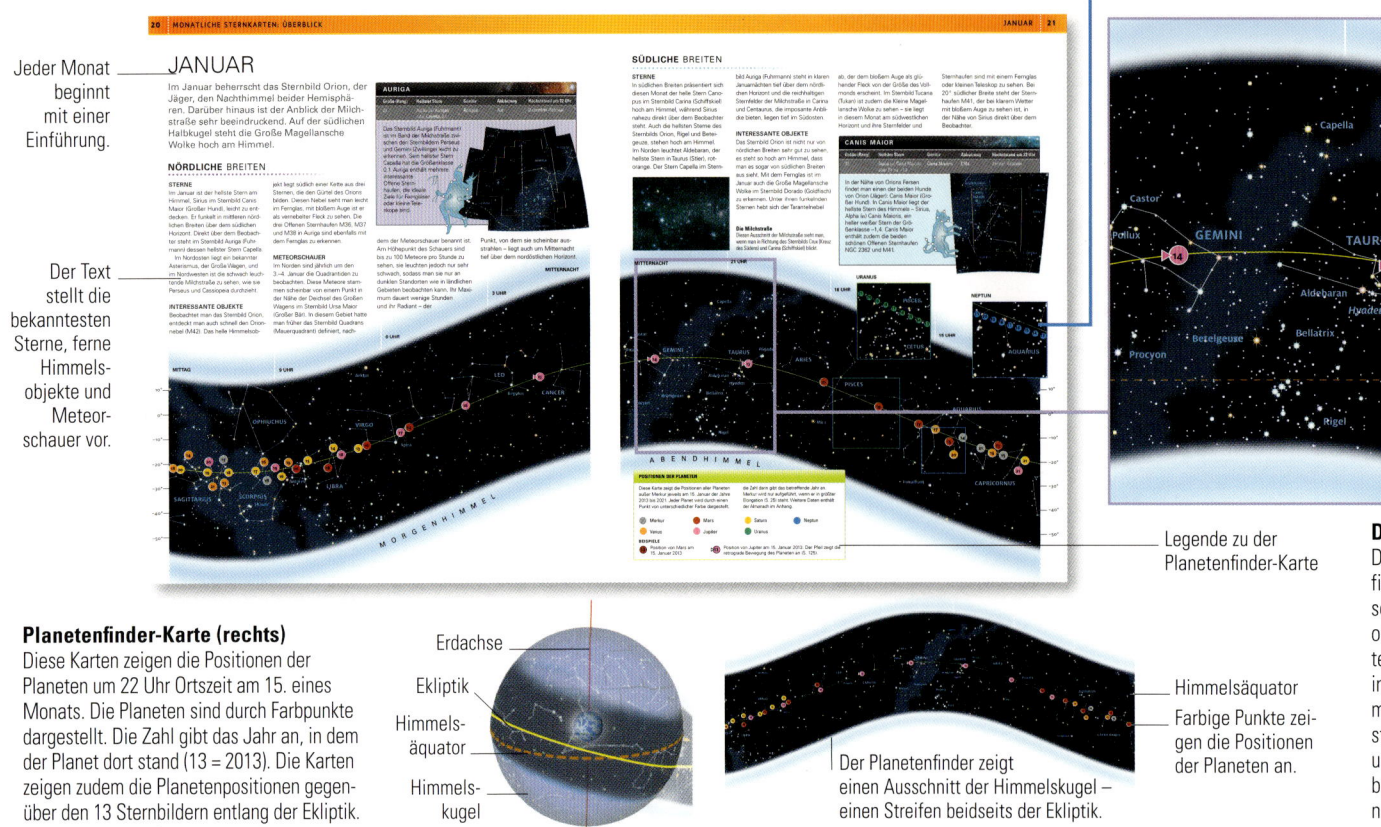

Jeder Monat beginnt mit einer Einführung.

Der Text stellt die bekanntesten Sterne, ferne Himmelsobjekte und Meteorschauer vor.

Zu dieser Uhrzeit (Ortszeit) liegt dieser Himmelsabschnitt auf dem Meridian (Mittagskreis).

Deklinationskoordinaten

Ekliptik

Himmelsäquator

Dieser Bereich ist abends (von Sonnenuntergang bis Mitternacht) oder morgens (von Mitternacht bis Sonnenaufgang) zu sehen.

Legende zu der Planetenfinder-Karte

Die inneren Planeten (oben)
Die Hauptkarte des Planetenfinders zeigt die sechs inneren, sonnennächsten Planeten. Am oberen und unteren Rand der Karte ist die Tageszeit angegeben, in der der entsprechende Himmelsabschnitt hoch am Himmel steht. Weil jedoch Sonnenauf- und -untergang die Dunkelheit beeinflussen, sind die Planeten nicht immer zu erkennen.

Planetenfinder-Karte (rechts)
Diese Karten zeigen die Positionen der Planeten um 22 Uhr Ortszeit am 15. eines Monats. Die Planeten sind durch Farbpunkte dargestellt. Die Zahl gibt das Jahr an, in dem der Planet dort stand (13 = 2013). Die Karten zeigen zudem die Planetenpositionen gegenüber den 13 Sternbildern entlang der Ekliptik.

Erdachse

Ekliptik

Himmelsäquator

Himmelskugel

Himmelsäquator

Farbige Punkte zeigen die Positionen der Planeten an.

Der Planetenfinder zeigt einen Ausschnitt der Himmelskugel – einen Streifen beidseits der Ekliptik.

HÖHEPUNKTE DES MONATS

Für jeden Kalendermonat findet sich je eine Doppelseite, auf der eine Auswahl der Höhepunkte des Monats beschrieben wird: sehenswerte Galaxien, Sternhaufen und Doppelsterne. Pro Monat zeigen vier Grafiken den Sternenhimmel: für jede Halbkugel zwei, also jeweils mit Blick in Richtung Norden und Süden (S.19). Die farbigen Linien umreißen den Bereich, den man von den angegebenen Breitengraden (Horizonten) aus sieht. Der Begleittext stellt – zum Teil mit Fotos – Objekte vor, die in dem gezeigten Himmelsabschnitt gut zu sehen sind, und gibt Hinweise, wie man sie auffindet. Die Lokalisierung gelingt noch besser, wenn man dazu auch die Sternkarten auf den darauffolgenden Seiten heranzieht.

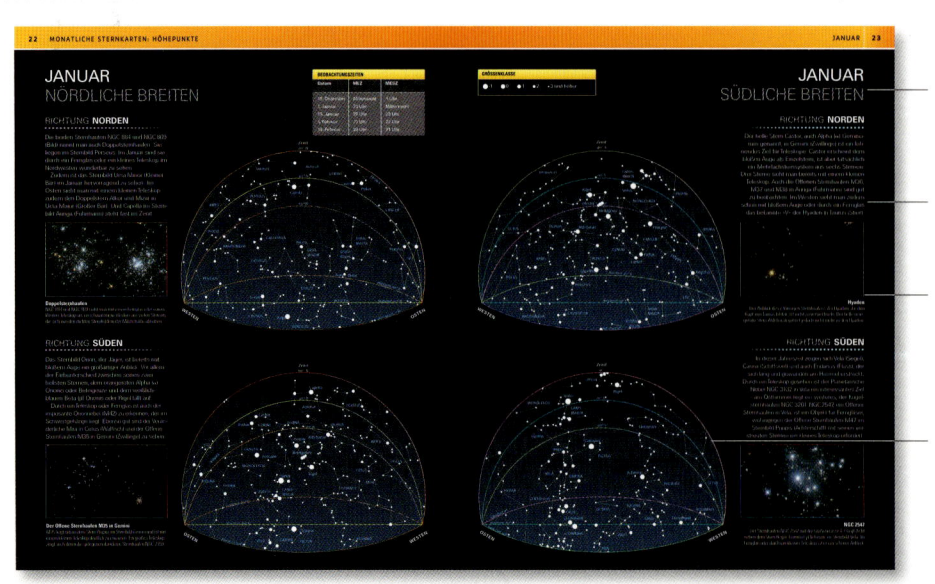

Nördliche und südliche Breiten sind getrennt dargestellt.

Ein Text stellt die bekanntesten Objekte vor.

Fotografien zeigen einige der interessantesten Merkmale, die zu beobachten sind.

Die Grafiken zeigen die Position der Sterne in Blickrichtung Norden und Süden.

HIMMELSKARTEN

Neben den Überblicks- und den Höhepunktseiten gibt es pro Monat zwei Himmelskarten, die auch monatliche Sternkarten genannt werden. Sie zeigen die Position der Sterne um 22 Uhr Ortszeit am 15. des Monats sowohl für die nördliche als auch für die südliche Halbkugel. Sie bilden jeweils die Hälfte der Himmelskugel ab, die man – bei Fehlen jeglicher Beeinträchtigungen – sehen kann. Um diese monatlichen Sternkarten zu nutzen, sucht man auf der Weltkarte (unten rechts) den Breitengrad (farbige Linie), der in etwa dem eigenen Standort entspricht. Dann wählt man den Monat und sucht in der entsprechenden Sternkarte die Horizontlinie, die dieselbe Farbe hat wie der Breitengrad des Standorts. Der Himmelsbereich, der innerhalb dieser Horizontlinien liegt, ist von dem Standort aus zu den angegebenen Uhrzeiten den ganzen Monat zu sehen. Anschließend richtet man sich und die Karte aus (rechts).

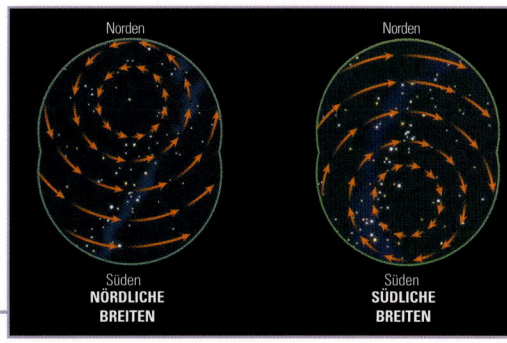

Sternbewegungsdiagramme
Diese Diagramme zeigen die Richtung, in der sich die Sterne im Lauf der Nacht scheinbar bewegen. Sterne in der Nähe des Himmelsäquators wandern scheinbar von Osten nach Westen, während zirkumpolare Sterne um dem Himmelspol kreisen, ohne jemals unterzugehen.

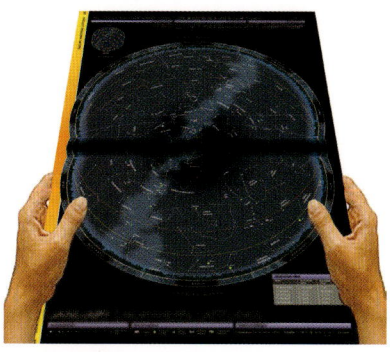

Orientierung
Wer den nördlichen Himmel beobachten will, dreht sich den Kopf nach Norden und hält die Karte so, dass die Markierung »Nord« zum Körper weist. Eine der farbigen Linien entspricht dem Horizont des Standorts. Für den Südhimmel verfährt man entsprechend.

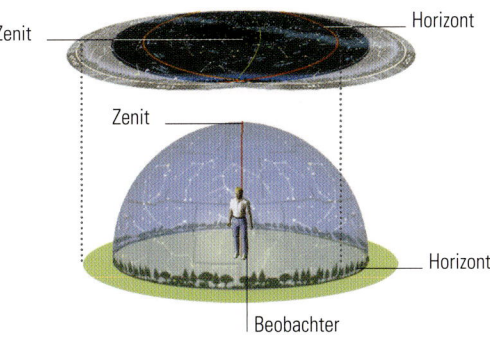

Himmelskugel
Jede Himmelskarte zeigt einen Bereich, der etwas mehr als die Hälfte der Himmelskugel umfasst. Der Bereich besteht aus drei Projektionen, die von drei verschiedenen Breitengraden erstellt wurden. Die Karten der nördlichen Breiten zeigen den Himmelsabschnitt zwischen 60° N und 20° N und die der südlichen Breiten den Himmelsabschnitt zwischen 0° S und 40° S.

Horizont und Zenit
Sterne im Kartenzentrum stehen im Zenit (dem Punkt direkt über dem Beobachter), Sterne am Kartenrand knapp über dem Horizont. Die farbigen Linien markieren den Horizont zu den drei verschiedenen Breitengraden, die man als Standort wählen konnte (also 60°, 40° oder 20° N bzw. 0°, 20° oder 40° S), die gleichfarbigen Kreuze den zugehörigen Zenit.

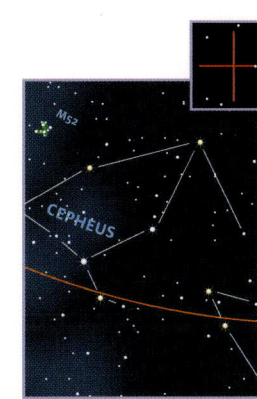

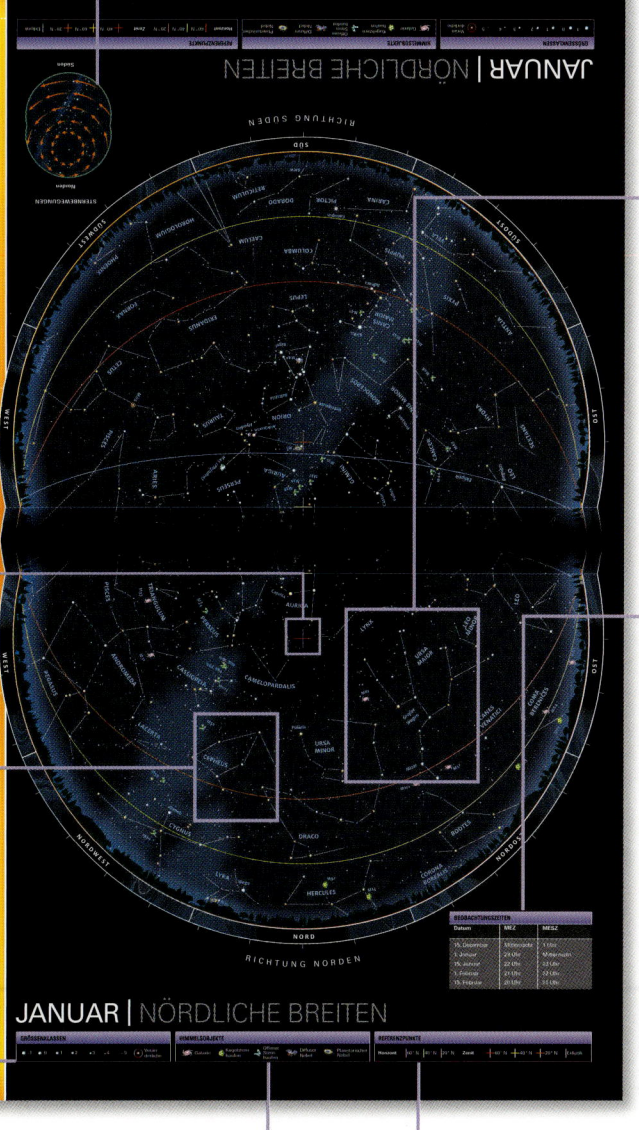

JANUAR | NÖRDLICHE BREITEN

Kartenmerkmale
Neben dem Band der Milchstraße zeigen die Himmelskarten viele Sterne, Sternbilder, ferne Himmelsobjekte, Asterismen und die scheinbare Bahn der Sonne, die man auch Ekliptik nennt.

BEOBACHTUNGSZEITEN		
Datum	**MEZ**	**MESZ**
15. Dezember	Mitternacht	1 Uhr
1. Januar	23 Uhr	Mitternacht
15. Januar	22 Uhr	23 Uhr
1. Februar	21 Uhr	22 Uhr
15. Februar	20 Uhr	21 Uhr

Beobachtungszeiten
Jede Karte zeigt den Nachthimmel, wie er zur Monatsmitte um 22 Uhr Ortszeit erscheint. Diesen Anblick hat man auch an anderen Tagen des Monats – und während der Sommerzeit jeweils 1 Stunde später. Die Beobachtungszeiten variieren etwas: von Mitternacht in der Mitte des Vormonats bis 20 Uhr im darauf folgenden Monat.

Größenklassen
Die Größenklasse ist die Einheit für die Helligkeit von Sternen. Je heller ein Stern leuchtet, umso kleiner ist der Wert für die Größenklasse. Sehr helle Objekte haben sogar negative Werte.

Himmelsobjekte
In dieser Legende sind die Symbole für verschiedene Himmelsobjekte wie Galaxien, Sternhaufen und Nebel aufgeführt, die in den Himmelskarten eingetragen sind.

Referenzpunkte
Die Legende zeigt noch einmal, welche Farben zu den diversen Breitengraden gehören. Dies hilft dem Betrachter, die entsprechende Horizontlinie oder das passende Zenit-Kreuz zu finden.

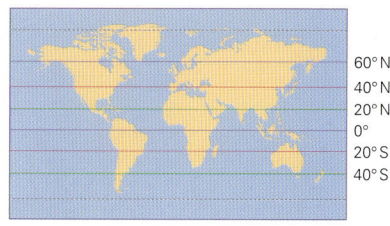

Breitengrade
Mit dieser Karte sucht man den Breitengrad, der dem eigenen Standort am ehesten entspricht, und merkt sich die Farbe. Diese Farbe haben auch die Horizontlinien in den Sternkarten (oben). Eine Differenz von 10° Breite wirkt sich hier kaum aus.

JANUAR

Im Januar beherrscht das Sternbild Orion, der Jäger, den Nachthimmel beider Hemisphären. Darüber hinaus ist der Anblick der Milchstraße sehr beeindruckend. Auf der südlichen Halbkugel steht die Große Magellansche Wolke hoch am Himmel.

NÖRDLICHE BREITEN

STERNE

Im Januar ist der hellste Stern am Himmel, Sirius im Sternbild Canis Maior (Großer Hund), leicht zu entdecken. Er funkelt in mittleren nördlichen Breiten über dem südlichen Horizont. Direkt über dem Beobachter steht im Sternbild Auriga (Fuhrmann) dessen hellster Stern Capella.

Im Nordosten liegt ein bekannter Asterismus, der Große Wagen, und im Nordwesten ist die schwach leuchtende Milchstraße zu sehen, wie sie Perseus und Cassiopeia durchzieht.

INTERESSANTE OBJEKTE

Beobachtet man das Sternbild Orion, entdeckt man auch schnell den Orionnebel (M42). Das helle Himmelsobjekt liegt südlich einer Kette aus drei Sternen, die den Gürtel des Orions bilden. Diesen Nebel sieht man leicht im Fernglas, mit bloßem Auge ist er als vernebelter Fleck zu sehen. Die drei Offenen Sternhaufen M36, M37 und M38 in Auriga sind ebenfalls mit dem Fernglas zu erkennen.

METEORSCHAUER

Im Norden sind jährlich um den 3.–4. Januar die Quadrantiden zu beobachten. Diese Meteore stammen scheinbar von einem Punkt in der Nähe der Deichsel des Großen Wagens im Sternbild Ursa Maior (Großer Bär). In diesem Gebiet hatte man früher das Sternbild Quadrans (Mauerquadrant) definiert, nach dem der Meteorschauer benannt ist. Am Höhepunkt des Schauers sind bis zu 100 Meteore pro Stunde zu sehen, sie leuchten jedoch nur sehr schwach, sodass man sie nur an dunklen Standorten wie in ländlichen Gebieten beobachten kann. Ihr Maximum dauert wenige Stunden und ihr Radiant – der Punkt, von dem sie scheinbar ausstrahlen – liegt auch um Mitternacht tief über dem nordöstlichen Horizont.

AURIGA

Größe (Rang)	Hellster Stern	Genitiv	Abkürzung	Höchststand um 22 Uhr
21	Alpha (α) Aurigae oder Capella, 0,1	Aurigae	Aur	Dezember–Februar

Das Sternbild Auriga (Fuhrmann) ist im Band der Milchstraße zwischen den Sternbildern Perseus und Gemini (Zwillinge) leicht zu erkennen. Sein hellster Stern Capella hat die Größenklasse 0,1. Auriga enthält mehrere interessante Offene Sternhaufen, die ideale Ziele für Ferngläser oder kleine Teleskope sind.

SÜDLICHE BREITEN

STERNE

In südlichen Breiten präsentiert sich diesen Monat der helle Stern Canopus im Sternbild Carina (Schiffskiel) hoch am Himmel, während Sirius nahezu direkt über dem Beobachter steht. Auch die hellsten Sterne des Sternbilds Orion, Rigel und Beteigeuze, stehen hoch am Himmel. Im Norden leuchtet Aldebaran, der hellste Stern in Taurus (Stier), rotorange. Der Stern Capella im Stern-

MITTERNACHT

bild Auriga (Fuhrmann) steht in klaren Januarnächten tief über dem nördlichen Horizont und die reichhaltigen Sternfelder der Milchstraße in Carina und Centaurus, die imposante Anblicke bieten, liegen tief im Südosten.

INTERESSANTE OBJEKTE

Das Sternbild Orion ist nicht nur von nördlichen Breiten sehr gut zu sehen, es steht so hoch am Himmel, dass man es sogar von südlichen Breiten aus sieht. Mit dem Fernglas ist im Januar auch die Große Magellansche Wolke im Sternbild Dorado (Goldfisch) zu erkennen. Unter ihren funkelnden Sternen hebt sich der Tarantelnebel

Die Milchstraße
Diesen Ausschnitt der Milchstraße sieht man, wenn man in Richtung des Sternbilds Crux (Kreuz des Südens) und Carina (Schiffskiel) blickt.

21 UHR

ab, der dem bloßem Auge als glühender Fleck von der Größe des Vollmonds erscheint. Im Sternbild Tucana (Tukan) ist zudem die Kleine Magellansche Wolke zu sehen – sie liegt in diesem Monat am südwestlichen Horizont und ihre Sternfelder und

Sternhaufen sind mit einem Fernglas oder kleinen Teleskop zu sehen. Bei 20° südlicher Breite steht der Sternhaufen M41, der bei klarem Wetter mit bloßem Auge zu sehen ist, in der Nähe von Sirius direkt über dem Beobachter.

CANIS MAIOR

Größe (Rang)	Hellster Stern	Genitiv	Abkürzung	Höchststand um 22 Uhr
43	Alpha (α) Canis Maioris oder Sirius, –1,4	Canis Maioris	CMa	Januar–Februar

In der Nähe von Orions Fersen findet man einen der beiden Hunde von Orion (Jäger): Canis Maior (Großer Hund). In Canis Maior liegt der hellste Stern des Himmels – Sirius, Alpha (α) Canis Maioris, ein heller weißer Stern der Größenklasse –1,4. Canis Maior enthält zudem die beiden schönen Offenen Sternhaufen NGC 2362 und M41.

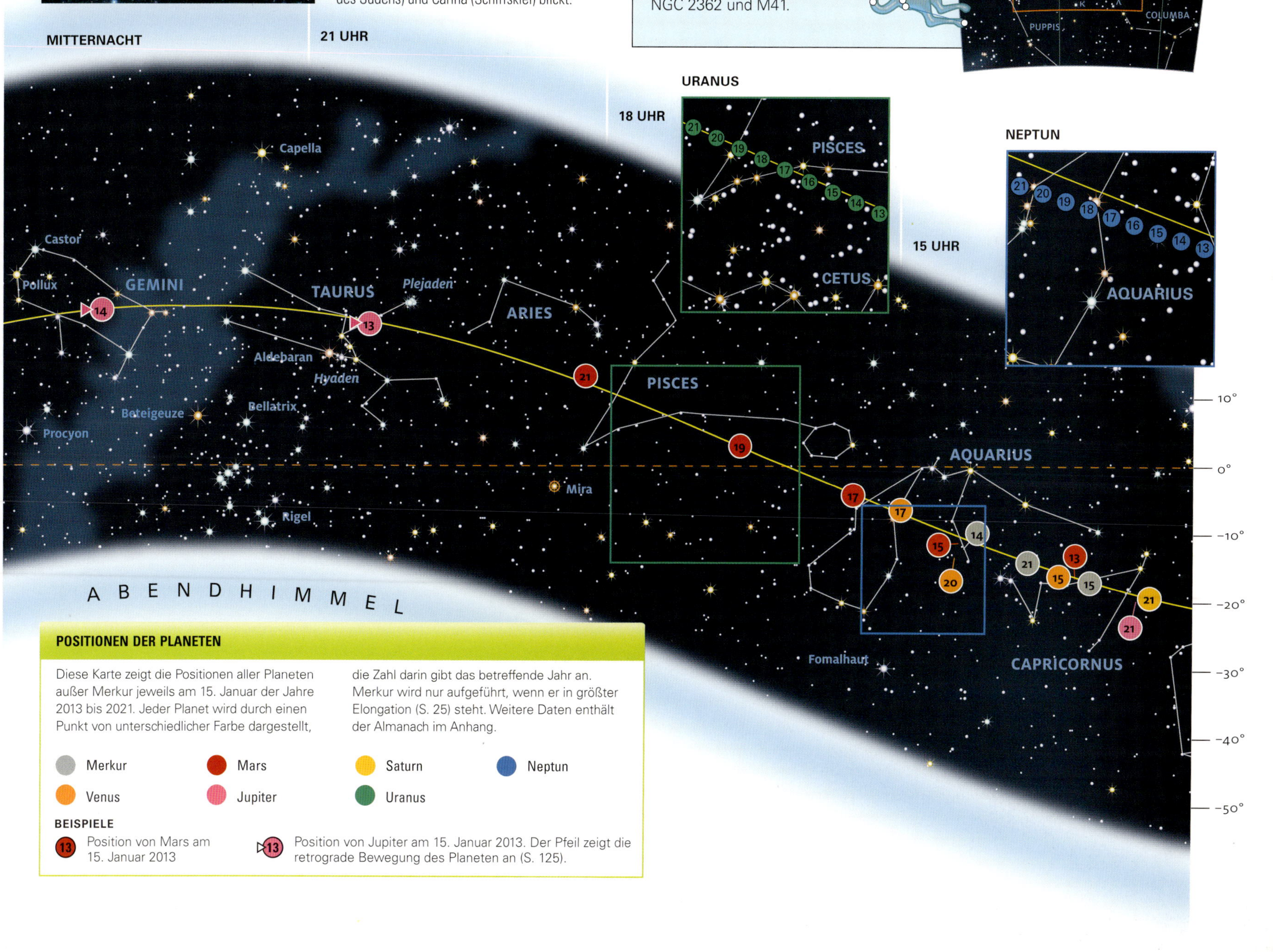

URANUS

18 UHR

NEPTUN

15 UHR

ABENDHIMMEL

—10°
—0°
—10°
—20°
—30°
—40°
—50°

POSITIONEN DER PLANETEN

Diese Karte zeigt die Positionen aller Planeten außer Merkur jeweils am 15. Januar der Jahre 2013 bis 2021. Jeder Planet wird durch einen Punkt von unterschiedlicher Farbe dargestellt, die Zahl darin gibt das betreffende Jahr an. Merkur wird nur aufgeführt, wenn er in größter Elongation (S. 25) steht. Weitere Daten enthält der Almanach im Anhang.

- ⬤ Merkur
- ⬤ Mars
- ⬤ Saturn
- ⬤ Neptun
- ⬤ Venus
- ⬤ Jupiter
- ⬤ Uranus

BEISPIELE

(13) Position von Mars am 15. Januar 2013

▷(13) Position von Jupiter am 15. Januar 2013. Der Pfeil zeigt die retrograde Bewegung des Planeten an (S. 125).

JANUAR
NÖRDLICHE BREITEN

RICHTUNG NORDEN

Die beiden Sternhaufen NGC 884 und NGC 869 (Bild) nennt man auch Doppelsternhaufen. Sie liegen im Sternbild Perseus. Im Januar sind sie durch ein Fernglas oder ein kleines Teleskop im Nordwesten wunderbar zu sehen.

Zudem ist das Sternbild Ursa Minor (Kleiner Bär) im Januar hervorragend zu sehen. Im Osten sieht man mit einem kleinen Teleskop zudem den Doppelstern Alkor und Mizar in Ursa Maior (Großer Bär). Und Capella im Sternbild Auriga (Fuhrmann) steht fast im Zenit.

Doppelsternhaufen
NGC 884 und NGC 869 sieht man mit einem Fernglas oder einem kleinen Teleskop als verschwommene Flecken aus vielen Sternen, die sich von den dichten Sternfeldern der Milchstraße abheben.

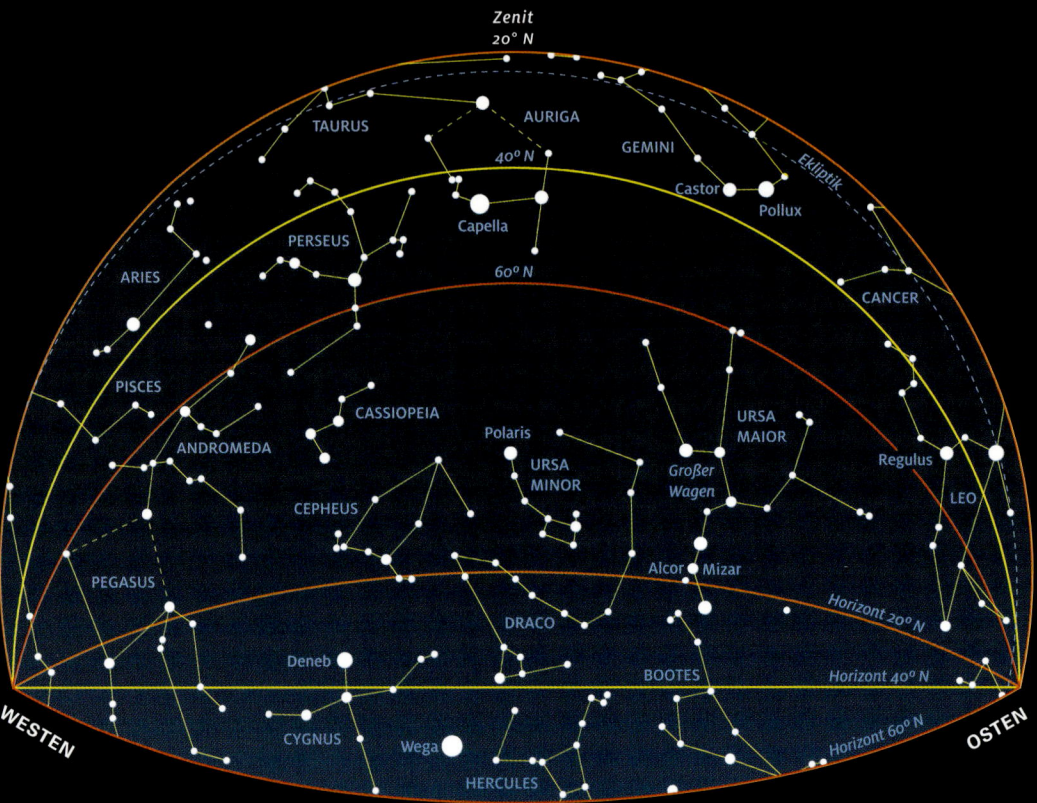

RICHTUNG SÜDEN

Das Sternbild Orion, der Jäger, ist bereits mit bloßem Auge ein großartiger Anblick. Vor allem der Farbunterschied zwischen seinen zwei hellsten Sternen, dem orangeroten Alpha (α) Orionis oder Beteigeuze und dem weißlich-blauen Beta (β) Orionis oder Rigel fällt auf.

Durch ein Teleskop oder Fernglas ist auch der imposante Orionnebel (M42) zu erkennen, der im Schwertgehänge liegt. Ebenso gut sind der Veränderliche Mira in Cetus (Walfisch) und der Offene Sternhaufen M35 in Gemini (Zwillinge) zu sehen.

Der Offene Sternhaufen M35 in Gemini
M35 liegt neben dem Stern Propus im Sternbild Gemini und ist mit einem kleinen Teleskop deutlich zu erkennen. Ein großes Teleskop zeigt auch den nahe gelegenen dunkleren Sternhaufen NGC 2158.

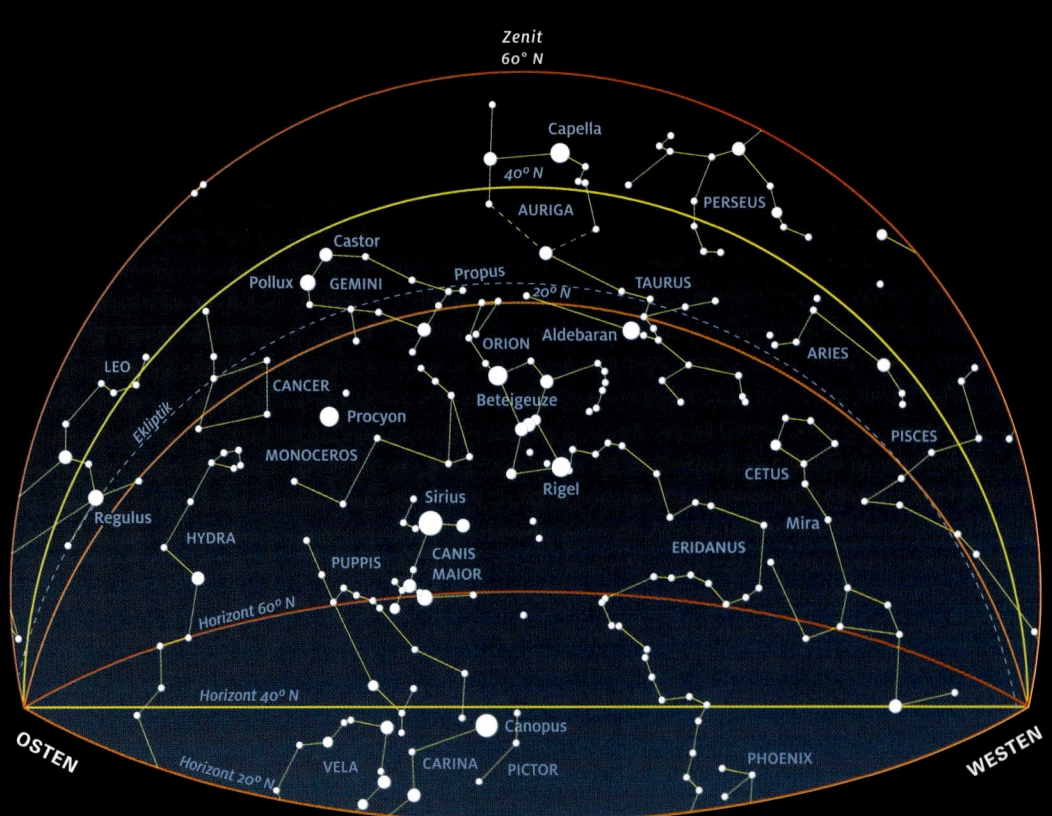

GRÖSSENKLASSE
● -1   ● 0   ● 1   ● 2   • 3 und höher

JANUAR
SÜDLICHE BREITEN

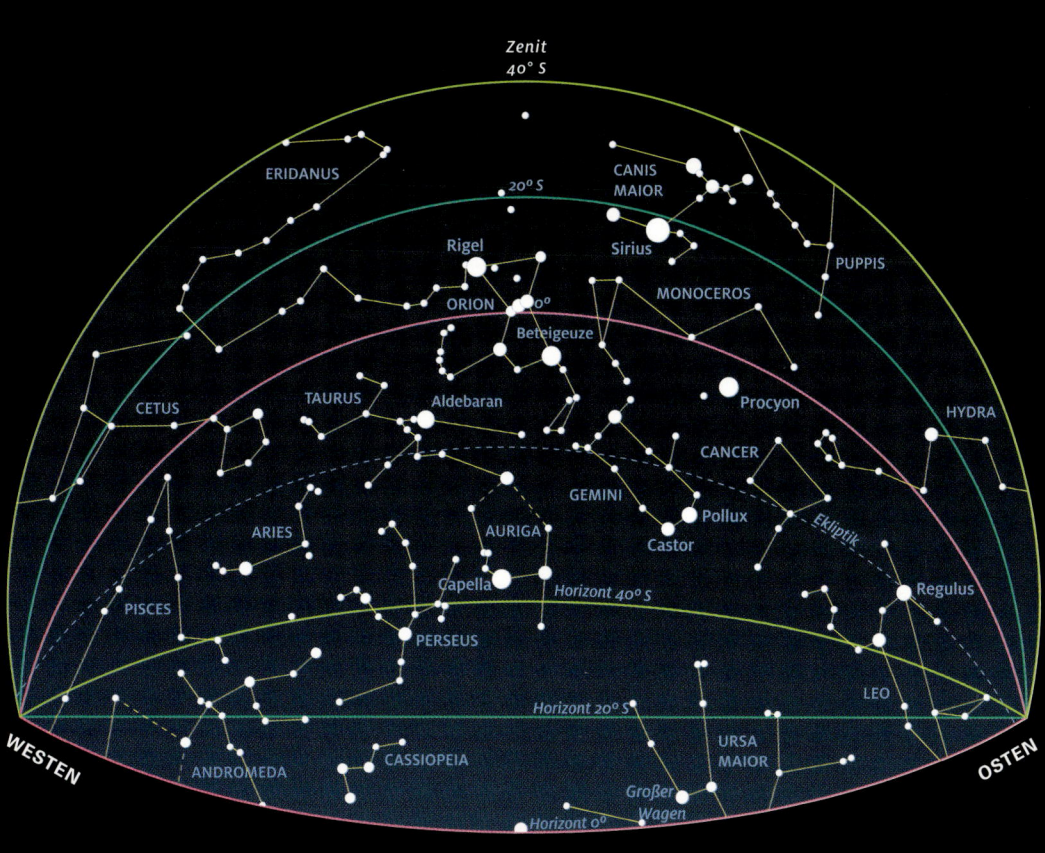

Zenit
40° S

20° S

ERIDANUS

CANIS MAIOR

Rigel · Sirius

PUPPIS

ORION · 0° · MONOCEROS

Beteigeuze

CETUS · TAURUS · Aldebaran · Procyon · HYDRA

CANCER

GEMINI

ARIES · AURIGA · Pollux

Castor · Ekliptik

Capella · Horizont 40° S · Regulus

PISCES

PERSEUS

LEO

Horizont 20° S

URSA MAIOR

WESTEN · ANDROMEDA · CASSIOPEIA · OSTEN

Großer Wagen

Horizont 0°

RICHTUNG **NORDEN**

Der helle Stern Castor, auch Alpha (α) Geminorum genannt, in Gemini (Zwillinge) ist ein lohnendes Ziel für Teleskope. Castor erscheint dem bloßen Auge als Einzelstern, ist aber tatsächlich ein Mehrfachsternsystem aus sechs Sternen. Drei Sterne sieht man bereits mit einem kleinen Teleskop. Auch die Offenen Sternhaufen M36, M37 und M38 in Auriga (Fuhrmann) sind gut zu beobachten. Im Westen sieht man zudem schon mit bloßem Auge oder durch ein Fernglas das bekannte »V« der Hyaden in Taurus (Stier).

Hyaden
Der Anblick des v-förmigen Sternhaufens der Hyaden, die den Kopf von Taurus bilden, ist nicht zu verwechseln. Der helle orangerote Stern Aldebaran gehört jedoch nicht mehr zu den Hyaden.

RICHTUNG **SÜDEN**

In dieser Jahreszeit zeigen sich Vela (Segel), Carina (Schiffskiel) und auch Eridanus (Fluss), der sich lang und gewunden am Himmel erstreckt. Durch ein Teleskop gesehen ist der Planetarische Nebel NGC 3132 in Vela ein interessantes Ziel – am Osthimmel liegt ein weiterer, der Kugelsternhaufen NGC 3201. NGC 2547, ein Offener Sternhaufen in Vela, ist ein Objekt für Ferngläser, wohingegen der Offene Sternhaufen M47 im Sternbild Puppis (Achterschiff) mit seinen verstreuten Sternen ein kleines Teleskop erfordert.

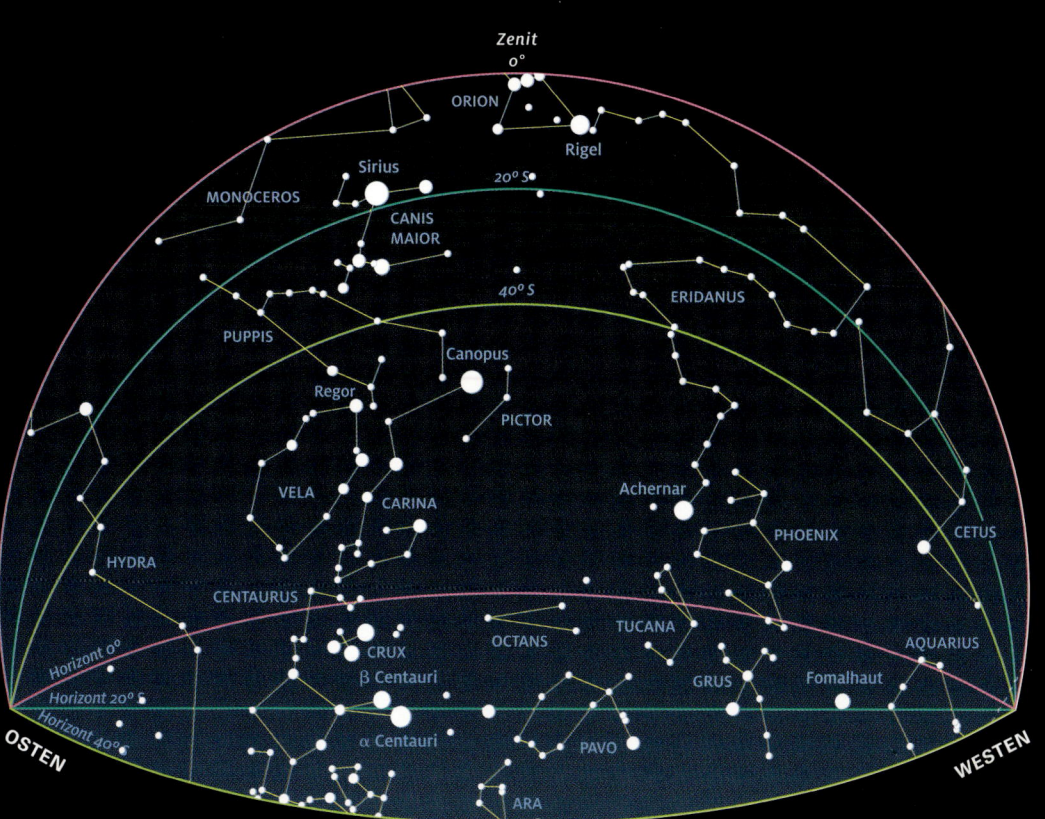

Zenit
0°

ORION

Rigel

Sirius · 20° S

MONOCEROS

CANIS MAIOR

40° S · ERIDANUS

PUPPIS

Canopus

Regor · PICTOR

Achernar

VELA · CARINA

PHOENIX · CETUS

HYDRA

CENTAURUS

TUCANA

Horizont 0° · CRUX · OCTANS · AQUARIUS

Horizont 20° · β Centauri · GRUS · Fomalhaut

Horizont 40° · α Centauri · PAVO

OSTEN · ARA · WESTEN

NGC 2547
Der Sternhaufen NGC 2547 mit der Größenklasse 4,7 liegt dicht neben dem Stern Regor, Gamma (γ) Velorum, im Sternbild Vela. Im Fernglas oder durch ein kleines Teleskop ist er ein schöner Anblick.

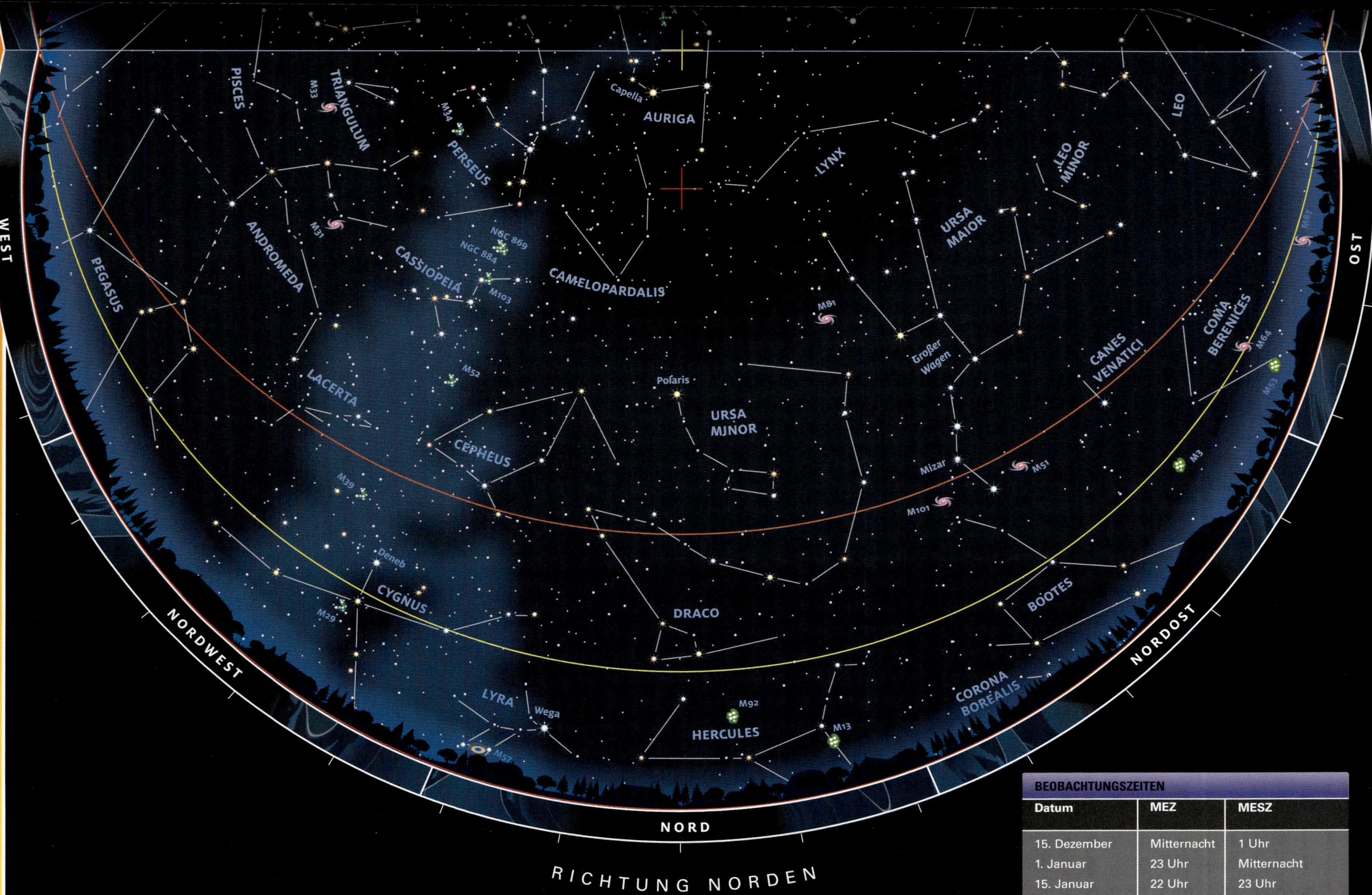

JANUAR | NÖRDLICHE BREITEN

GRÖSSENKLASSEN

- -1
- 0
- 1
- 2
- 3
- 4
- 5
- Verän-derliche

HIMMELSOBJEKTE

- Galaxie
- Kugelstern-haufen
- Offener Stern-haufen
- Diffuser Nebel
- Planetarischer Nebel

REFERENZPUNKTE

- Horizont
- 60° N
- 40° N
- 20° N
- Zenit
- 60° N
- 40° N
- 20° N
- Ekliptik

RICHTUNG NORDEN

BEOBACHTUNGSZEITEN

Datum	MEZ	MESZ
15. Dezember	Mitternacht	1 Uhr
1. Januar	23 Uhr	Mitternacht
15. Januar	22 Uhr	23 Uhr
1. Februar	21 Uhr	22 Uhr
15. Februar	20 Uhr	21 Uhr

WEST · NORDWEST · NORDWEST · NORD · NORDOST · OST · WEST

PEGASUS · PISCES · ANDROMEDA · TRIANGULUM · M31 · M33 · LACERTA · CASSIOPEIA · PERSEUS · M34 · NGC 869 · NGC 884 · M103 · M52 · CYGNUS · Deneb · M39 · CEPHEUS · CAMELOPARDALIS · AURIGA · Capella · LYRA · Wega · M57 · DRACO · Polaris · URSA MINOR · LYNX · HERCULES · M92 · M81 · Mizar · Großer Wagen · URSA MAIOR · M13 · M101 · M51 · CORONA BOREALIS · BOÖTES · LEO MINOR · CANES VENATICI · M3 · COMA BERENICES · M64 · LEO · M53 · M87

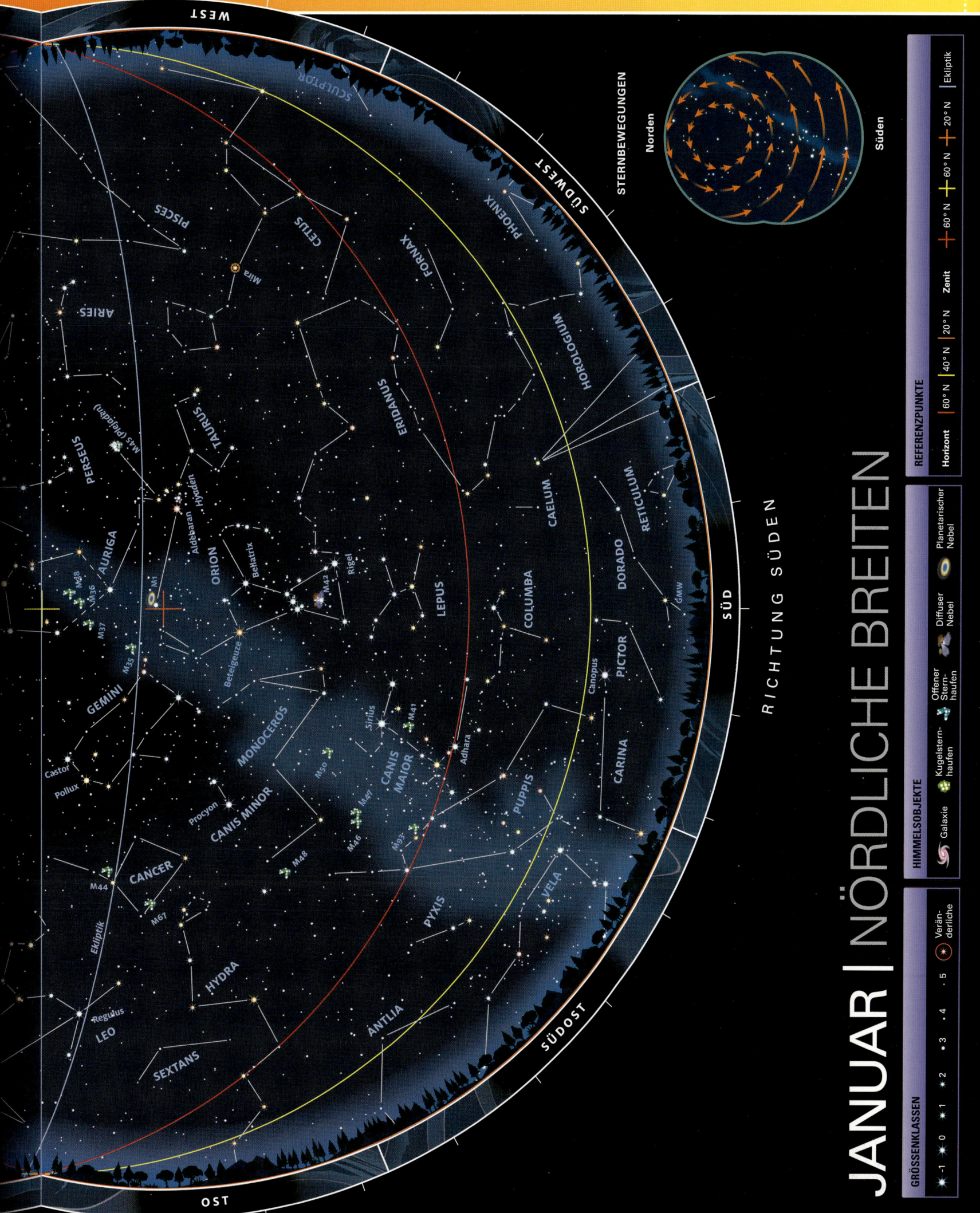

STERNBEWEGUNGEN

Norden

Süden

RICHTUNG SÜDEN

GRÖSSENKLASSEN
-1   0   1   2   3   4   5   Veränderliche

HIMMELSOBJEKTE
Galaxie   Kugelsternhaufen   Offener Sternhaufen   Diffuser Nebel   Planetarischer Nebel

REFERENZPUNKTE
Horizont   60° N   40° N   20° N   Zenit   60° N   20° N   Ekliptik

WEST
SÜDWEST
SÜDOST
SÜD
OST
SÜDWEST
WEST

SCULPTOR
PISCES
ARIES
CETUS
Mira
FORNAX
PHOENIX
HOROLOGIUM
CAELUM
ERIDANUS
RETICULUM.
DORADO
PICTOR
COLUMBA
LEPUS
Rigel
Bellatrix
Betelgeuse
ORION
TAURUS
Aldebaran
Hyaden
M45 (Plejaden)
PERSEUS
AURIGA
M38
M36
M37
M35
M1
GEMINI
Castor
Pollux
CANCER
M44
M67
LEO
Regulus
SEXTANS
HYDRA
Ekliptik
ANTLIA
PYXIS
VELA
M93
M46
M48
M47
M50
Procyon
CANIS MINOR
MONOCEROS
Sirius
CANIS MAIOR
M41
Adhara
PUPPIS
CARINA
Canopus
GMW
M42
CAELUM

JANUAR | SÜDLICHE BREITEN

RICHTUNG NORDEN

GRÖSSENKLASSEN

- -1
- 0
- 1
- 2
- 3
- 4
- 5
- Veränderliche

HIMMELSOBJEKTE

- Galaxie
- Kugelsternhaufen
- Offener Sternhaufen
- Diffuser Nebel
- Planetarischer Nebel

REFERENZPUNKTE

Horizont
- 0°
- 20° S
- 40° S

Zenit
- 0°
- 20° S
- 40° S

Ekliptik

BEOBACHTUNGSZEITEN

Datum	MEZ	MESZ
15. Dezember	Mitternacht	1 Uhr
1. Januar	23 Uhr	Mitternacht
15. Januar	22 Uhr	23 Uhr
1. Februar	21 Uhr	22 Uhr
15. Februar	20 Uhr	21 Uhr

WEST

NORDWEST

NORD

NORDOST

OST

PEGASUS

PISCES

ANDROMEDA

M31

M33

TRIANGULUM

ARIES

CETUS

Mira

CASSIOPEIA

M103

NGC 869

NGC 884

PERSEUS

M34

TAURUS

M45 (Plejaden)

Hyaden

Aldebaran

ERIDANUS

Ekliptik

CAMELOPARDALIS

AURIGA

Capella

M38

M36

M37

M35

M1

ORION

Bellatrix

Betelgeuze

Rigel

LEPUS

CANIS MAIOR

Sirius

M41

M42/43

DRACO

GEMINI

Castor

Pollux

CANIS MINOR

Procyon

M50

M47

M46

LYNX

CANCER

M44

M67

M48

HYDRA

M81

URSA MAIOR

LEO MINOR

LEO

Regulus

SEXTANS

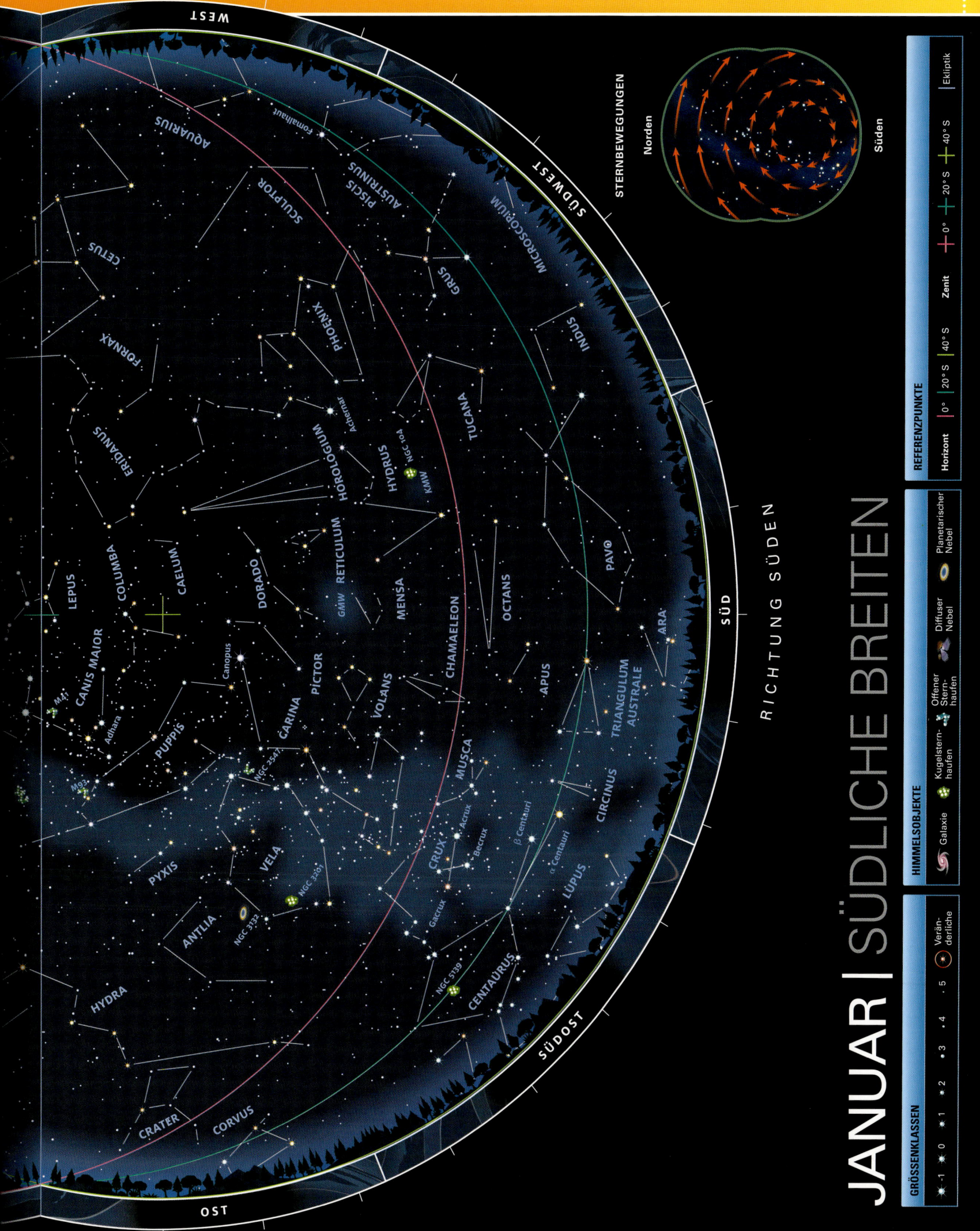

WEST

AQUARIUS

CETUS

FORNAX

ERIDANUS

SCULPTOR

PISCIS AUSTRINUS

Fomalhaut

GRUS

PHOENIX

Achernar

HOROLOGIUM

MICROSCOPIUM

INDUS

HYDRUS

NGC 104

KMW

TUCANA

LEPUS

COLUMBA

CAELUM

DORADO

GMW RETICULUM

MENSA

PAV⊙

OCTANS

CANIS MAJOR

M41

Adhara

PUPPIS

M93

Canopus

CARINA

PICTOR

VOLANS

CHAMAELEON

APUS

ARA

TRIANGULUM AUSTRALE

SÜD

PYXIS

NGC 2547

VELA

NGC 3201

NGC 3132

ANTLIA

CRUX

Acrux

Becrux

MUSCA

β Centauri

α Centauri

CIRCINUS

LUPUS

Gacrux

CENTAURUS

NGC 5139

HYDRA

CRATER

CORVUS

SÜDOST

OST

RICHTUNG SÜDEN

JANUAR | SÜDLICHE BREITEN

STERNBEWEGUNGEN

Norden

Süden

REFERENZPUNKTE

Horizont | 0° | 20° S | 40° S | Zenit

⊕ 0° ⊕ 20° S ⊕ 40° S | Ekliptik

HIMMELSOBJEKTE

Galaxie | Kugelstern-haufen | Offener Stern-haufen | Diffuser Nebel | Planetarischer Nebel | Verän-derliche

GRÖSSENKLASSEN

-1 · 0 · 1 · 2 · 3 · 4 · 5

FEBRUAR

Auf der Nordhalbkugel sind in diesem Monat die beiden hellen Sterne Castor und Pollux in Gemini (Zwillinge) zu beobachten. Auf der Südhalbkugel stehen hingegen die Sternbilder Carina (Schiffskiel), Puppis (Achterschiff) und Vela (Segel) hoch am Himmel.

NÖRDLICHE BREITEN

STERNE

In mittleren nördlichen Breiten sehen Himmelsbeobachter das Sternbild Gemini (Zwillinge) nahezu direkt über ihrem Kopf. Südlich von Gemini liegt das funkelnde Winterdreieck, das von den hellen Sternen Sirius in Canis Maior (Großer Hund), Beteigeuze in Orion (Jäger) und Procyon in Canis Minor (Kleiner Hund) gebildet wird. Die vier Sternbilder Taurus (Stier), Auriga (Fuhrmann), Perseus und die w-förmige Cassiopeia kann man ebenfalls im Februar beobachten. Am östlichen Himmel ist das Sternbild Leo (Löwe) zu sehen, während der bekannte Asterismus Großer Wagen im Nordosten liegt.

INTERESSANTE OBJEKTE

In der Nähe der Füße der Zwillinge (Gemini) findet sich der große Offene Sternhaufen M35, den man

Winterdreieck
Am nördlichen Winterhimmel kann man den Asterismus Winterdreieck erkennen – Sirius (unten Mitte), der orangerote Beteigeuze (oben rechts) und Procyon (oben links).

leicht mit dem Fernglas findet. In dem benachbarten Sternbild Cancer (Krebs) liegt der wunderschöne Sternhaufen Praesepe (M44), der durch ein kleines Teleskop betrachtet einen prächtigen Anblick bietet und etwas größer als die Scheibe des Vollmonds erscheint. Die Milchstraße verläuft durch das Sternbild Monoceros (Einhorn). Dort liegen auch viele Offene

Sternhaufen wie NGC 2244, den man bereits mit einem Fernglas beobachten kann, der aber auch für kleine Teleskope ein interessantes Ziel ist. Er liegt zwischen den Sternen Beteigeuze und Procyon.

GEMINI

Größe (Rang)	Hellste Sterne	Genitiv	Abkürzung	Höchststand um 22 Uhr
30	Beta (β) Geminorum, 1,15; Alpha (α) Geminorum, 1,6	Geminorum	Gem	Januar–Februar

Das Sternbild Gemini (Zwillinge), das hoch am nördlichen Himmel steht, findet man anhand seiner beiden hellsten Sterne, Beta (β) und Alpha (α) Geminorum, die man auch Castor und Pollux nennt. Castor ist ein interessanter Mehrfachstern. In der Nähe der Füße der Zwillinge liegt der Offene Sternhaufen M35.

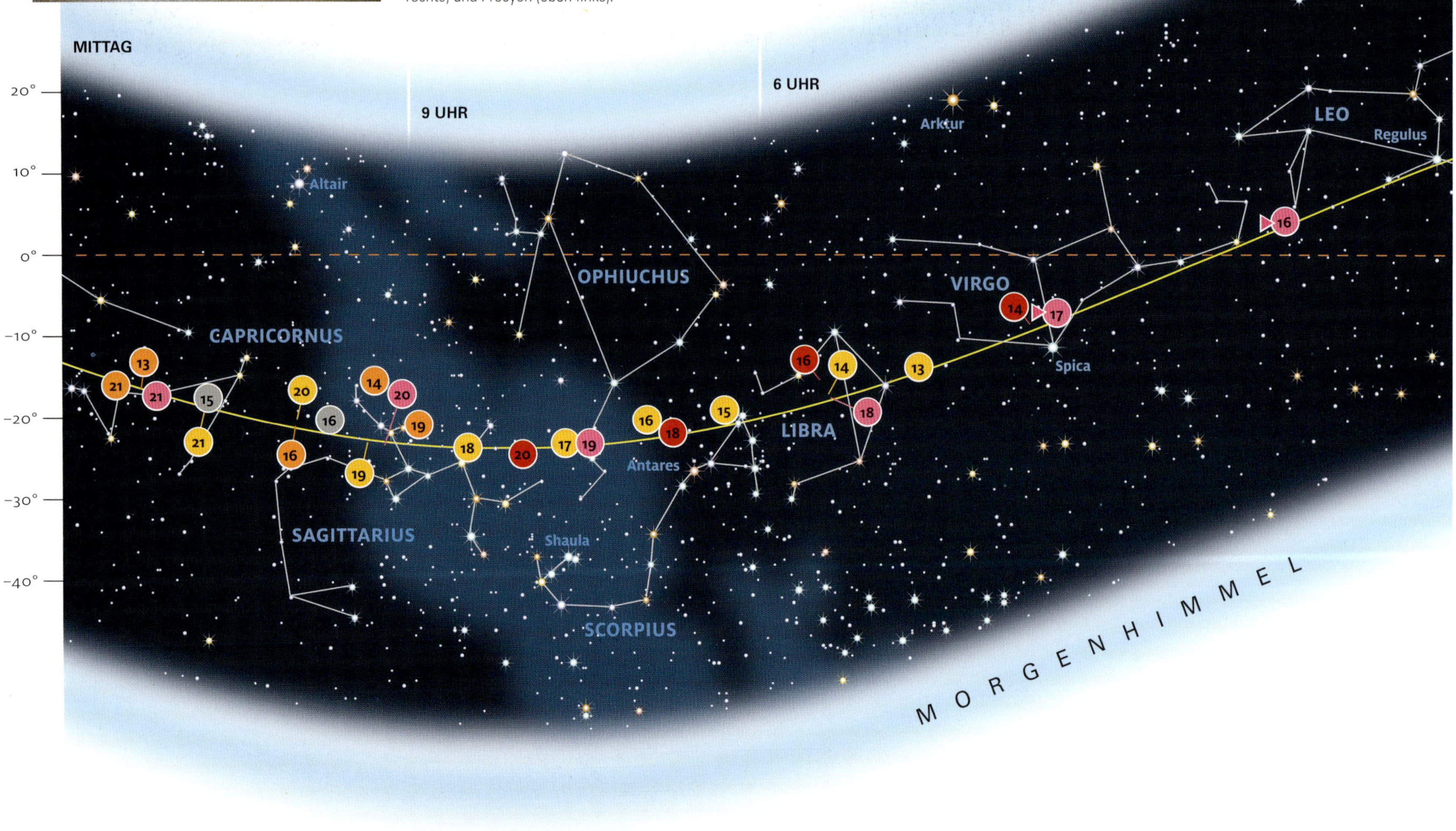

SÜDLICHE BREITEN

STERNE

Im Februar finden Beobachter im Süden hoch am Himmel zwei Leuchtfeuer: die beiden hellsten Sterne des Nachthimmels – Sirius und Canopus. Des Weiteren sind die beiden sehenswerten Sternbilder Crux (Kreuz des Südens) und Centaurus (Zentaur) zu sehen. Etwas von ihnen entfernt liegt das trügerische Falsche Kreuz, das manchmal mit Crux verwechselt wird. Das Falsche Kreuz wird durch vier Sterne von Vela (Segel) und Carina (Schiffskiel) geformt.

Zu dieser Jahreszeit stehen die beiden Hauptsterne von Gemini (Zwillinge), Castor und Pollux, im Norden. Die Sternbilder Orion und Taurus (Stier) sind ebenfalls zu erkennen. Im Süden findet man die Große und die Kleine Magellanschen Wolke. Zudem geht im Nordosten über dem Horizont Leo (Löwe) auf.

INTERESSANTE OBJEKTE

Die Gebiete in und um die Milchstraße umfassen viele Sternhaufen wie M46, M47, NGC 2451 und NGC 2477. Sie alle liegen in Puppis (Achterschiff). In den benachbarten Sternbildern findet man in Vela (Segel) die Sternhaufen IC 2391 und IC 2395 sowie in Carina (Schiffskiel) den Sternhaufen NGC 2516.

PUPPIS

Größe (Rang)	Hellster Stern	Genitiv	Abkürzung	Höchststand um 22 Uhr
20	Zeta (ζ) Puppis oder Naos, 2,2	Puppis	Pup	Januar–Februar

Das Sternbild Puppis (Achterschiff) enthält die Offenen Sternhaufen M46 und M47, die man mit einem Fernglas sieht. Puppis befindet sich am Nachthimmel etwas nördlich des hellen Sterns Canopus und ist zwischen den Sternbildern Vela (Segel), Carina (Schiffskiel) und Canis Maior (Großer Hund) eingebettet.

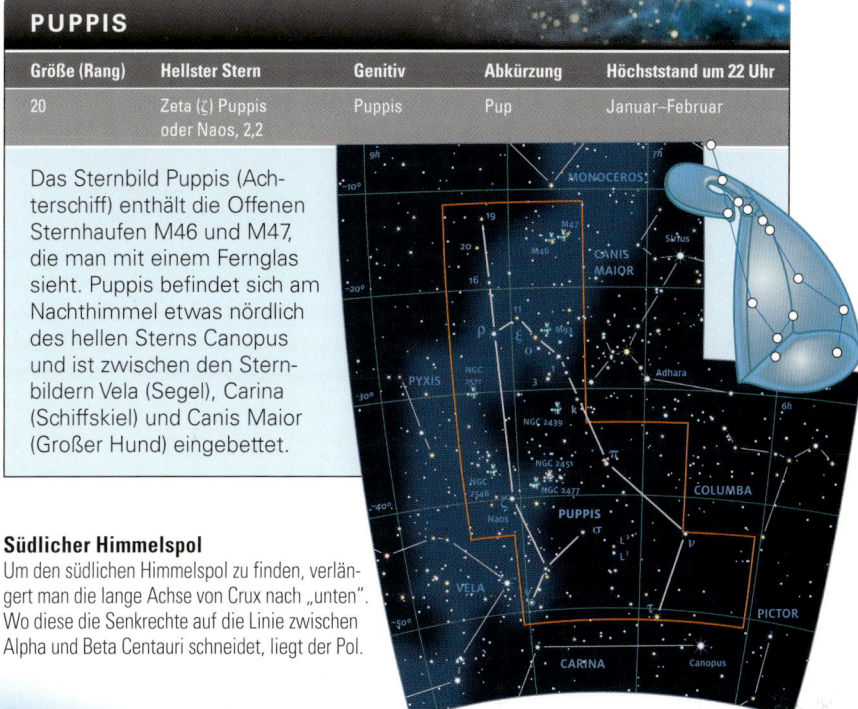

Südlicher Himmelspol
Um den südlichen Himmelspol zu finden, verlängert man die lange Achse von Crux nach „unten". Wo diese die Senkrechte auf die Linie zwischen Alpha und Beta Centauri schneidet, liegt der Pol.

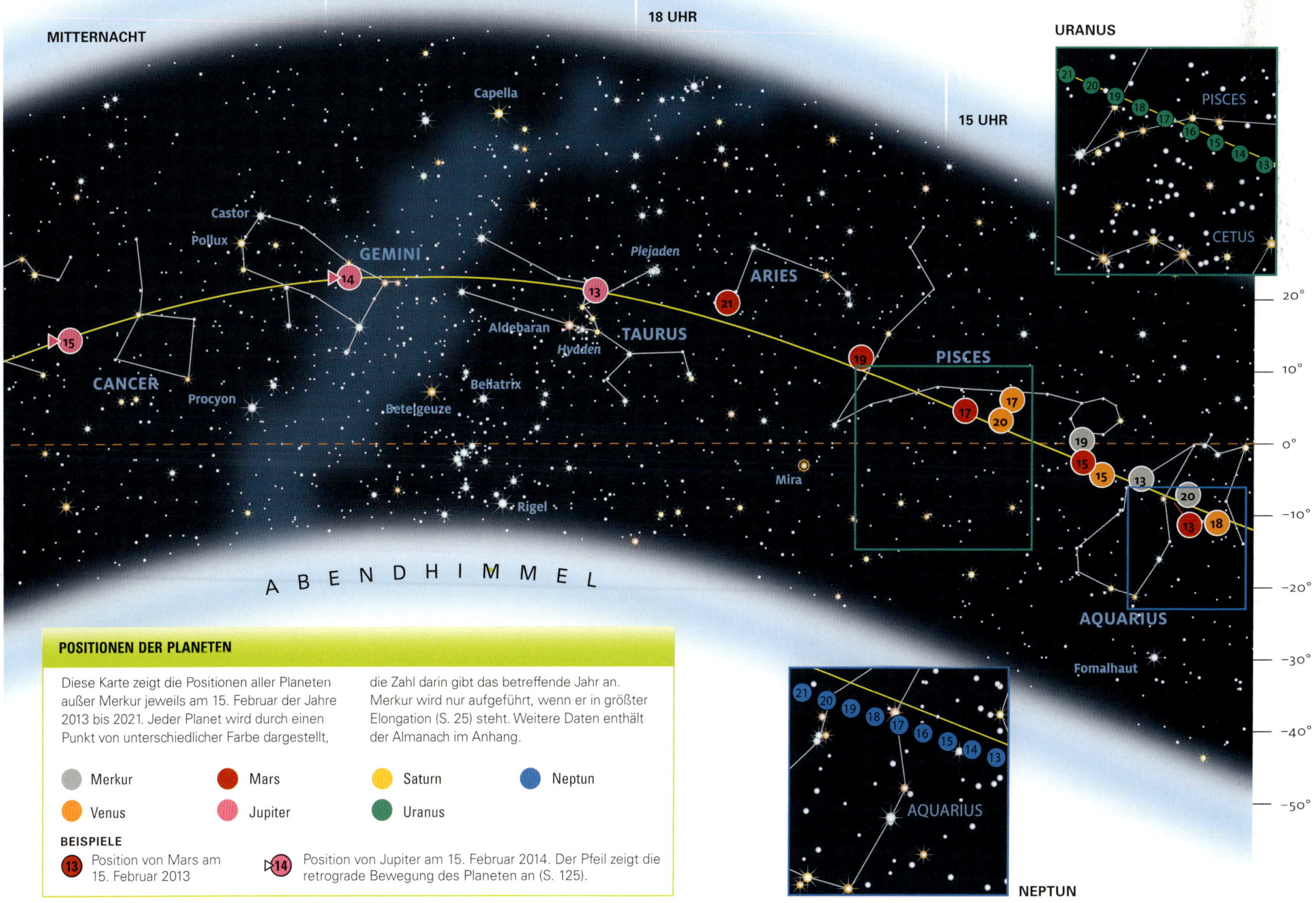

21 UHR

18 UHR

MITTERNACHT

15 UHR

URANUS

NEPTUN

ABENDHIMMEL

POSITIONEN DER PLANETEN

Diese Karte zeigt die Positionen aller Planeten außer Merkur jeweils am 15. Februar der Jahre 2013 bis 2021. Jeder Planet wird durch einen Punkt von unterschiedlicher Farbe dargestellt, die Zahl darin gibt das betreffende Jahr an. Merkur wird nur aufgeführt, wenn er in größter Elongation (S. 25) steht. Weitere Daten enthält der Almanach im Anhang.

- ⬤ Merkur
- ⬤ Mars
- ⬤ Saturn
- ⬤ Neptun
- ⬤ Venus
- ⬤ Jupiter
- ⬤ Uranus

BEISPIELE
⑬ Position von Mars am 15. Februar 2013
▶⑭ Position von Jupiter am 15. Februar 2014. Der Pfeil zeigt die retrograde Bewegung des Planeten an (S. 125).

FEBRUAR
NÖRDLICHE BREITEN

BEOBACHTUNGSZEITEN		
Datum	MEZ	MESZ
15. Januar	Mitternacht	1 Uhr
1. Februar	23 Uhr	Mitternacht
15. Februar	22 Uhr	23 Uhr
1. März	21 Uhr	22 Uhr
15. März	20 Uhr	21 Uhr

RICHTUNG **NORDEN**

Im Februar sind die drei prominenten Offenen Sternhaufen des nordwestlichen Himmels – M36, M37 und M38 in Auriga (Fuhrmann) – ein Muss. Im Teleskop erscheint jeder Sternhaufen wie verschüttete Zuckerkristalle. Im Fernglas sehen sie jedcoh nur wie graue Flecken aus.

Durch ein Fernglas kann man auch die Galaxie M81 in Ursa Maior (Großer Bär) und eine Sternkette, die man Kembles Kaskade nennt, erkennen. Diese liegt im Sternbild Camelopardalis (Giraffe), das an Cassiopeia und Perseus grenzt.

Kembles Kaskade
Die Sternkette befindet sich etwa in der Mitte zwischen dem hellen Stern Capella (in Auriga) und Gamma (γ) Cassiopeiae. Kembles Kaskade beobachtet man am besten mit dem Fernglas.

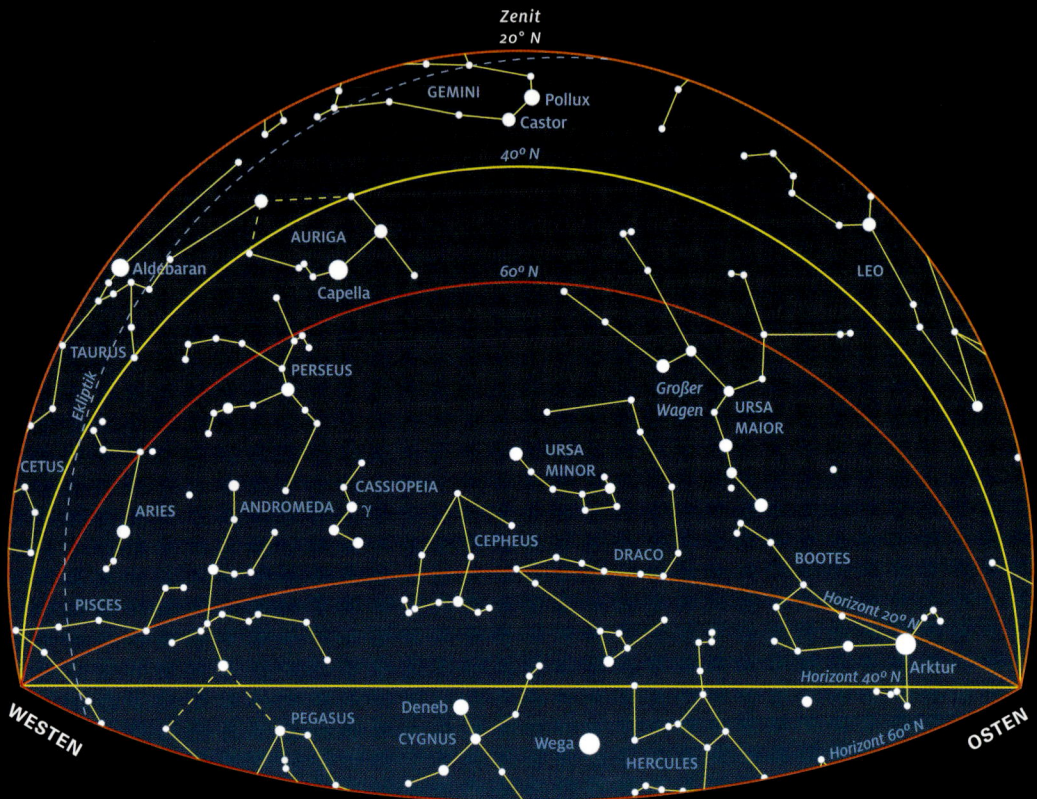

RICHTUNG **SÜDEN**

Der Offene Sternhaufen M41 liegt etwas südlich von dem hellen Stern Sirius im Sternbild Canis Maior (Großer Hund). Es lohnt sehr, den Sternhaufen mit einem Fernglas oder kleinen Teleskop zu betrachten. Nebenbei kann man auch gut den benachbarten Orion beobachten.

Im Osten ist per kleinem Teleskop oder Fernglas der Sternhaufen NGC 2244 in Monoceros (Einhorn) zu sehen. Im Westen liegt M1 in Taurus (Stier). Große Teleskope zeigen seine ovale Form, noch größere Teleskope eröffnen weitere Details.

M1 in Taurus
Der Krebsnebel oder M1 ist ein Supernovarest, der durch die Explosion eines massiven Sterns entstand. Der schwach leuchtende Nebel liegt etwa 6500 Lichtjahre von der Erde entfernt.

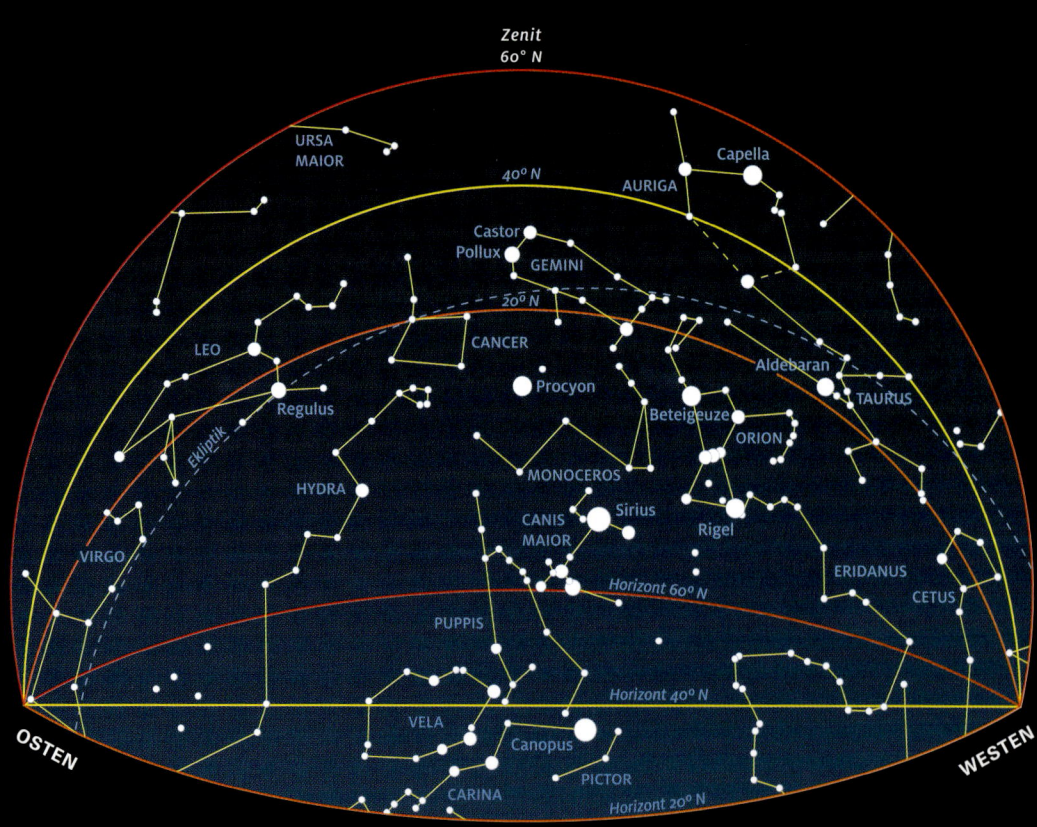

GRÖSSENKLASSE

● -1 ● 0 ● 1 ● 2 · 3 und höher

FEBRUAR
SÜDLICHE BREITEN

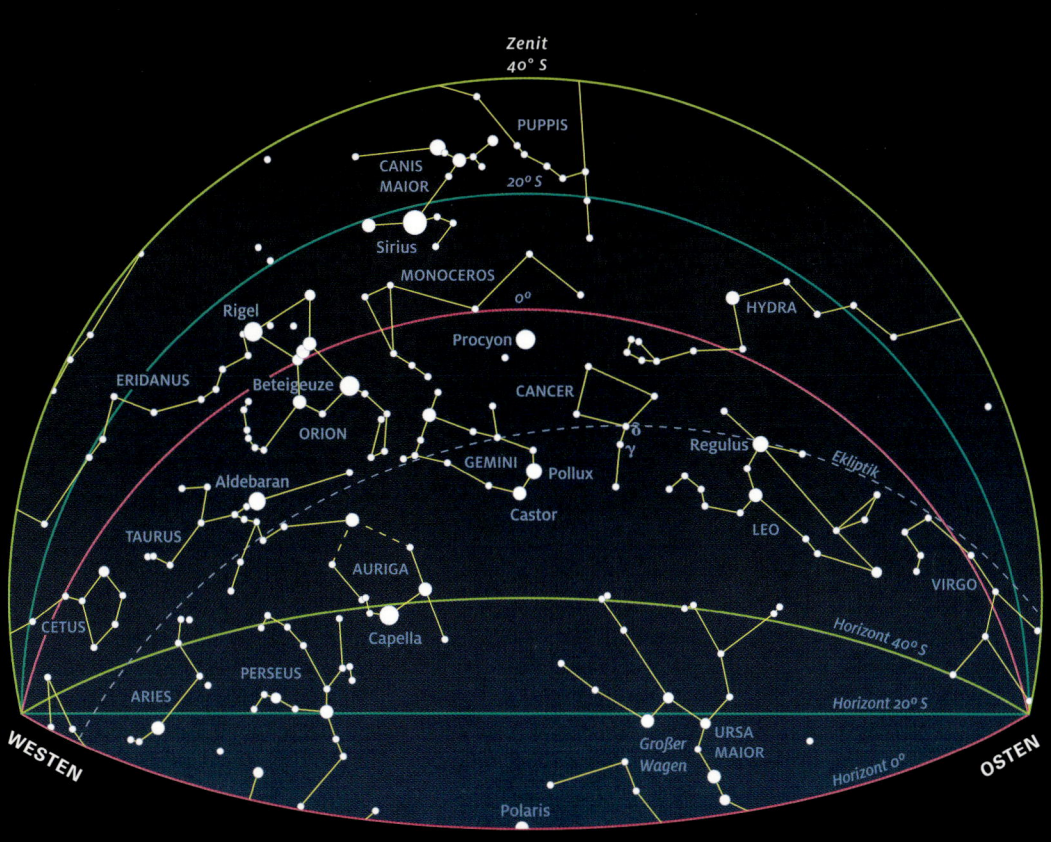

Zenit 40° S

PUPPIS

CANIS MAIOR

20° S

Sirius

MONOCEROS

0°

HYDRA

Rigel

Procyon

ERIDANUS

Beteigeuze

CANCER

ORION

δ

GEMINI Pollux

γ

Regulus

Ekliptik

Aldebaran

Castor

LEO

TAURUS

AURIGA

VIRGO

CETUS

Capella

Horizont 40° S

PERSEUS

Horizont 20° S

ARIES

WESTEN

Großer Wagen

URSA MAIOR

Horizont 0°

OSTEN

Polaris

RICHTUNG **NORDEN**

Im Sternbild Cancer (Krebs) liegt der wunderschöne Offene Sternhaufen Praesepe (M44). Man entdeckt ihn leicht in der Mitte des Sternbilds, wo er in der Nähe der Sterne Gamma (γ) und Delta (δ) Cancri liegt. Mit dem bloßen Auge gleicht Praesepe von dunklen Standorten aus einem verschwommenen Fleck. Interessante Objekte für ein Teleskop sind die beiden Spiralgalaxien M65 und M66 in Leo (Löwe). Sie erscheinen im Teleskop als elliptische Schmutzflecken.

M44 in Cancer
Der funkelnde Offene Sternhaufen M44 mit der Größenklasse 3,7 ist mit dem Fernglas gut zu sehen – ein wunderbarer Anblick. M44 ist auch ein ideales Motiv für Amateurfotografen.

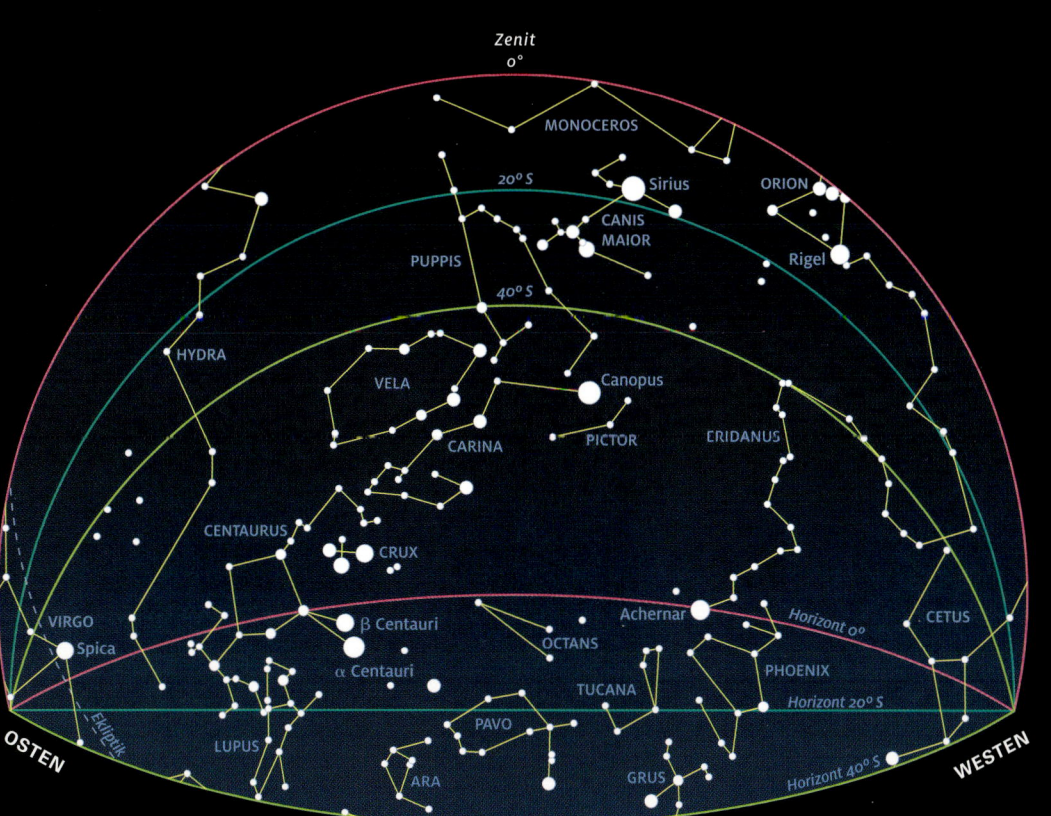

Zenit 0°

MONOCEROS

20° S

Sirius

ORION

CANIS MAIOR

Rigel

PUPPIS

40° S

HYDRA

VELA

Canopus

PICTOR

ERIDANUS

CARINA

CENTAURUS

CRUX

VIRGO

Spica

β Centauri

Achernar

Horizont 0°

CETUS

α Centauri

OCTANS

PHOENIX

Ekliptik

TUCANA

Horizont 20° S

OSTEN

PAVO

WESTEN

LUPUS

ARA

GRUS

Horizont 40° S

RICHTUNG **SÜDEN**

Diese Jahreszeit eignet sich sehr gut dazu, am südlichen Himmel die reichhaltigen Sternfelder der Milchstraße zu beobachten. Viele Sterne sieht man bereits mit bloßem Auge oder im Fernglas. Die Milchstraße verläuft im Osten durch die Sternbilder Crux (Kreuz des Südens), Centaurus, Musca (Fliege) und Carina (Schiffskiel). In der Nähe von Crux liegt der Kohlensacknebel, ein auffälliger dunkler Fleck. Dieser Dunkelnebel ist eine Wolke aus Gas und Staub, die in ungefähr 600 Lichtjahren Entfernung liegt.

IC 2602
Der Offene Sternhaufen der Größenklasse 1,9 liegt im Sternbild Carina und wird auch Südliche Plejaden genannt. Man sieht ihn mit bloßem Auge, aber erst im Fernglas erkennt man seine Sterne.

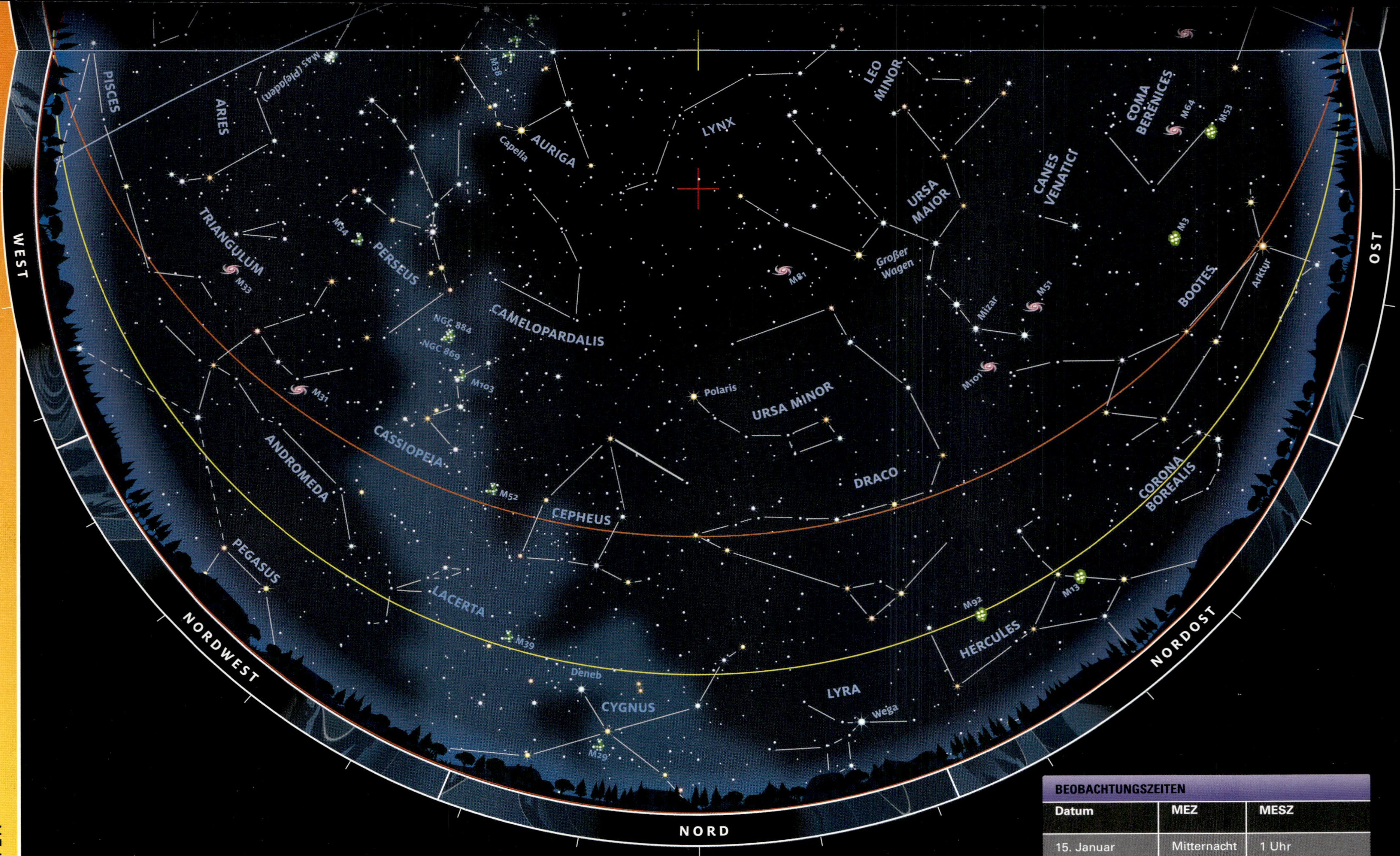

FEBRUAR | NÖRDLICHE BREITEN

GRÖSSENKLASSEN

- −1
- 0
- 1
- 2
- 3
- 4
- 5
- Veränderliche

HIMMELSOBJEKTE

- Galaxie
- Kugelsternhaufen
- Offener Sternhaufen
- Diffuser Nebel
- Planetarischer Nebel

REFERENZPUNKTE

- Horizont
- 60° N
- 40° N
- 20° N
- Zenit
- 60° N
- 40° N
- 20° N
- Ekliptik

RICHTUNG NORDEN

BEOBACHTUNGSZEITEN		
Datum	MEZ	MESZ
15. Januar	Mitternacht	1 Uhr
1. Februar	23 Uhr	Mitternacht
15. Februar	22 Uhr	23 Uhr
1. März	21 Uhr	22 Uhr
15. März	20 Uhr	21 Uhr

WEST · NORDWEST · NORD · NORDOST · OST

PISCES, ARIES, TRIANGULUM, M33, ANDROMEDA, PEGASUS, M31, PERSEUS, M34, M38, Capella, AURIGA, CASSIOPEIA, NGC 884, NGC 869, M103, M52, LACERTA, CAMELOPARDALIS, LYNX, CYGNUS, M39, Deneb, M29, CEPHEUS, Polaris, URSA MINOR, LEO MINOR, LYRA, Wega, DRACO, Großer Wagen, URSA MAIOR, M81, M101, Mizar, M51, CANES VENATICI, HERCULES, M92, M13, M3, COMA BERENICES, M64, M53, CORONA BOREALIS, BOOTES, Arktur

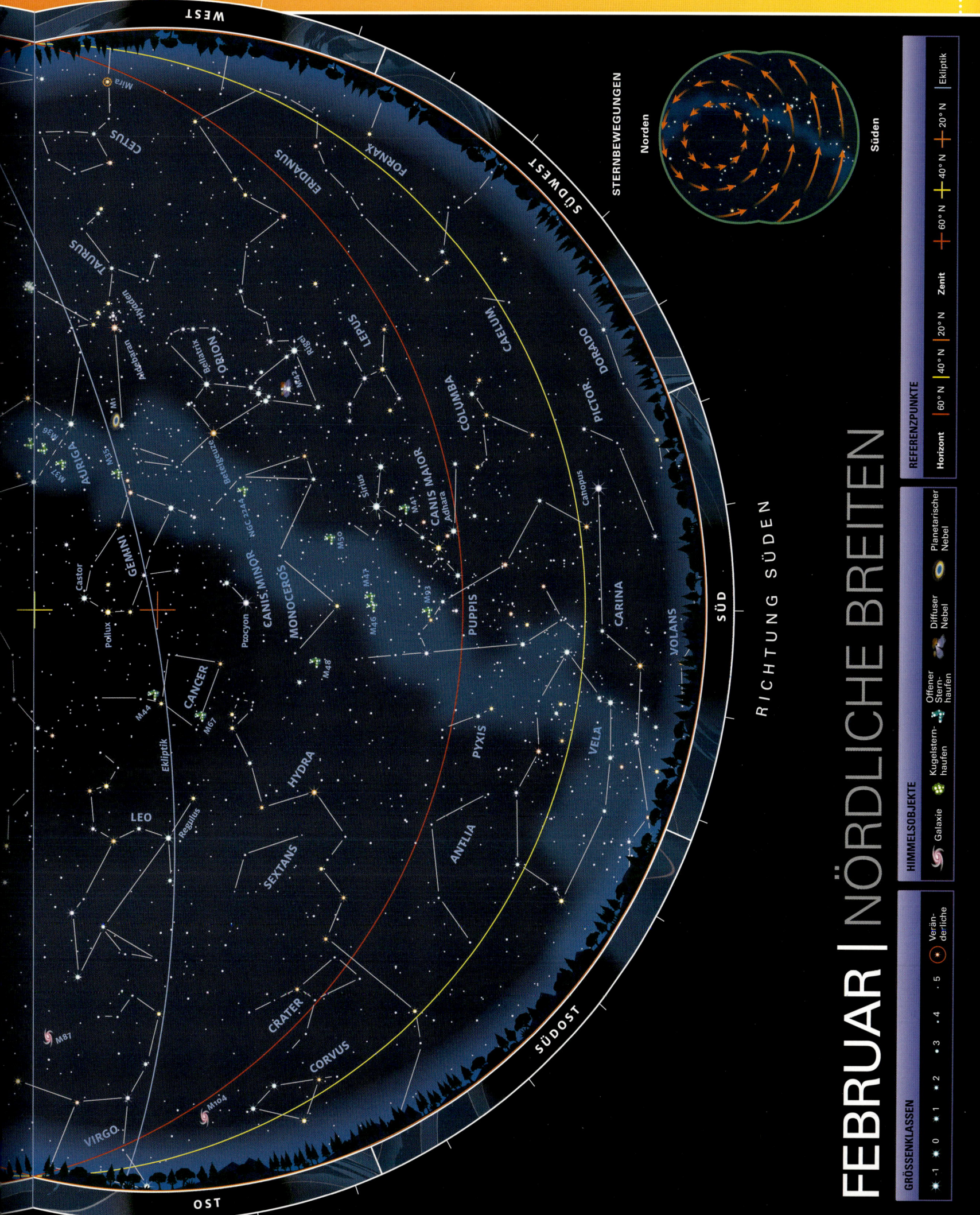

FEBRUAR | NÖRDLICHE BREITEN

RICHTUNG SÜDEN

STERNBEWEGUNGEN

Norden

Süden

REFERENZPUNKTE

| Horizont | 60° N | 40° N | 20° N | Zenit | 60° N | 40° N | 20° N | Ekliptik |

HIMMELSOBJEKTE

Galaxie · Kugelstern-haufen · Offener Stern-haufen · Diffuser Nebel · Planetarischer Nebel

GRÖSSENKLASSEN

-1 · 0 · 1 · 2 · 3 · 4 · 5 · Verän-der-liche

Ekliptik

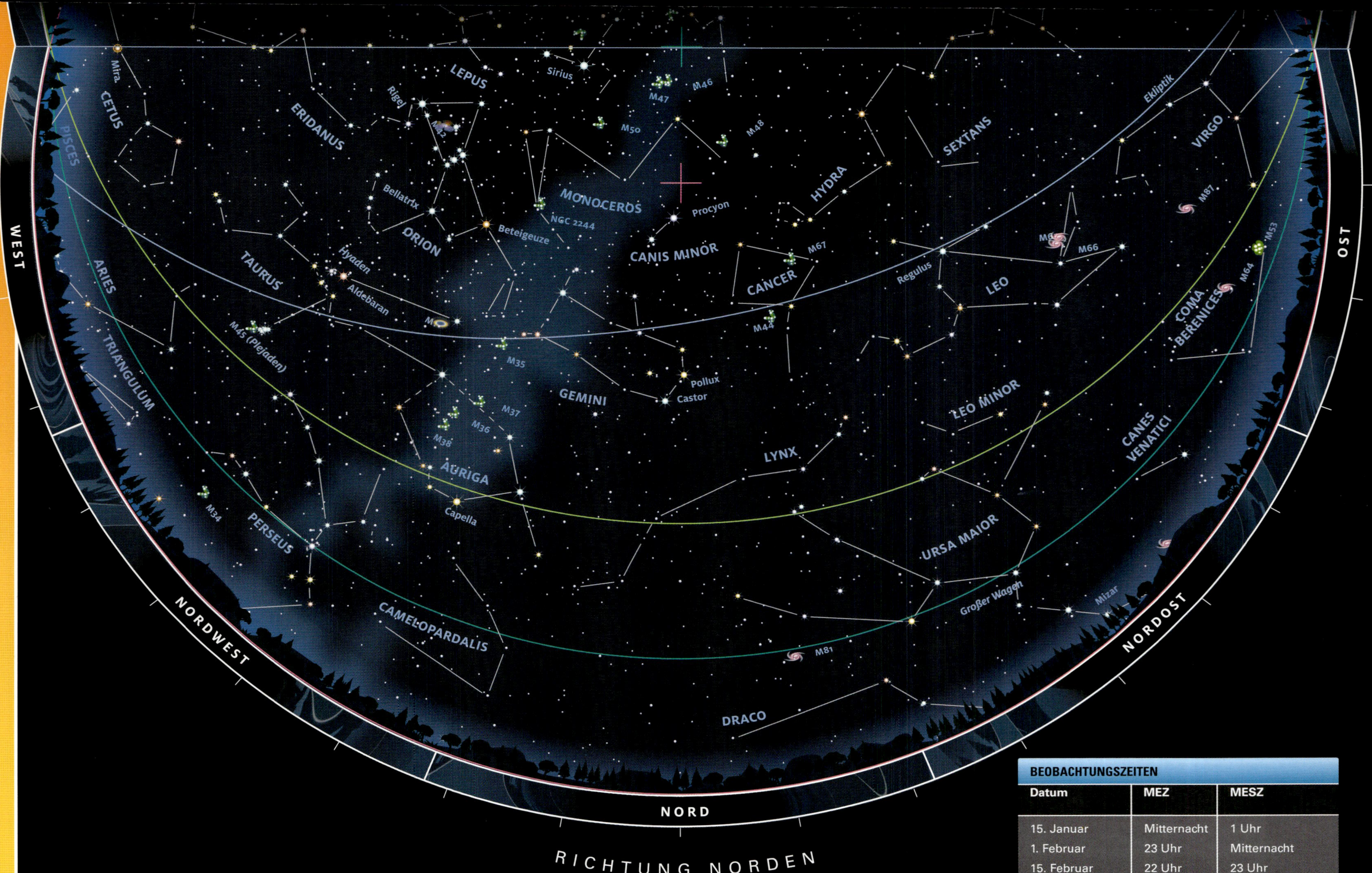

FEBRUAR | SÜDLICHE BREITEN

GRÖSSENKLASSEN

-1 0 1 2 3 4 5 Veränderliche

HIMMELSOBJEKTE

Galaxie
Kugelsternhaufen
Offener Sternhaufen
Diffuser Nebel
Planetarischer Nebel

REFERENZPUNKTE

Horizont 0° 20° S 40° S
Zenit 0° 20° S 40° S
Ekliptik

BEOBACHTUNGSZEITEN

Datum	MEZ	MESZ
15. Januar	Mitternacht	1 Uhr
1. Februar	23 Uhr	Mitternacht
15. Februar	22 Uhr	23 Uhr
1. März	21 Uhr	22 Uhr
15. März	20 Uhr	21 Uhr

RICHTUNG NORDEN

NORD · NORDWEST · WEST · NORDOST · OST

CETUS · Mira · PISCES · ARIES · TRIANGULUM · PERSEUS · M34 · TAURUS · M45 (Plejaden) · Aldebaran · Hyaden · ERIDANUS · CAMELOPARDALIS · AURIGA · Capella · M38 · M36 · M37 · M35 · GEMINI · ORION · Beteigeuze · Bellatrix · Rigel · NGC 2244 · LEPUS · Sirius · MONOCEROS · M50 · M47 · M46 · CANIS MINOR · Procyon · Castor · Pollux · M48 · DRACO · LYNX · CANCER · M44 · M67 · HYDRA · URSA MAIOR · Großer Wagen · LEO MINOR · Regulus · LEO · SEXTANS · Mizar · CANES VENATICI · M51 · COMA BERENICES · M66 · M64 · M53 · M87 · VIRGO · Ekliptik · M81

FEBRUAR | SÜDLICHE BREITEN

STERNBEWEGUNGEN

Norden

Süden

RICHTUNG SÜDEN

GRÖSSENKLASSEN

●	●	●	•	•	·	·
−1	0	1	2	3	4	5

○ Verän-
derliche

HIMMELSOBJEKTE

🌀 Galaxie   ⚬ Kugelstern-
haufen   ✶ Offener
Stern-
haufen   ✿ Diffuser
Nebel   ⬤ Planetarischer
Nebel

REFERENZPUNKTE

Horizont   ＋ 40° S   ＋ 20° S   ＋ 0°   Zenit

— 0°   — 20° S   — 40° S   Ekliptik

MÄRZ

Während die Nächte auf der nördlichen Halbkugel kürzer werden, wandern die hellen Wintersternbilder nach Westen. Auf der südlichen Halbkugel werden hingegen die Nächte länger und viele schöne Himmelsobjekte erscheinen am Nachthimmel.

NÖRDLICHE BREITEN

STERNE

An Märzabenden sieht man im Süden einen sichelförmigen Asterismus. Seiner Form entsprechend Sichel genannt, bildet er im Sternbild Leo (Löwe) den Kopf des Löwen. Rechts neben Leo liegt das weniger auffällige Sternbild Cancer (Krebs).

Unterhalb davon schließt sich ein dunkler Himmelsabschnitt an, in dem die lichtschwachen Sternbilder Sextans (Sextant), Crater (Becher) und Hydra (Wasserschlange) liegen. Am auffälligsten ist in diesem Areal der Stern Alphard (der »Einsame«) im Sternbild Hydra.

Hoch im Nordosten liegt der bekannte Asterismus Großer Wagen. Verlängert man dessen Deichsel, stößt man auf den hellen Stern Arktur in Bootes (Bärenhüter). Etwas

weiter weg und knapper über dem Horizont liegt der Stern Spica im Sternbild Virgo (Jungfrau). Am südwestlichen Horizont leuchtet der helle Stern Sirius im Sternbild Canis Maior (Großer Hund).

INTERESSANTE OBJEKTE

Im März kann man im nördlichen Abschnitt des Sternbilds Ursa Maior (Großer Bär) mit einem kleinen Teleskop die großartige Spiralgalaxie M81

sehen. Diese kann man in klaren, dunklen Nächten an dunklen Standorten weitab jeder Lichtverschmutzung sogar mit einem Fernglas erkennen. Weiter südlich präsentiert sich der Offene Sternhaufen Praesepe (M44) im Sternbild Cancer (Krebs).

Die Sichel in Leo
Die fünf Sterne, die Kopf und Nacken des Löwen formen, bilden den Asterismus Sichel. Im März ist er bei der Orientierung am Himmel sehr hilfreich.

Größe (Rang)	Hellster Stern	Genitiv	Abkürzung	Höchststand um 22 Uhr
CANCER				
31	Beta (β) Cancri, 3,5	Cancri	Cnc	Februar–März

Im Sternbild Cancer (Krebs) liegen keine sehr hellen Sterne. Es lohnt sich dennoch, das Sternbild genauer zu beobachten, denn in seinem Herz liegt einer der schönsten Offenen Sternhaufen des gesamten Nachthimmels, M44, den man auch Praesepe nennt.

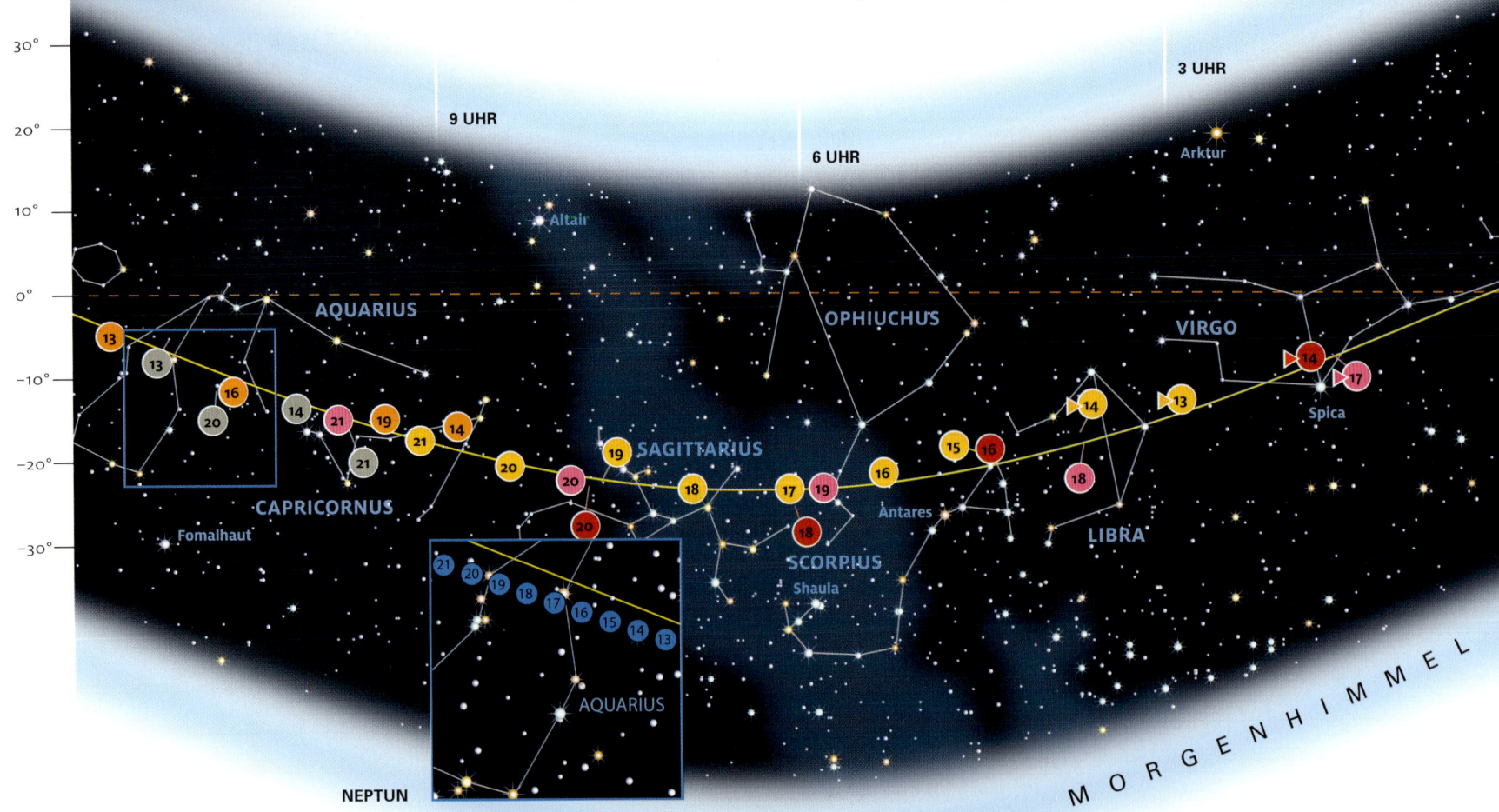

SÜDLICHE BREITEN

STERNE

Beobachter auf der Südhalbkugel werden zweifellos von den Sternbildern im Südosten angezogen, die sich um die Sternbilder Crux (Kreuz des Südens) und Centaurus (Zentaur) gruppieren. Von mittleren Breiten aus sieht man rechts über sich Alphard, den hellsten Stern des Sternbilds Hydra (Wasserschlange).

Spica, der hellste Stern in Virgo (Jungfrau), geht im Osten langsam unter, wohingegen im Südwesten Canopus in Carina (Schiffskiel) leuchtet. Das Sternbild Orion versinkt nach und nach hinter dem Horizont, während das Sternbild Leo (Löwe) immer noch hoch am nördlichen Himmel steht. Nicht weit von Leo entfernt findet man etwas tiefer im Nordwesten die beiden hellen Sterne des Sternbilds Gemini (Zwillinge), Castor und Pollux.

INTERESSANTE OBJEKTE

Der schöne Offene Sternhaufen IC 2602, den man auch Südliche Plejaden nennt, lässt sich im März mit einem guten Fernglas beobachten. Sein hellstes Mitglied, den

Falsches Kreuz
Vier Sterne der Sternbilder Carina und Vela bilden den Asterismus das Falsche Kreuz. Er wird häufig mit Crux, dem Kreuz des Südens, verwechselt, er ist aber etwas größer.

Stern Theta (θ) Carinae, sieht man sogar mit bloßem Auge. Mit einem Fernglas erkennt man etwa zwei Dutzend weitere funkelnde Sterne. Ungefähr vier Grad nördlich der Südlichen Plejaden kann man mit bloßem Auge ein glühendes Gebiet sehen: NGC 3372. Dieses Gebiet, das man auch Carinanebel nennt, bietet durch ein kleines Teleskop betrachtet, einen wunderschönen Anblick.

VELA

Größe (Rang)	Hellster Stern	Genitiv	Abkürzung	Höchststand um 22 Uhr
32	Gamma Velorum, 1,8	Velorum	Vel	Februar–April

Das Sternbild Vela (Segel) bildete früher zusammen mit den benachbarten Sternbildern Carina (Schiffskiel) und Puppis (Achterschiff) das viel größere Sternbild Argo Navis (Schiff der Argonauten), das heute nicht mehr als Sternbild zählt.

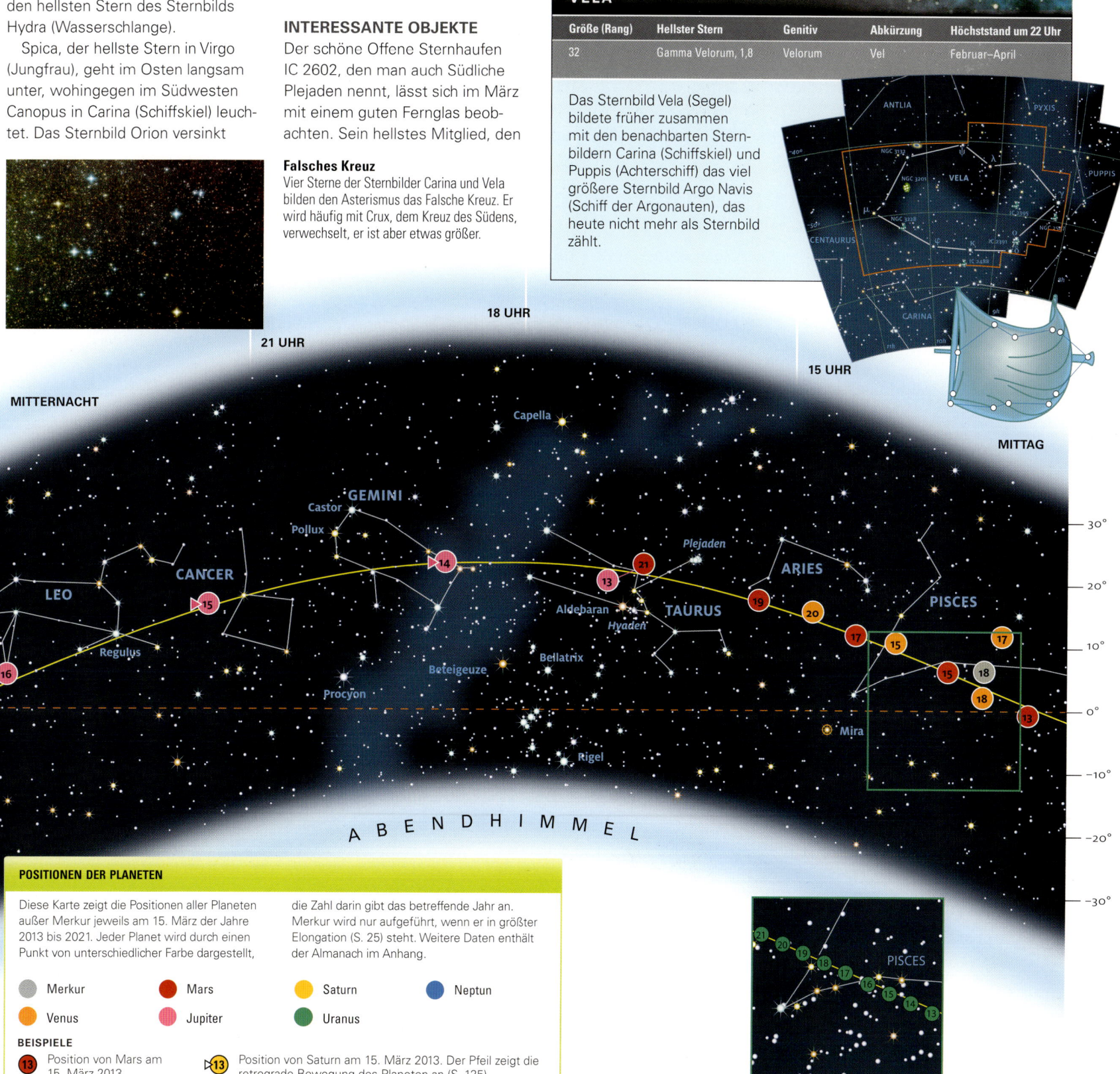

POSITIONEN DER PLANETEN

Diese Karte zeigt die Positionen aller Planeten außer Merkur jeweils am 15. März der Jahre 2013 bis 2021. Jeder Planet wird durch einen Punkt von unterschiedlicher Farbe dargestellt, die Zahl darin gibt das betreffende Jahr an. Merkur wird nur aufgeführt, wenn er in größter Elongation (S. 25) steht. Weitere Daten enthält der Almanach im Anhang.

- Merkur
- Mars
- Saturn
- Neptun
- Venus
- Jupiter
- Uranus

BEISPIELE
Position von Mars am 15. März 2013

Position von Saturn am 15. März 2013. Der Pfeil zeigt die retrograde Bewegung des Planeten an (S. 125).

MÄRZ
NÖRDLICHE BREITEN

BEOBACHTUNGSZEITEN		
Datum	MEZ	MESZ
15. Februar	Mitternacht	1 Uhr
1. März	23 Uhr	Mitternacht
15. März	22 Uhr	23 Uhr
1. April	21 Uhr	22 Uhr
15. April	20 Uhr	21 Uhr

RICHTUNG **NORDEN**

Im März sollte man im Südwesten in Taurus (Stier) nach zwei schönen Sternhaufen Ausschau halten, den Plejaden (M45) und den Hyaden (S. 23). Die Plejaden sind der wohl schönste Offene Sternhaufen am nördlichen Himmel. Sie sind mit bloßem Auge zu sehen, aber natürlich offenbaren Ferngläser, kleine Teleskope bis hin zu Refraktoren wesentlich mehr. Im benachbarten Sternbild Auriga (Fuhrmann) liegen die Offenen Sternhaufen NGC 1664 und NGC 1857, die lohnende Ziele für kleine Teleskope sind.

Plejaden
Die Plejaden, die man auch Siebengestirn nennt, sind ein schöner Offener Sternhaufen, den man mit bloßem Auge oder einem Fernglas sieht. Sie sind auch ein beliebtes Motiv für Astrofotografen.

RICHTUNG **SÜDEN**

Das Sternbild Coma Berenices (Haar der Berenike) liegt im Osten zwischen Leo (Löwe) und Bootes (Bärenhüter) mit dem Offenen Sternhaufen Melotte 111. Dessen verteilte Sterne erkennt man durch ein Fernglas oder kleine Teleskope gut. Mit der Größenklasse 2,7 ist Melotte 111 von dunklen Standorten aus auch mit bloßem Auge zu sehen.

Sehenswert sind auch die drei Galaxien in Leo (Löwe), M65, M66 und NGC 3628, sowie der Doppelstern Algieba, Gamma (γ) Leonis.

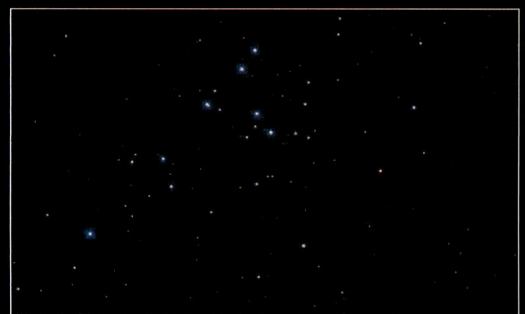

Melotte 111
Der Offene Sternhaufen Melotte 111, auch Coma-Sternhaufen genannt, enthält ungefähr 40 Einzelsterne. Durch ein Fernglas oder einen kleinen Refraktor betrachtet, ist er wunderschön anzusehen.

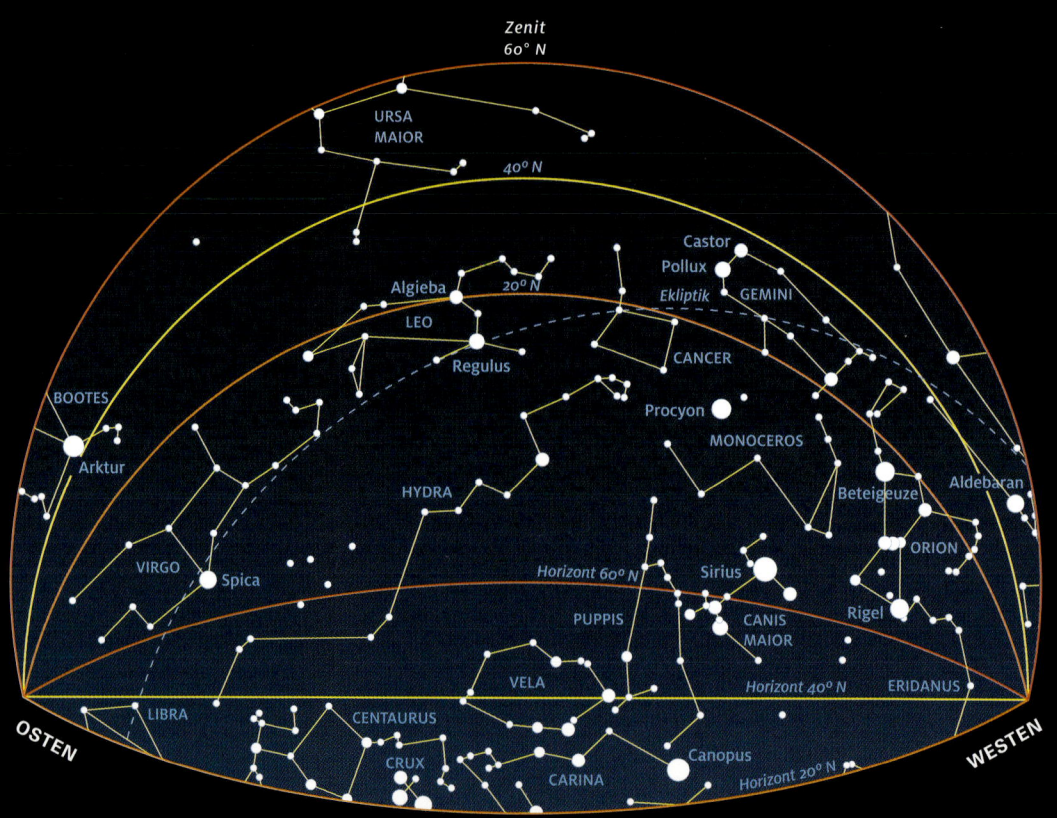

GRÖSSENKLASSE

● -1   ● 0   ● 1   • 2   • 3 und höher

MÄRZ
SÜDLICHE BREITEN

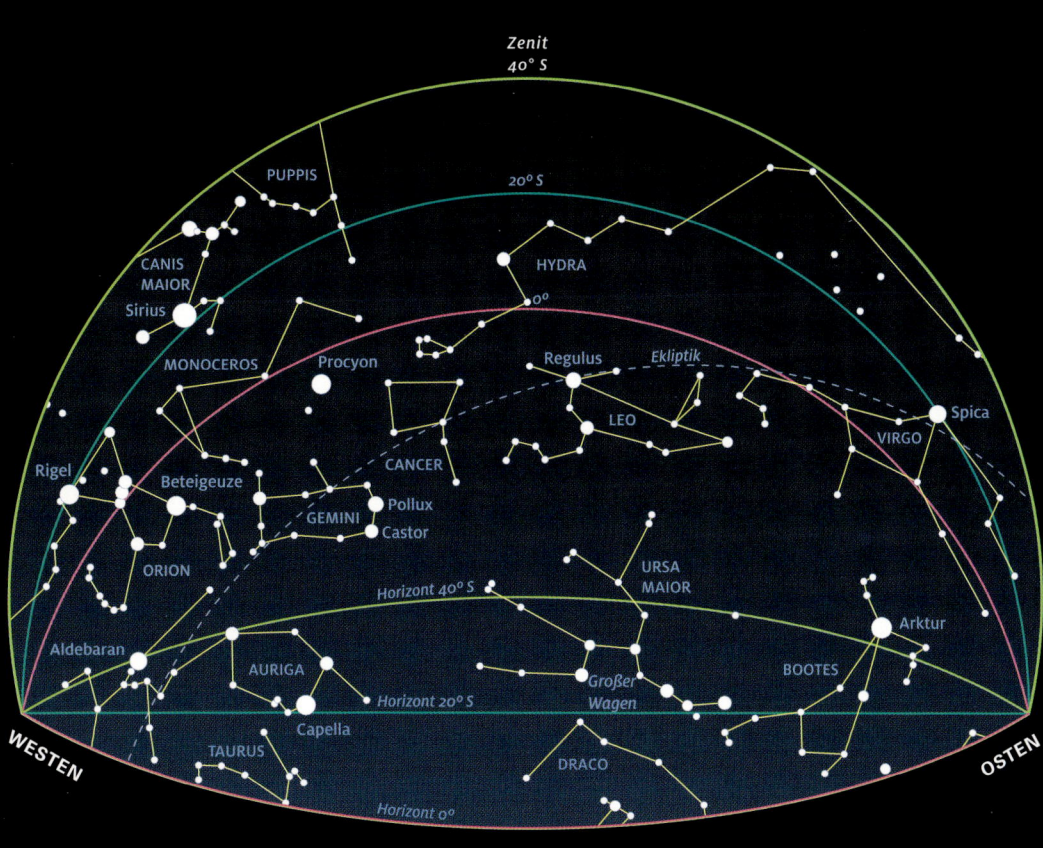

Zenit
40° S

20° S

PUPPIS

HYDRA

0°

CANIS
MAIOR

Sirius

MONOCEROS

Procyon

Regulus   Ekliptik

LEO

Spica

VIRGO

Rigel

Beteigeuze

CANCER

Pollux

GEMINI

Castor

ORION

URSA
MAIOR

Arktur

Aldebaran

Horizont 40° S

BOOTES

AURIGA

Horizont 20° S

Großer
Wagen

WESTEN

Capella

TAURUS

DRACO

OSTEN

Horizont 0°

RICHTUNG **NORDEN**

Die Galaxie M104 liegt im Sternbild Virgo (Jungfrau) am östlichen Nachthimmel. Die Galaxie, die man auch Sombrero-Galaxie nennt, zeigt eine auffällige dunkle Staubfahne, die sich um den Rand der Scheibe legt. Diese Fahne ist zwar erst mit einem relativ großen Teleskop deutlich zu sehen, doch schon mittelgroße Teleskope offenbaren die elliptische Form der Galaxie. In Virgo liegt zudem die Spiralgalaxie M61, die mit ihrer hohen Größenklasse von 9,7 nur sehr schwer zu erkennen ist.

Die Sombrero-Galaxie
M104 ist ein lohnendes Ziel für Teleskope mit großer Öffnung. Diese erstaunliche Aufnahme des Hubble-Weltraumteleskops zeigt sogar Details des Staubrings, der die Galaxie umgibt.

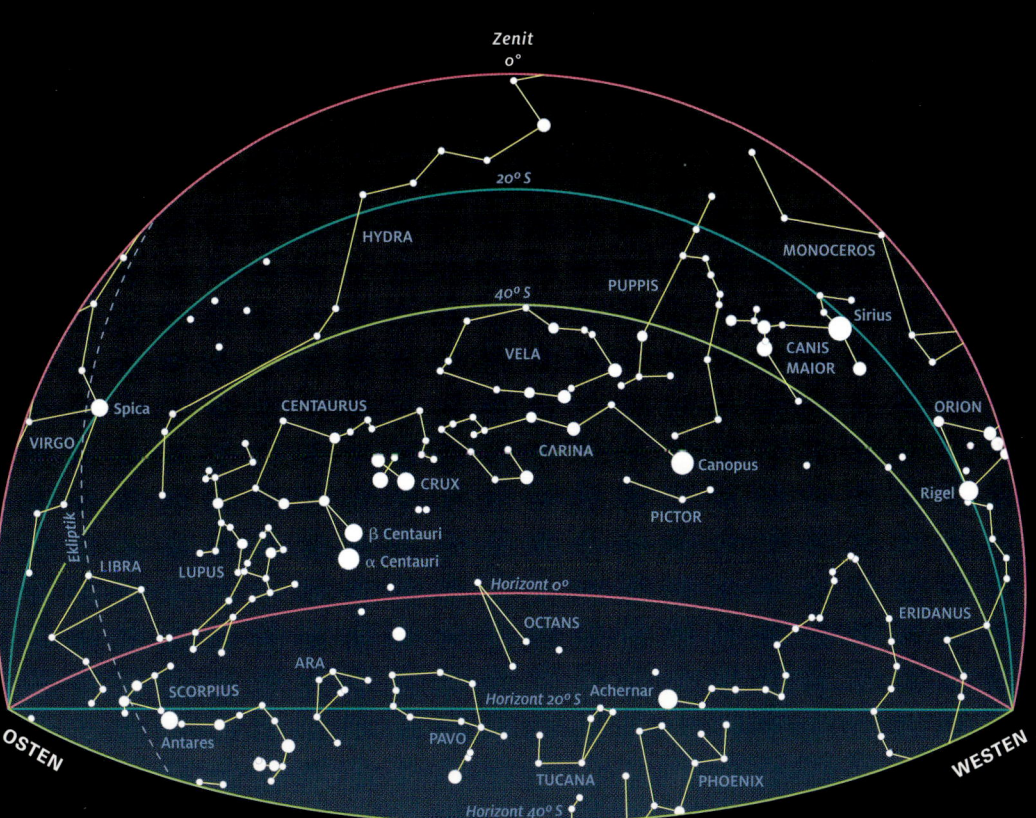

Zenit
0°

20° S

HYDRA

MONOCEROS

40° S

PUPPIS

VELA

Sirius

CANIS
MAIOR

Spica

CENTAURUS

ORION

VIRGO

CARINA

Canopus

CRUX

Rigel

PICTOR

Ekliptik

β Centauri

LIBRA

LUPUS

α Centauri

Horizont 0°

OCTANS

ERIDANUS

ARA

Horizont 20° S

SCORPIUS

Achernar

OSTEN

Antares

PAVO

WESTEN

TUCANA

PHOENIX

Horizont 40° S

RICHTUNG **SÜDEN**

Im März zählt der Kugelsternhaufen Omega (ω) Centauri zum Pflichtprogramm. Mit einem großen Teleskop sieht man viele seiner Sterne, während er im Fernglas nur als heller Lichtfleck erscheint. Ein schönes Ziel für kleine Teleskope und Ferngläser ist hingegen der weiter westlich gelegene Offene Sternhaufen NGC 4755, das Schmuckkästchen, in Crux (Kreuz des Südens). Westlich davon in Carina (Schiffskiel) liegt NGC 3372, der Carinanebel. Bereits mit bloßem Auge sieht man die Staubfahne, die ihn teilt.

Omega (ω) Centauri
Der Kugelsternhaufen Omega (ω) Centauri (NGC 5139) ist 17 000 Lichtjahre entfernt und zählt zu den größten der Milchstraße. Mit Größenklasse 3,7 ist er in Centaurus mit bloßem Auge zu erkennen.

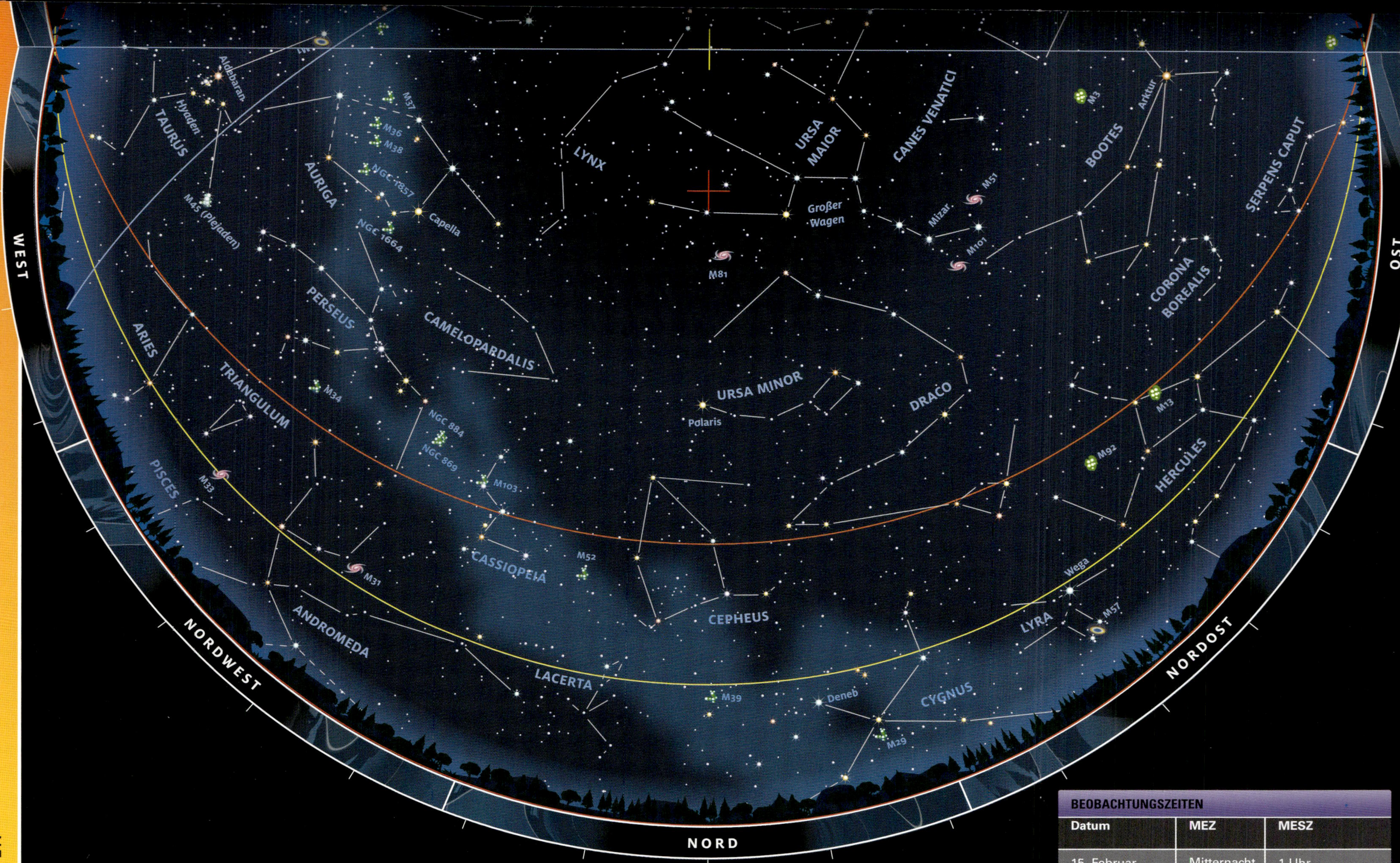

MÄRZ | NÖRDLICHE BREITEN

GRÖSSENKLASSEN

- -1
- 0
- 1
- 2
- 3
- 4
- 5
- ⊙ Veränderliche

HIMMELSOBJEKTE

- Galaxie
- Kugelsternhaufen
- Offener Sternhaufen
- Diffuser Nebel
- Planetarischer Nebel

REFERENZPUNKTE

- Horizont
- 60° N
- 40° N
- 20° N
- Zenit
- 60° N
- 40° N
- 20° N
- Ekliptik

RICHTUNG NORDEN

BEOBACHTUNGSZEITEN		
Datum	MEZ	MESZ
15. Februar	Mitternacht	1 Uhr
1. März	23 Uhr	Mitternacht
15. März	22 Uhr	23 Uhr
1. April	21 Uhr	22 Uhr
15. April	20 Uhr	21 Uhr

WEST

NORDWEST

NORD

NORDOST

OST

PISCES
M33
ARIES
TAURUS
Hyaden
M45 (Plejaden)
Aldebaran
TRIANGULUM
ANDROMEDA
PERSEUS
M34
M31
NGC 884
NGC 869
NGC 1664
NGC 7857
AURIGA
M38
M36
Capella
M37
CASSIOPEIA
CAMELOPARDALIS
M103
M52
LACERTA
LYNX
CEPHEUS
M39
Polaris
M81
URSA MINOR
Großer Wagen
URSA MAIOR
CYGNUS
Deneb
DRACO
M101
M51
Mizar
CANES VENATICI
LYRA
Wega
M57
M3
BOOTES
HERCULES
M92
M13
CORONA BOREALIS
Arktur
SERPENS CAPUT

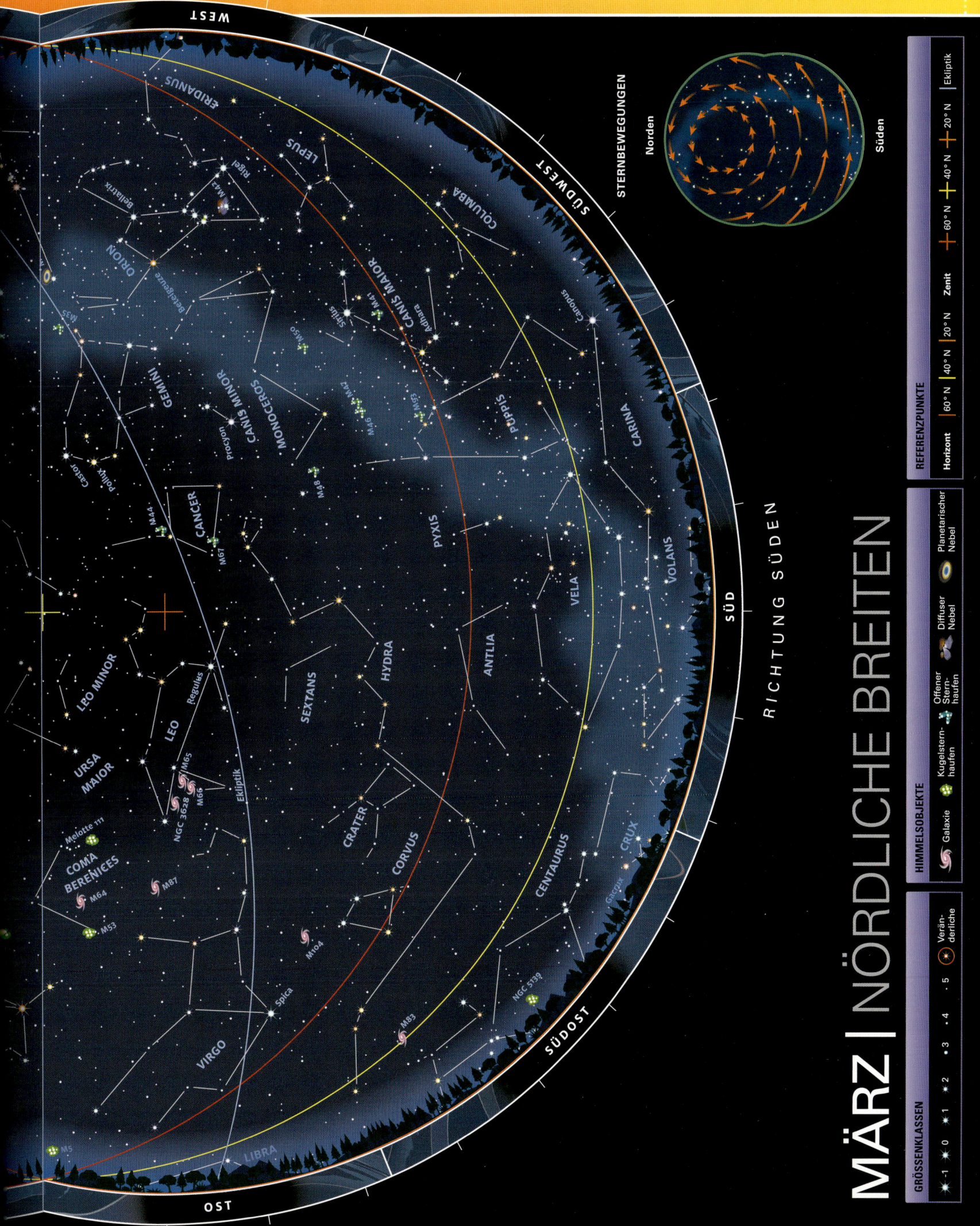

WEST

ERIDANUS

LEPUS

ORION

Rigel

M42

Beteigeuze

Bellatrix

M35

GEMINI

Castor

Pollux

SÜDWEST

COLUMBA

CANIS MAIOR

Sirius

M41

Adhara

M50

Canopus

MONOCEROS

CANIS MINOR

Prokyon

M46 M47

M48

CANCER

M44

M67

PUPPIS

PYXIS

VELA

CARINA

VOLANS

LEO MINOR

LEO

Regulus

SEXTANS

HYDRA

ANTLIA

SÜD

URSA MAIOR

M65
M66
NGC 3628

Ekliptik

CRATER

CORVUS

CENTAURUS

CRUX

Gacrux

Melotte 111

COMA BERENICES

M64

M87

M53

M104

M83

NGC 5139

VIRGO

Spica

LIBRA

SÜDOST

M5

OST

RICHTUNG SÜDEN

STERNBEWEGUNGEN

Norden

Süden

MÄRZ | NÖRDLICHE BREITEN

REFERENZPUNKTE

| Horizont | 60° N | 40° N | 20° N | Zenit | 20° N | 40° N | 60° N | Ekliptik |

HIMMELSOBJEKTE

Galaxie · Kugelstern-haufen · Offener Stern-haufen · Diffuser Nebel · Planetarischer Nebel

GRÖSSENKLASSEN

-1 · 0 · 1 · 2 · 3 · 4 · 5 · Verän-derliche

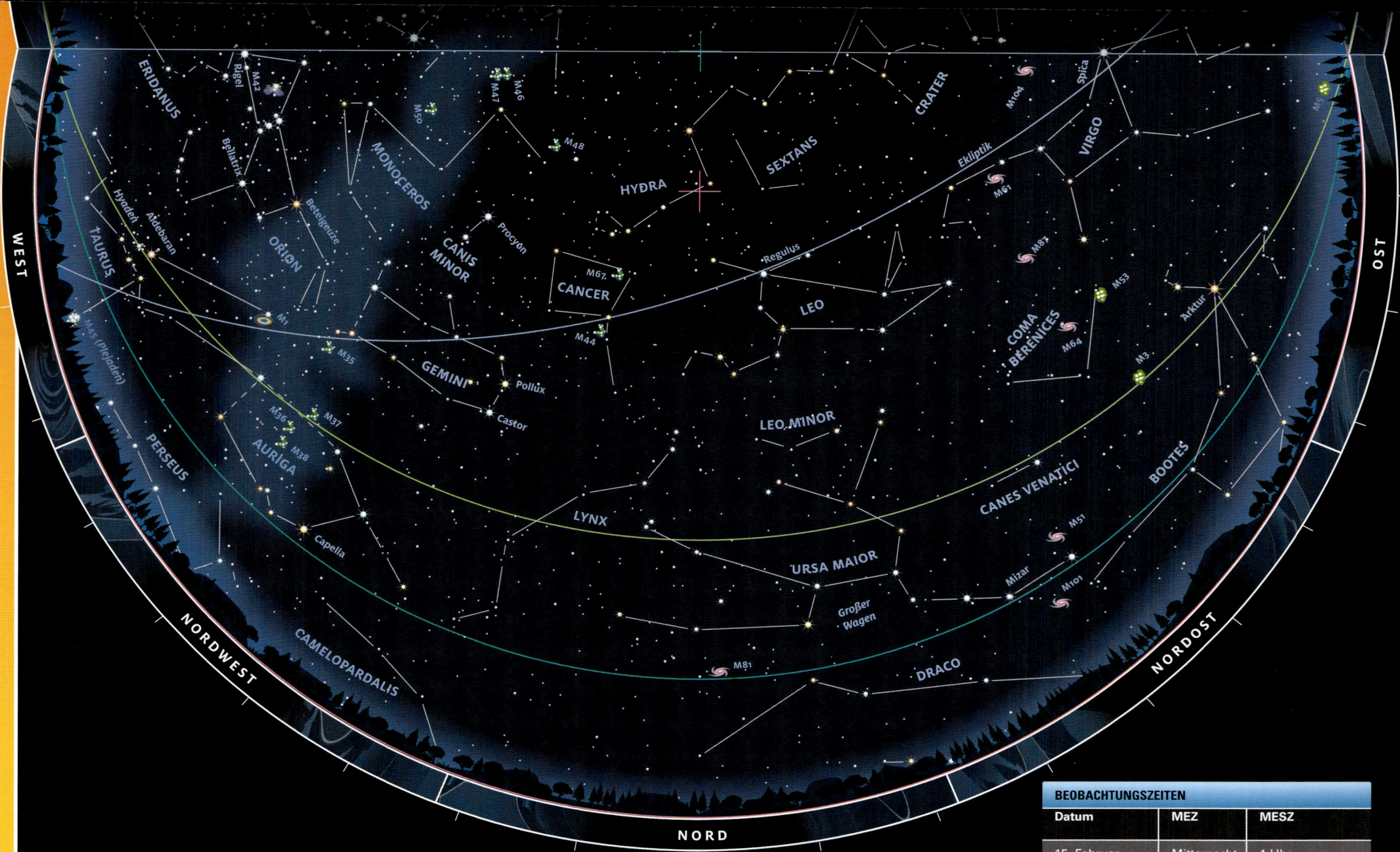

MÄRZ | SÜDLICHE BREITEN

GRÖSSENKLASSEN

- ✷ -1
- ✷ 0
- ● 1
- ● 2
- ● 3
- · 4
- · 5
- ☉ Veränderliche

HIMMELSOBJEKTE

- 🌀 Galaxie
- ✳ Kugelsternhaufen
- ✴ Offener Sternhaufen
- 🦋 Diffuser Nebel
- 🔵 Planetarischer Nebel

REFERENZPUNKTE

Horizont

- 0°
- 20° S
- 40° S

Zenit

- ✛ 0°
- ✛ 20° S
- ✛ 40° S

| Ekliptik

RICHTUNG NORDEN

BEOBACHTUNGSZEITEN		
Datum	**MEZ**	**MESZ**
15. Februar	Mitternacht	1 Uhr
1. März	23 Uhr	Mitternacht
15. März	22 Uhr	23 Uhr
1. April	21 Uhr	22 Uhr
15. April	20 Uhr	21 Uhr

WEST · NORDWEST · NORD · NORDOST · OST · WEST

TAURUS · Aldebaran · Hyaden · ERIDANUS · M45 (Plejaden) · PERSEUS · AURIGA · Capella · M36 · M38 · M37 · ORION · Bellatrix · Rigel · M42 · Beteigeuze · M35 · MONOCEROS · M50 · CAMELOPARDALIS · GEMINI · Castor · Pollux · CANIS MINOR · Procyon · M47 · M46 · CANCER · M44 · M67 · M8 · HYDRA · LYNX · URSA MAIOR · Großer Wagen · LEO MINOR · LEO · Regulus · SEXTANS · CRATER · DRACO · Mizar · CANES VENATICI · COMA BERENICES · M64 · M51 · M101 · M3 · M53 · M63 · M83 · M104 · M61 · VIRGO · Spica · Ekliptik · BOOTES · Arktur · M5 · M81

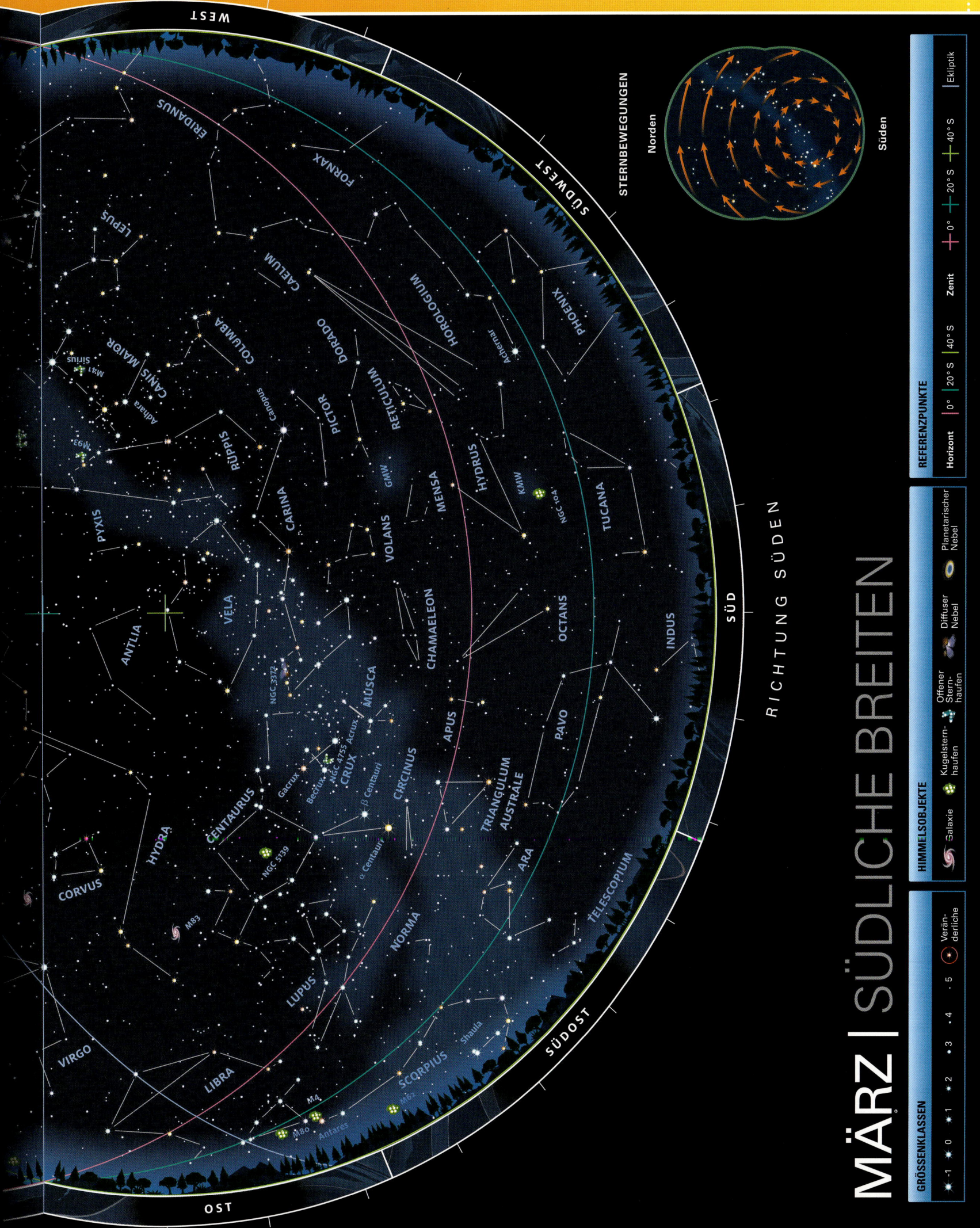

WEST

ERIDANUS

LEPUS

CANIS MAIOR

M41 Sirius

Adhara

M93

PYXIS

PUPPIS

COLUMBA

FORNAX

CAELUM

PICTOR

DORADO

Canopus

RETICULUM

GMW

HOROLOGIUM

MENSA

HYDRUS

KMW

NGC 104

PHOENIX

Achernar

SÜDWEST

STERNBEWEGUNGEN

Norden

Süden

ANTLIA

VELA

CARINA

NGC 3372

VOLANS

CHAMAELEON

TUCANA

HYDRA

CENTAURUS

NGC 5139

Gacrux

NGC 4755 Acrux

Becrux

CRUX

β Centauri

MUSCA

α Centauri

CIRCINUS

APUS

OCTANS

INDUS

SÜD

RICHTUNG SÜDEN

CORVUS

M83

NORMA

TRIANGULUM AUSTRALE

PAVO

TELESCOPIUM

VIRGO

LIBRA

LUPUS

M4

M80 Antares

M62

SCORPIUS

Shaula

ARA

SÜDOST

OST

WEST

MÄRZ | SÜDLICHE BREITEN

GRÖSSENKLASSEN

-1 0 1 2 3 4 5

HIMMELSOBJEKTE

Galaxie   Kugelstern-   Offener
           haufen   Stern-
                          haufen

Diffuser   Planetarischer
Nebel   Nebel

Verän-
derliche

REFERENZPUNKTE

Horizont   0°   20° S   40° S   Zenit   20° S   40° S

Ekliptik

APRIL

Obwohl die Nächte auf der Nordhalbkugel kürzer werden, bleibt noch ausreichend Zeit für Beobachtungen. Auch auf der Südhalbkugel gibt es viele lohnende Ziele – vor allem der Bogen der Milchstraße ist sehenswert, wie er sich über den südlichen Himmel wölbt.

NÖRDLICHE BREITEN

STERNE

Arktur (Größenklasse –0,1), der in Bootes (Bärenhüter) liegt, steht im April im Westen und dient als Wegweiser. Man findet ihn in der Verlängerung der Deichsel des Großen Wagens in Ursa Maior (Großer Bär). Verlängert man diese Kurve über Arktur hinaus, erreicht man den hellen Stern Spica in Virgo (Jungfrau). Nicht weit entfernt von Virgo liegt Leo (Löwe). Unterhalb dieser beiden Sternbilder befindet sich ein relativ leeres Gebiet, in dem das lange Sternbild Hydra (Wasserschlange) liegt.

INTERESSANTE OBJEKTE

Für Beobachtungen mit dem Fernglas ist in klaren Nächten der Coma-Sternhaufen im Sternbild Coma Berenices (Haar der Berenike) ein schönes Ziel.

Großer Wagen

Der bekannte Asterismus Großer Wagen steht in diesem Monat hoch am Himmel. Er gehört zum Sternbild Ursa Maior und seine hinteren Kastensterne weisen zum Polarstern Polaris.

LEO				
Größe (Rang)	**Hellste Sterne**	**Genitiv**	**Abkürzung**	**Höchststand um 22 Uhr**
12	Alpha (α) Leonis, 1,4; Beta (β) Leonis, 2,2	Leonis	Leo	März–April

Das Sternbild Leo (Löwe) liegt zwischen Cancer (Krebs) und Virgo (Jungfrau). Erfahrene Beobachter kennen es, weil es sehr viele sehenswerte Galaxien enthält. Dazu zählen die Galaxien M66, M65 und M96, die gute Ziele für Teleskope sind. Der hellste Stern des Sternbilds ist Regulus oder Alpha (α) Leonis, der an einem Ende des bekannten Asterismus Sichel sitzt.

Mit einem kleinen Teleskop sieht man zudem die Spiralgalaxie M81 in Ursa Maior, und ein größeres Teleskop zeigt den Virgo-Superhaufen mit vielen lichtschwachen, aber interessanten Galaxien.

METEORSCHAUER

Die Lyriden, die man am besten von nördlichen Breiten aus beobachten kann, erreichen ihr Maximum um den 21./22. April. Man beobachtet sie am besten während der Morgendämmerung, wenn der helle Stern Wega in Lyra (Leier) am höchsten steht. Obwohl nicht sehr viele Meteore auftreten – binnen einer Stunde sind es etwa zehn –, können sie sehr hell und schnell sein.

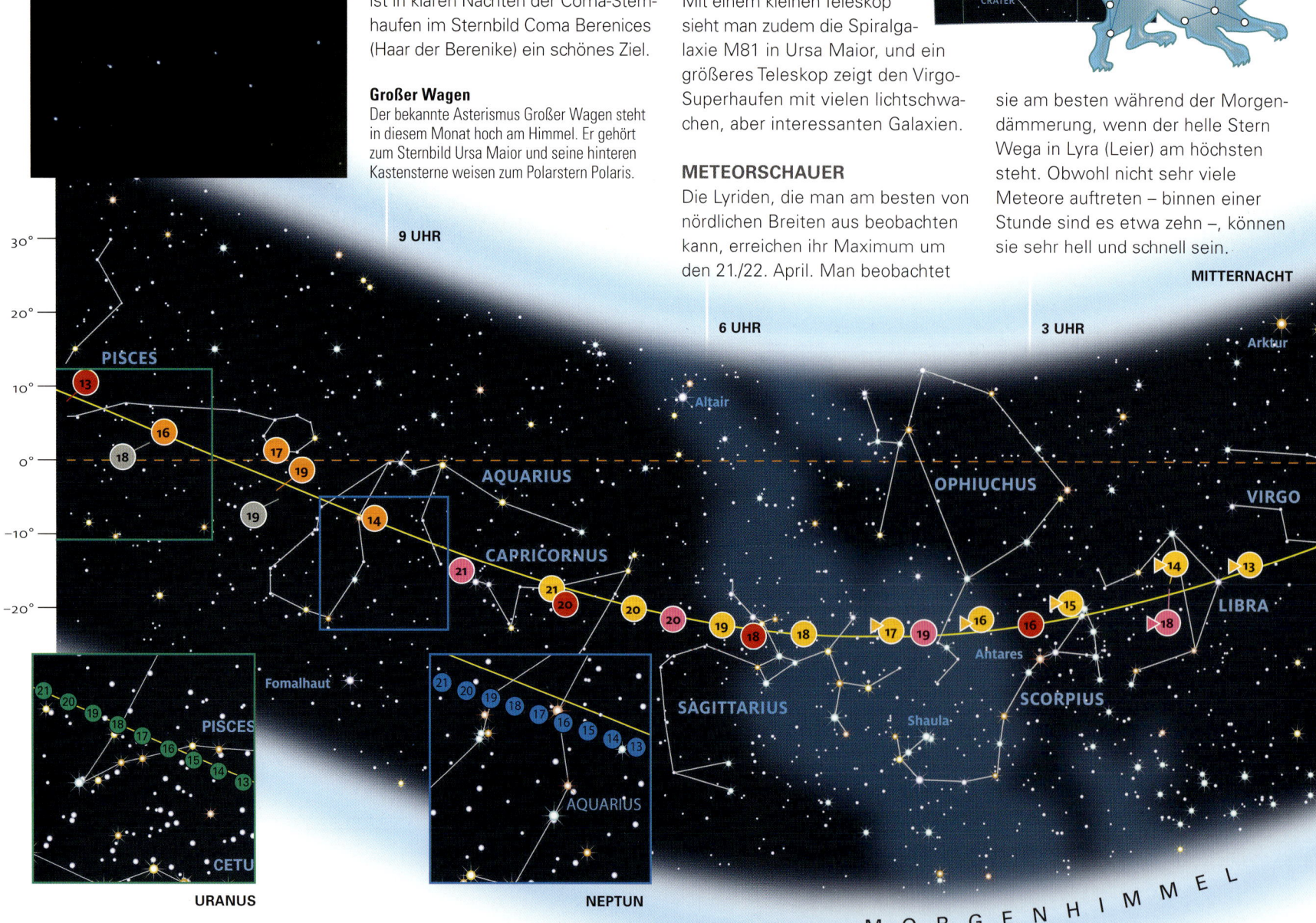

SÜDLICHE BREITEN

STERNE

Spät abends kommen die Sternbilder zum Vorschein, die entlang des Bogens der Milchstraße liegen. In Richtung Süden stehen Crux (Kreuz des Südens) und Centaurus (Zentaur) mit den hellen Sternen Rigil Kentaurus und Hadar oder Alpha (α) und Beta (β) Centauri am Himmel.

Im Südosten leuchtet der helle Stern Antares in Scorpius (Skorpion). Ihm gegenüber steht Canopus in Carina (Schiffskiel) im Südwesten.

Kohlensacknebel
Dieser Dunkelnebel liegt in der Nähe von Crux und ist mit bloßem Auge zu erkennen. Er besteht aus einer riesigen Staubwolke, die das Licht der dahinterliegenden Sterne blockiert.

Gen Norden blickt man in ein relativ leeres Gebiet, das von dem Sternbild Hydra (Wasserschlange) beherrscht wird. Hoch am östlichen Himmel steht der helle Stern Spica in Virgo (Jungfrau).

INTERESSANTE OBJEKTE

Diese Jahreszeit eignet sich gut dazu, einen in südlicher Richtung gelegenen Dunkelnebel zu beobachten: den Kohlensacknebel. Er liegt in den reichhaltigen Sternfeldern der Milchstraße und ist mit bloßem Auge rechts neben Crux zu sehen. Der Kohlensacknebel erscheint dunkel, weil seine Staubwolke das Licht der im Hintergrund leuchtenden Sterne blockiert.

Nicht weit vom Kohlensacknebel liegt der wunderschöne Offene Sternhaufen NGC 4755, das Schmuckkästchen. Während das bloße Auge nur einen verschwommenen Fleck wahrnimmt, zeigen Ferngläser oder kleine Teleskope einzelne Sterne. Betrachtet man den Himmel mit dem Fernglas, sollte man keinesfalls zwei großartige Objekte im benachbarten Sternbild Carina versäumen: IC 2602 (Südliche Plejaden) und NGC 3372, den Carinanebel. Doch der eigentliche Star am Himmel ist der Kugelsternhaufen NGC 5139, Omega (ω) Centauri, in Centaurus, dessen viele Millionen Sterne mit einem Teleskop gut zu sehen sind.

CRUX

Größe (Rang)	Hellste Sterne	Genitiv	Abkürzung	Höchststand um 22 Uhr
88	Acrux, 0,8; Becrux oder Mimosa, 1,3	Crucis	Cru	April–Mai

Das kleinste Sternbild ist Crux (Kreuz des Südens). Das gesamte Sternbild wird von einer am ausgestreckten Arm von sich gehaltenen Hand verdeckt. Anhand des Kreuz des Südens kann man den südlichen Himmelspol finden, der in der Verlängerung von einer Linie durch seine beiden hellsten Sterne liegt.

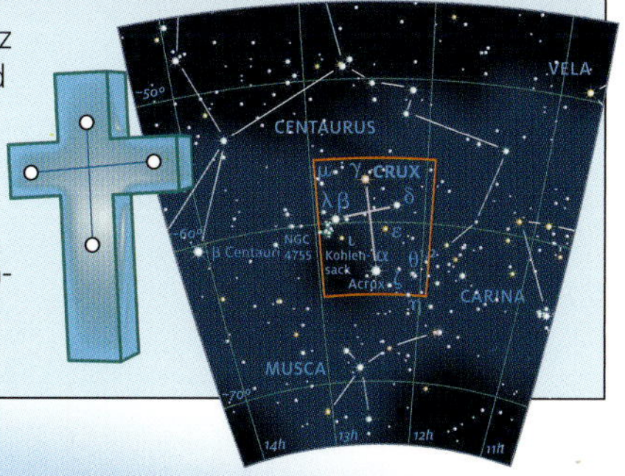

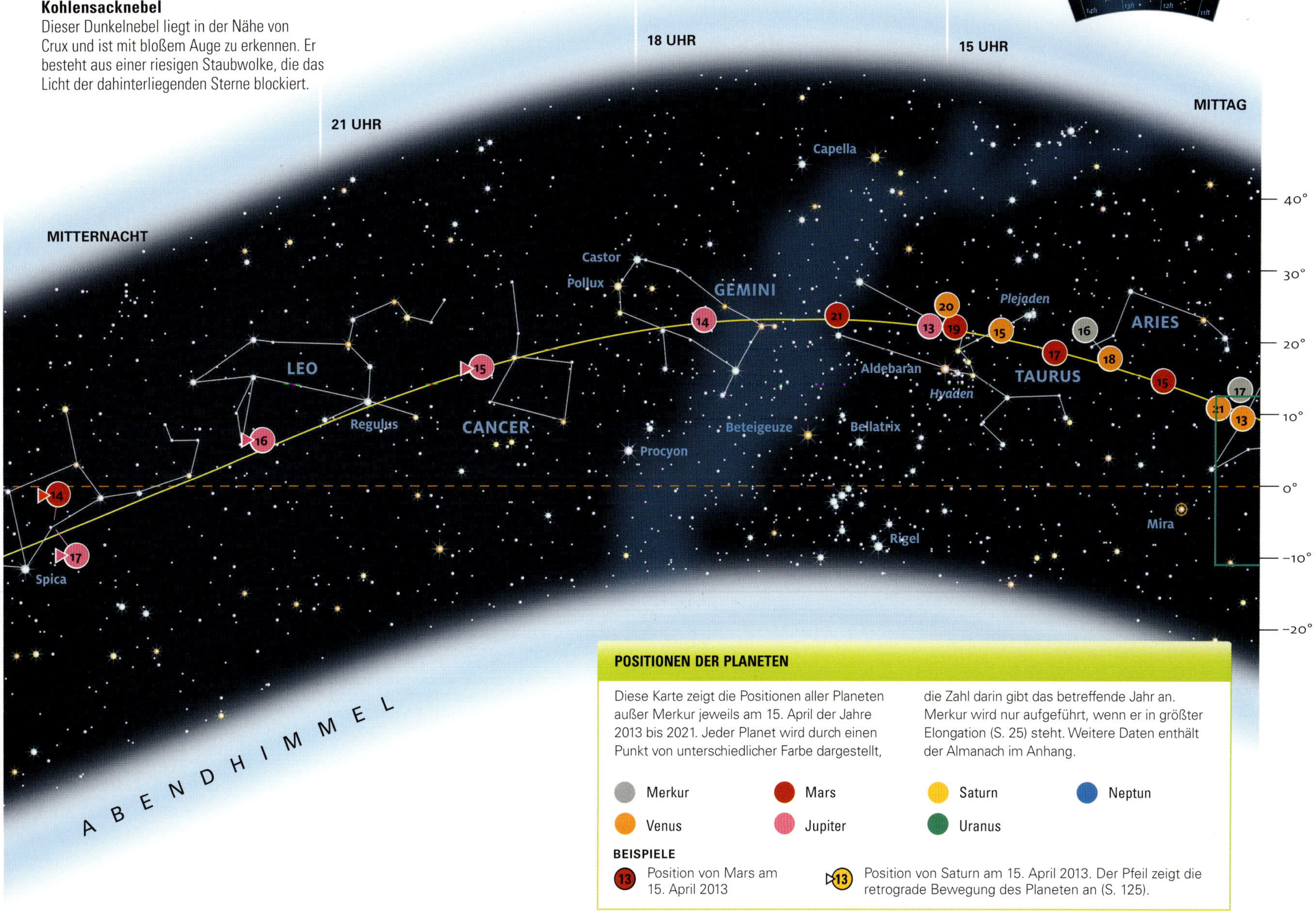

18 UHR

15 UHR

MITTAG

21 UHR

MITTERNACHT

Capella

40°

30°

Castor
Pollux

GEMINI

14

21

20

13 19

Plejaden

15

16

ARIES

20°

LEO

15

Aldebaran

17

18

TAURUS

15

17

13

10°

Regulus

CANCER

Hyaden

Beteigeuze

Bellatrix

16

Procyon

Mira

0°

14

Rigel

−10°

17

Spica

−20°

ABENDHIMMEL

POSITIONEN DER PLANETEN

Diese Karte zeigt die Positionen aller Planeten außer Merkur jeweils am 15. April der Jahre 2013 bis 2021. Jeder Planet wird durch einen Punkt von unterschiedlicher Farbe dargestellt, die Zahl darin gibt das betreffende Jahr an. Merkur wird nur aufgeführt, wenn er in größter Elongation (S. 25) steht. Weitere Daten enthält der Almanach im Anhang.

- ⬤ Merkur
- ⬤ Mars
- ⬤ Saturn
- ⬤ Neptun
- ⬤ Venus
- ⬤ Jupiter
- ⬤ Uranus

BEISPIELE

13 Position von Mars am 15. April 2013

▷13 Position von Saturn am 15. April 2013. Der Pfeil zeigt die retrograde Bewegung des Planeten an (S. 125).

APRIL
NÖRDLICHE BREITEN

RICHTUNG **NORDEN**

Im April präsentiert der Nordhimmel den Offenen Sternhaufen NGC 188 im Sternbild Cepheus (Kepheus). Der Haufen liegt südlich von Polaris oder Alpha (α) Ursae Minoris und ist mit einem großen Teleskop gut zu sehen.

Mit einem Fernglas kann man die Offenen Sternhaufen M36, M37 und M38 in Auriga (Fuhrmann), den Doppelsternhaufen (S. 22) und den Doppelstern Mizar und Alcor beobachten. Ebenfalls gut zu sehen ist die Spiralgalaxie M81 im Sternbild Ursa Maior (Großer Bär).

M36 in Auriga
Der Offene Sternhaufen M36 bietet in kleinen Teleskopen einen wunderbaren Anblick. Er liegt in Auriga und ist der mittlere der drei berühmten Offenen Sternhaufen von Messier.

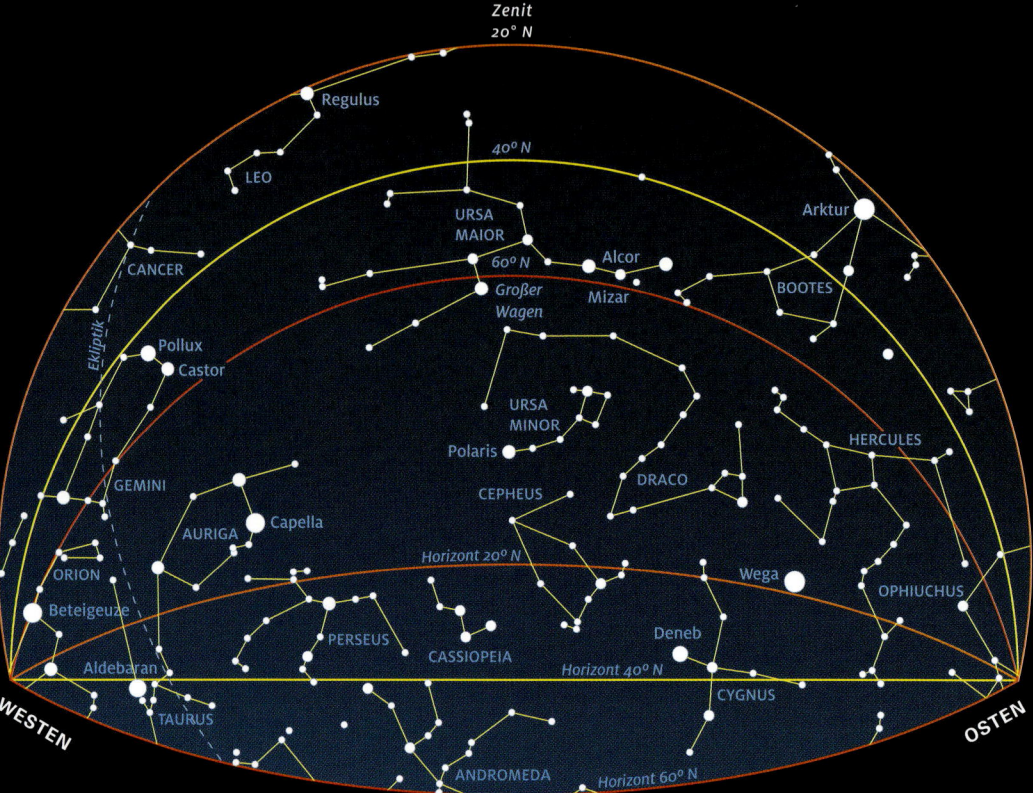

RICHTUNG **SÜDEN**

Der südliche Himmel bietet viele Objekte und Galaxien. Virgo (Jungfrau) enthält Galaxien wie M84, M86 und M87, die in Teleskopen zu sehen sind. Ein lohnendes Ziel für kleine Teleskope ist der Kugelsternhaufen M3 im Sternbild Canes Venatici (Jagdhunde), das hoch im Nordosten zwischen Ursa Maior (Großer Bär) und Bootes (Bärenhüter) liegt. Südwestlich des Kopfs von Hydra, der Wasserschlange, offenbaren kleine Teleskope den Anblick des schönen Offenen Sternhaufens M48, einer losen Ansammlung von 80 Sternen.

Virgo-Galaxienhaufen
Dieser Haufen im Sternbild Virgo besteht vermutlich aus 2000 Einzelgalaxien. Mehrere seiner helleren Mitglieder kann man gut mit einer Amateurausrüstung beobachten.

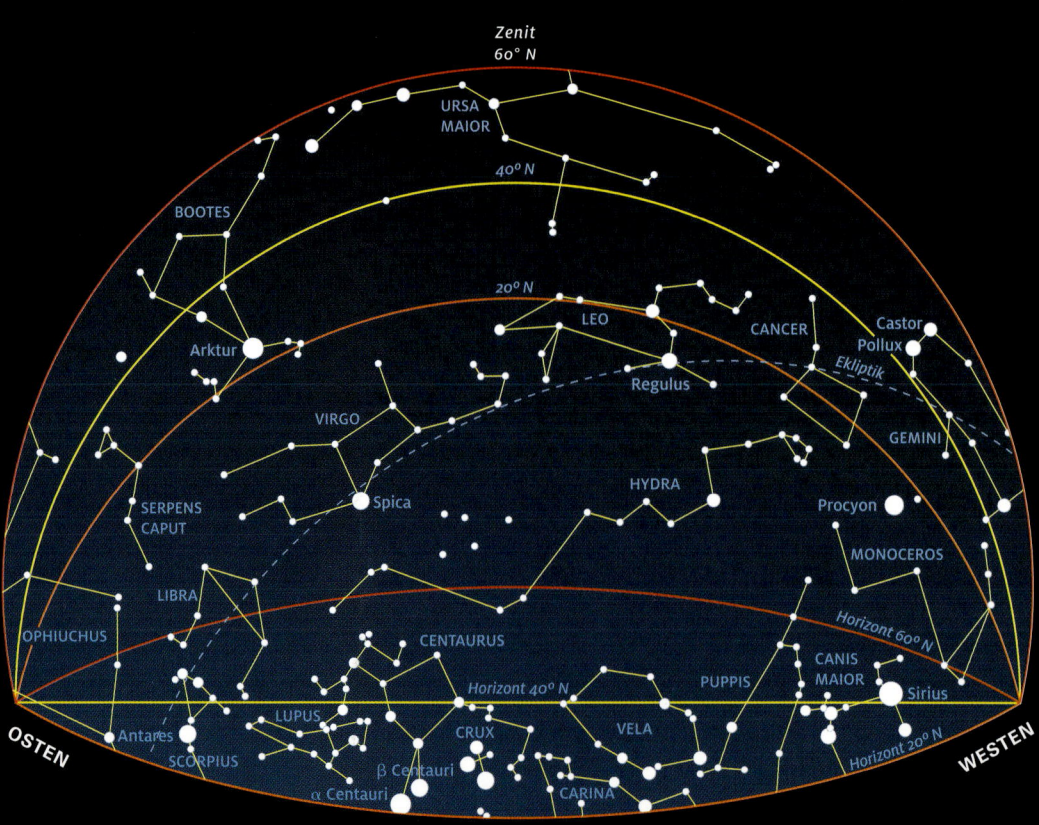

GRÖSSENKLASSE

● -1 ● 0 ● 1 ● 2 • 3 und höher

APRIL
SÜDLICHE BREITEN

RICHTUNG **NORDEN**

Im Westen steht Leo (Löwe) am Nachthimmel, in dem viele interessante Galaxien liegen, die man auch mit einer Amateurausrüstung sehen kann. Die Spiralgalaxien M65 und M66 erkennt man bereits mit kleinen Teleskopen als graue Flecken, während M96, M95 und M105 ausgezeichnete Ziele für Teleskope mit größerer Öffnung sind. Sie liegen in einem Gebiet, das sich etwa auf halber Strecke zwischen den Sternen Chertan (Theta (θ) Leonis) und Regulus (Alpha (α) Leonis) befindet.

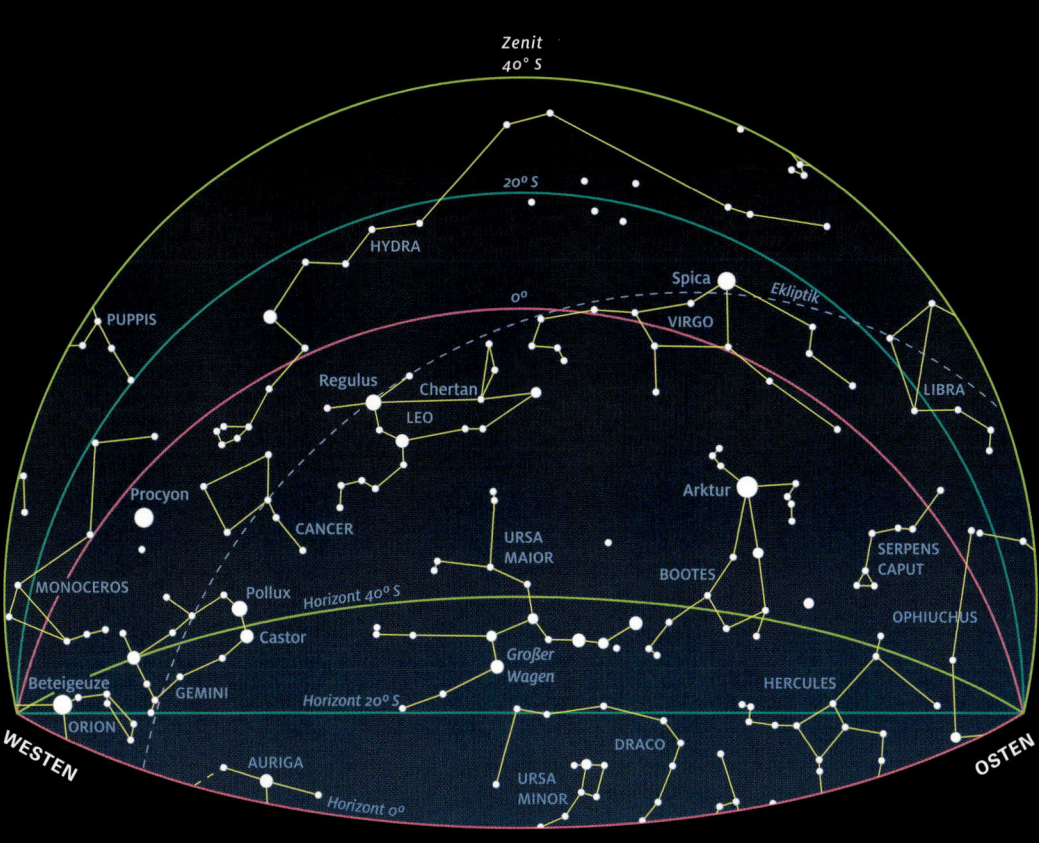

M66 in Leo
Mit der Größenklasse 8,9 erscheint die Spiralgalaxie M66 (unten rechts) als Teil eines bekannten Trios aus Galaxien, das man Leo-Triplet nennt und zu dem auch M65 und NGC 3628 gehören.

RICHTUNG **SÜDEN**

Der beeindruckendste Anblick in südlichen Breiten ist der große Bogen der Milchstraße. Er erstreckt sich vom Osten aus über die Sternbilder Scorpius (Skorpion) und Sagittarius (Schütze), Crux (Kreuz des Südens), Carina (Schiffskiel) und Vela (Segel) bis hin zu Puppis (Achterschiff) und Canis Maior (Großer Hund). Der helle Stern Acrux oder Alpha (α) Crucis mit der Größenklasse 0,8 ist ein Mehrfachstern, den kleine Teleskope trennen. Die Galaxie M83 in Hydra ist mit großen Teleskopen zu sehen.

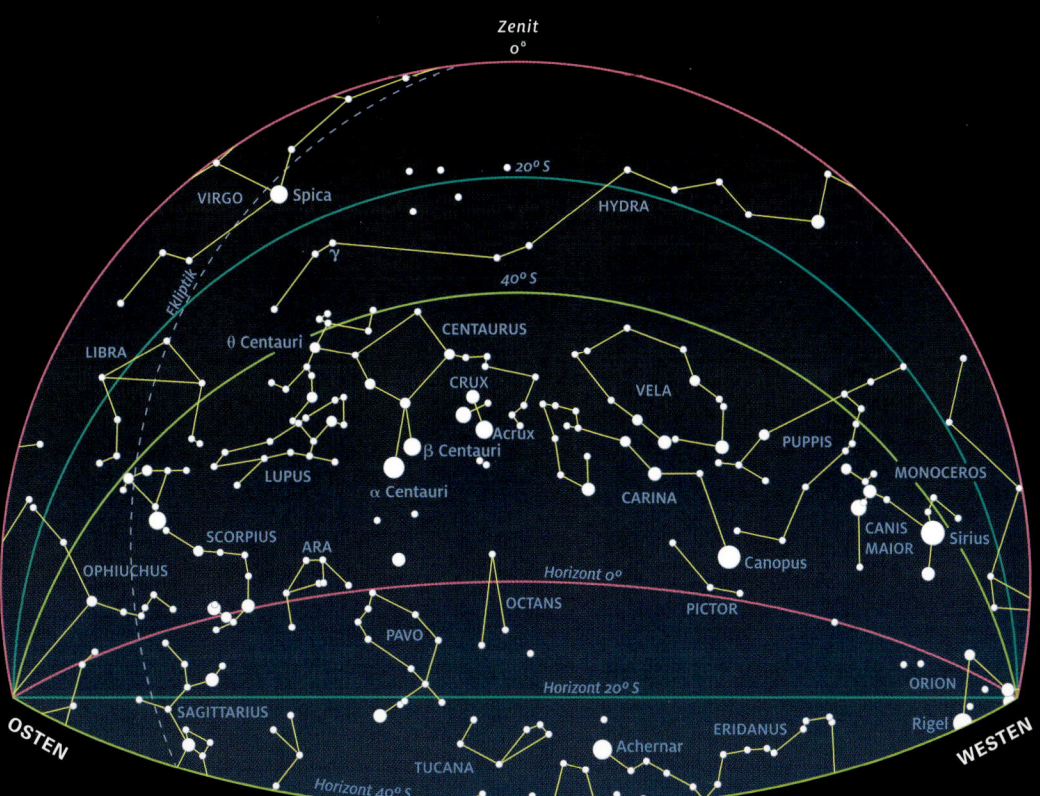

M83 in Hydra
Die Spiralgalaxie M83 liegt im Sternbild Hydra. Man findet sie am Nachthimmel zwischen den Sternen Menkent oder Theta (θ) Centauri und Gamma (γ) Hydrae.

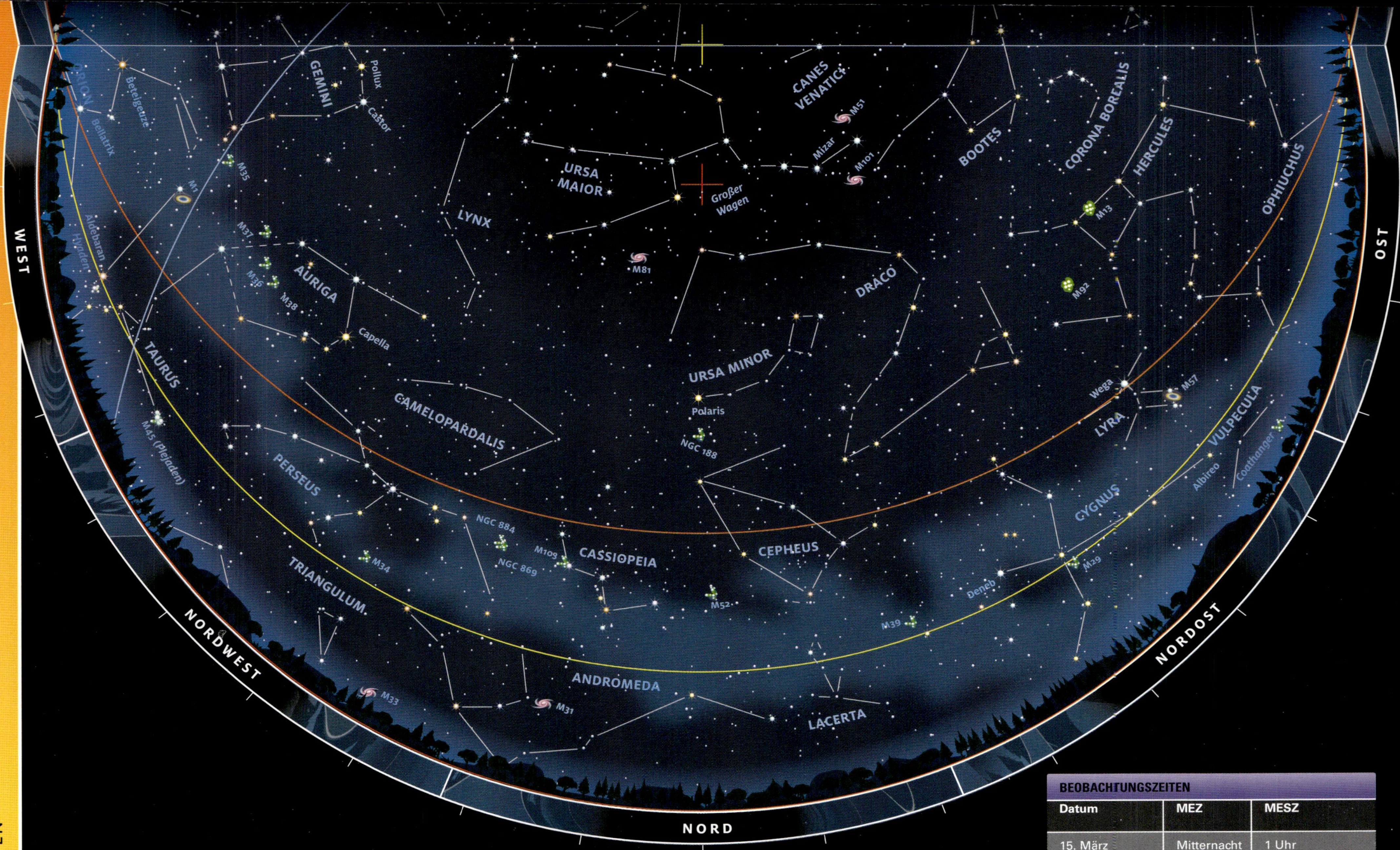

APRIL | NÖRDLICHE BREITEN

GRÖSSENKLASSEN

★	-1
★	0
•	1
•	2
·	3
·	4
·	5
⊙	Veränderliche

HIMMELSOBJEKTE

🌀	Galaxie
⬡	Kugelsternhaufen
❋	Offener Sternhaufen
❀	Diffuser Nebel
◉	Planetarischer Nebel

REFERENZPUNKTE

Horizont	
60° N	
40° N	
20° N	
Zenit	
✛	60° N
✛	40° N
✛	20° N
Ekliptik	

RICHTUNG NORDEN

NORD

BEOBACHTUNGSZEITEN

Datum	MEZ	MESZ
15. März	Mitternacht	1 Uhr
1. April	23 Uhr	Mitternacht
15. April	22 Uhr	23 Uhr
1. Mai	21 Uhr	22 Uhr
15. Mai	20 Uhr	21 Uhr

WEST
NORDWEST
NORDOST
OST

TAURUS
M45 (Plejaden)
M1
Aldebaran
Hyaden
ORION
Beteigeuze
Bellatrix
GEMINI
Pollux
Castor
PERSEUS
TRIANGULUM
M34
AURIGA
Capella
M38
M36
M37
LYNX
CAMELOPARDALIS
NGC 884
NGC 869
M103
ANDROMEDA
M31
CASSIOPEIA
M52
NGC 188
URSA MAIOR
Großer Wagen
M81
M82
URSA MINOR
Polaris
CANES VENATICI
Mizar
M51
M101
LACERTA
CEPHEUS
DRACO
BOOTES
M39
CYGNUS
Deneb
M29
LYRA
Wega
M57
VULPECULA
Albireo
Coathanger
M92
M13
HERCULES
CORONA BOREALIS
OPHIUCHUS

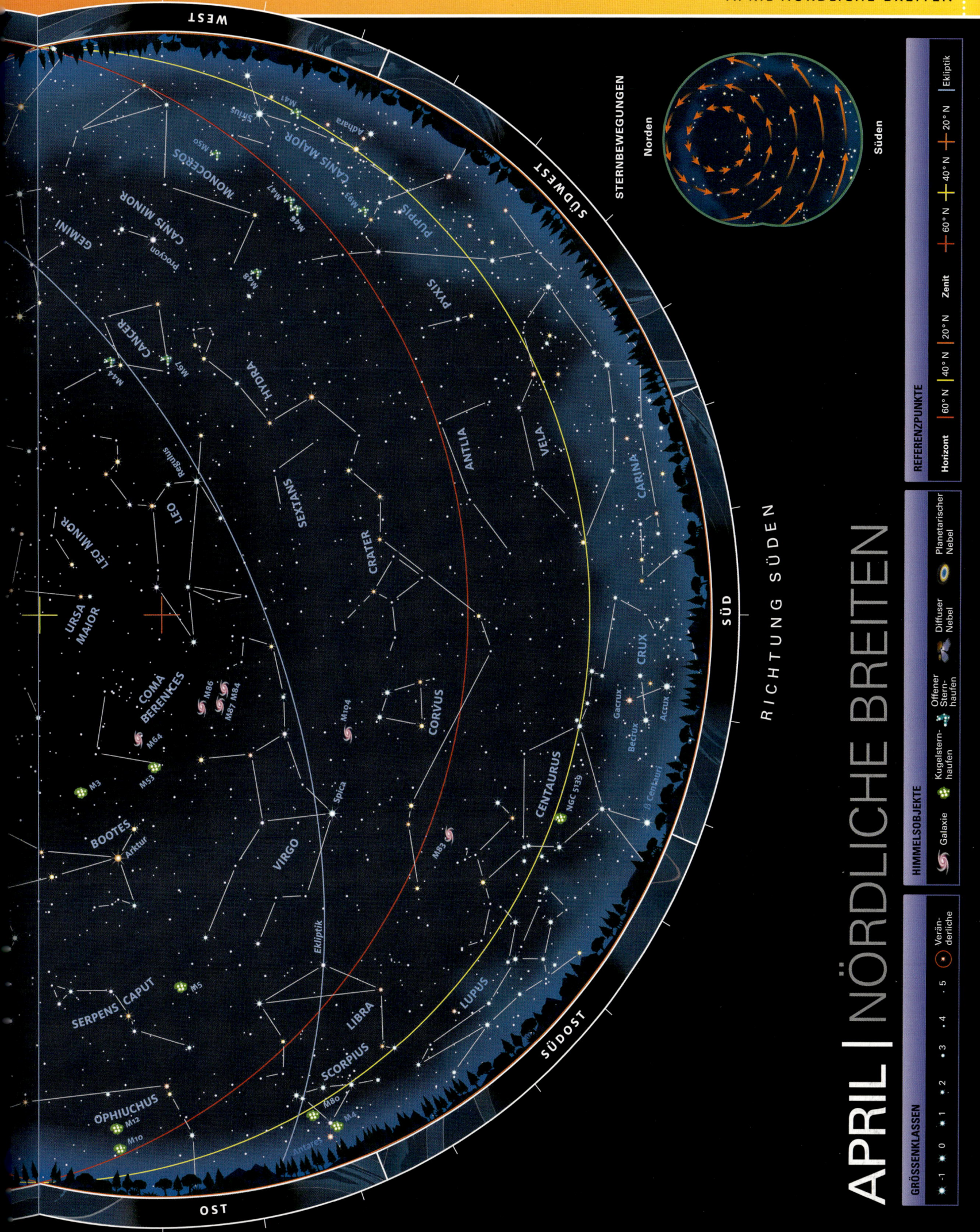

APRIL | NÖRDLICHE BREITEN

RICHTUNG SÜDEN

GRÖSSENKLASSEN

• -1   • 0   • 1   • 2   • 3   • 4   • 5   ⊙ Veränderliche

HIMMELSOBJEKTE

🌀 Galaxie   ✺ Kugelstern-
haufen   ✺ Offener Stern-
haufen   ☁ Diffuser
Nebel   ◉ Planetarischer
Nebel

REFERENZPUNKTE

✛ 60° N   ✛ 40° N   ✛ 20° N   Zenit   Ekliptik

Horizont   60° N | 40° N | 20° N

STERNBEWEGUNGEN

Norden   Süden

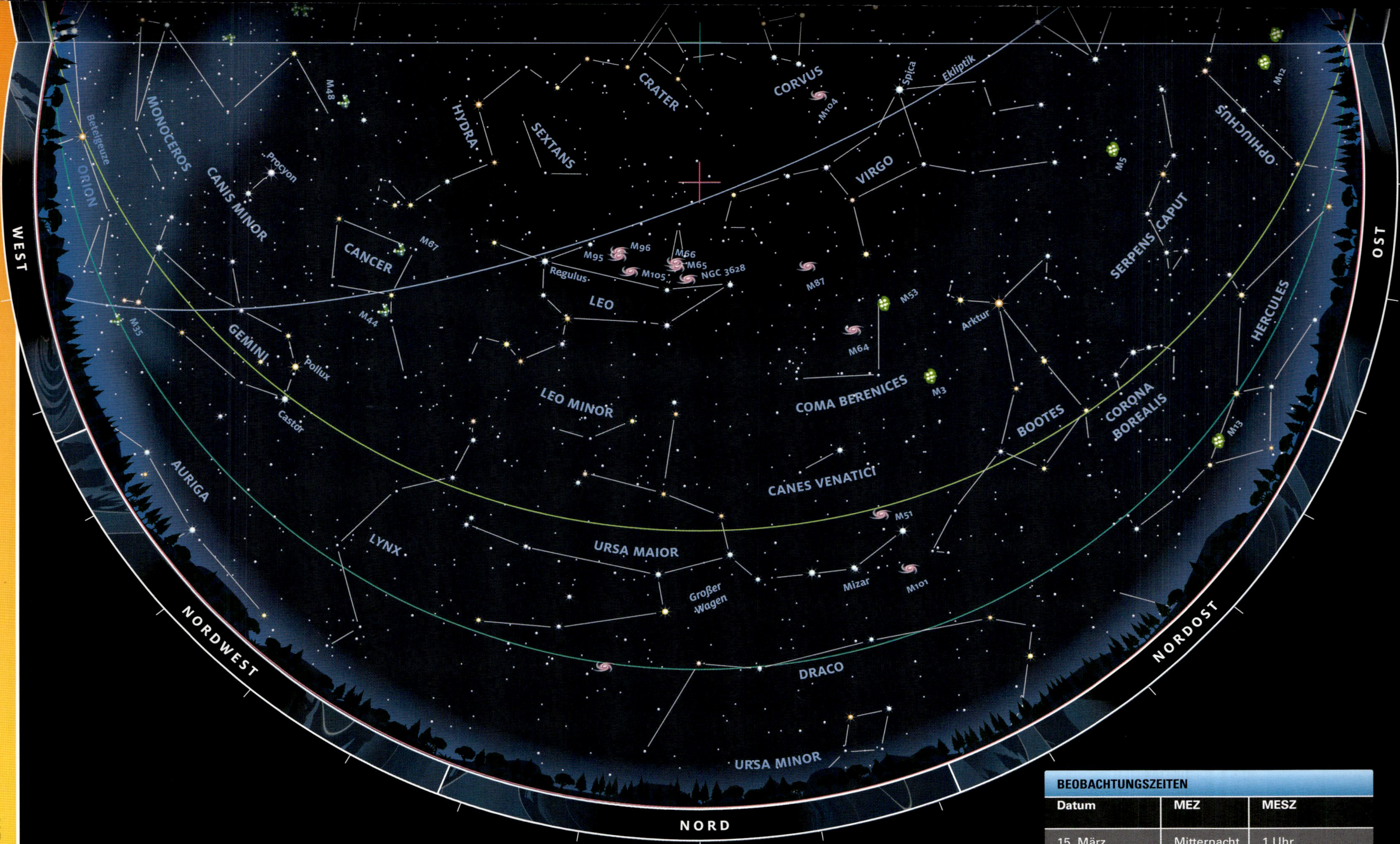

APRIL | SÜDLICHE BREITEN

GRÖSSENKLASSEN

- -1
- 0
- 1
- 2
- 3
- 4
- 5
- Verän-derliche

HIMMELSOBJEKTE

- Galaxie
- Kugelstern-haufen
- Offener Stern-haufen
- Diffuser Nebel
- Planetarischer Nebel

REFERENZPUNKTE

Horizont
- 0°
- 20° S
- 40° S

Zenit
- 0°
- 20° S
- 40° S

Ekliptik

BEOBACHTUNGSZEITEN		
Datum	MEZ	MESZ
15. März	Mitternacht	1 Uhr
1. April	23 Uhr	Mitternacht
15. April	22 Uhr	23 Uhr
1. Mai	21 Uhr	22 Uhr
15. Mai	20 Uhr	21 Uhr

RICHTUNG NORDEN

WEST

NORDWEST

NORD

NORDOST

OST

ORION
Beteigeuze
SEW
AURIGA
MONOCEROS
GEMINI
Castor
Pollux
CANIS MINOR
Prokyon
M48
CANCER
M67
M44
HYDRA
LYNX
LEO MINOR
Regulus
LEO
M95
M96
M105
M65
M66
NGC 3628
SEXTANS
URSA MAIOR
Großer Wagen
CRATER
CORVUS
M104
M87
VIRGO
Spica
COMA BERENICES
M64
CANES VENATICI
M53
DRACO
Mizar
M51
M101
URSA MINOR
M3
Arktur
Ekliptik
M5
BOOTES
CORONA BOREALIS
SERPENS CAPUT
M13
HERCULES
OPHIUCHUS
M12

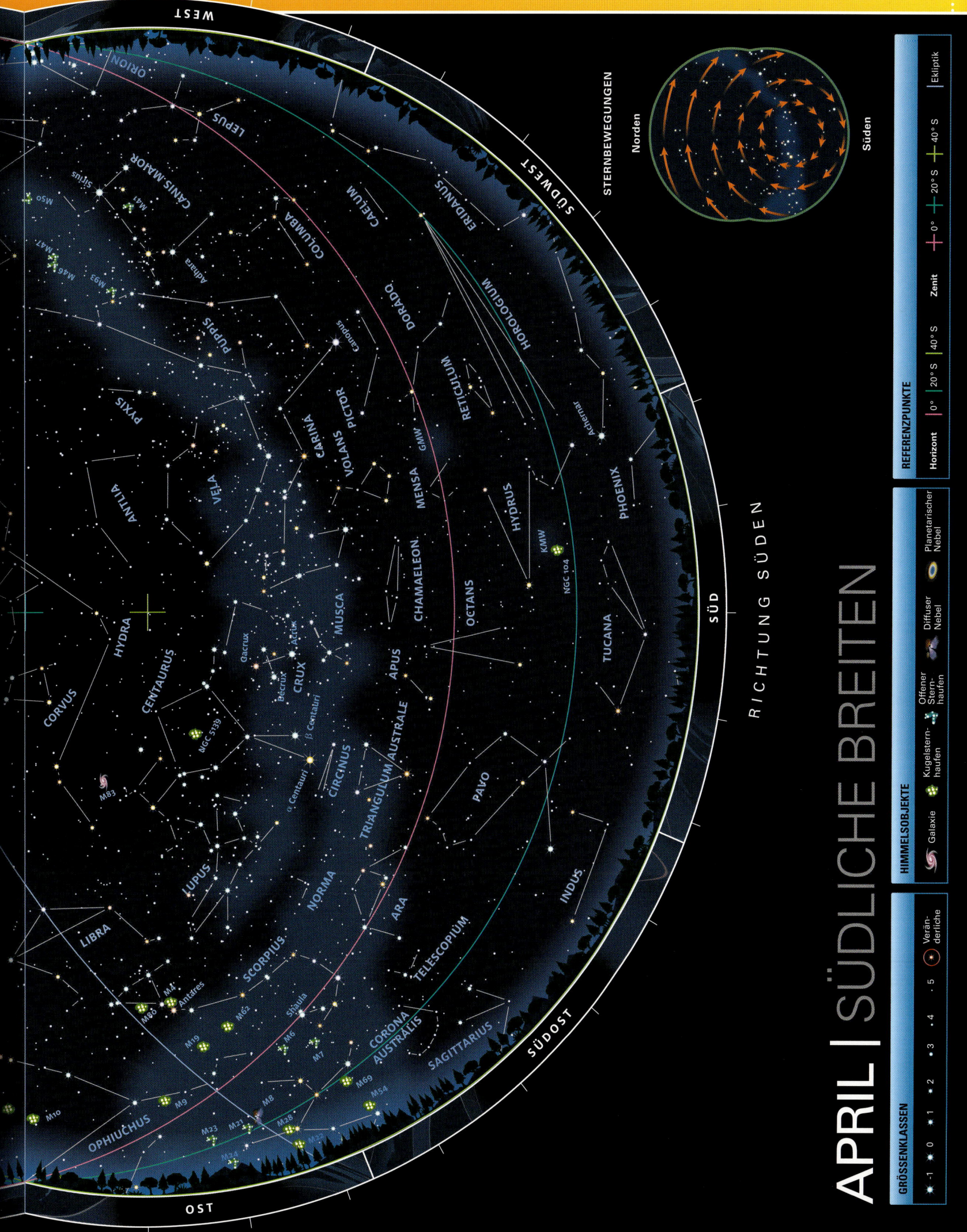

WEST

ORION

LEPUS

CANIS·MAJOR

Sirius

M50

M41

M46

M47

M93

ADHARA

PUPPIS

PYXIS

ANTLIA

VELA

COLUMBA

CAELUM

CARINA

PICTOR

VOLANS

MENSA

DORADO

Canopus

GMW

CHAMAELEON.

RETICULUM

ERIDANUS

HOROLOGIUM

Achernar

PHOENIX

HYDRUS

KMW

NGC 104

TUCANA

OCTANS

APUS

MUSCA

Gacrux

β Centauri

Acrux

βcrux

CRUX

α Centauri

CENTAURUS

HYDRA

CORVUS

M83

NGC 5139

LUPUS

CIRCINUS

NORMA

TRIANGULUM AUSTRALE

ARA

PAVO

INDUS

LIBRA

SCORPIUS

M80

M4

Antares

M62

Shaula

M19

M6

M7

TELESCOPIUM

CORONA
AUSTRALIS

M69

M54

SAGITTARIUS

M9

M8

M23

M21

M28

M22

M24

OPHIUCHUS

M10

OST

SÜDOST

SÜD

SÜDWEST

WEST

RICHTUNG SÜDEN

STERNBEWEGUNGEN

Norden

Süden

APRIL | SÜDLICHE BREITEN

REFERENZPUNKTE

Horizont | 0° | 20° S | 40° S | Zenit

Ekliptik | 0° | 20° S | 40° S

HIMMELSOBJEKTE

Galaxie | Kugelstern-haufen | Offener Stern-haufen | Diffuser Nebel | Planetarischer Nebel

GRÖSSENKLASSEN

-1 | 0 | 1 | 2 | 3 | 4 | 5 | Verän-derliche

MAI

Auf der Südhalbkugel sind in diesem Monat die sternreichen Sternbilder Centaurus (Zentaur), Scorpius (Skorpion) und Sagittarius (Schütze) zu beobachten. Die Nordhalbkugel bietet im Mai hingegen weniger auffällige Sternbilder wie Hercules und Virgo (Jungfrau).

NÖRDLICHE BREITEN

STERNE

Wer den Himmel mit einem kleinen Teleskop beobachtet, sucht am besten in der Deichsel des Großen Wagens in Ursa Maior (Großer Bär) den mittleren Stern. Dieser Stern ist Mizar, der sich bei genauer Betrachtung als Doppelstern erweist und dessen Begleiter Alcor man mit bloßem Auge erkennen kann. Folgt man der Krümmung der Deichsel, trifft man auf Arktur im Sternbild Bootes (Bärenhüter). Südlich von ihm liegt der helle Stern Spica in Virgo (Jungfrau). In diesem Monat geht im Osten der blau-weiße Stern Wega im Sternbild Lyra (Leier) auf – er ist ein untrügliches Zeichen dafür, dass der Sommer kommt. Beobachter auf niedrigen nördlichen Breiten sehen tief über dem südöstlichen Horizont das Sternbild Scorpius (Skorpion), in dem der helle orangerote Stern Antares liegt.

Den Polarstern auffinden

Verlängert man eine Linie durch Dubhe oder Alpha (α) Ursae Maioris und Merak oder Beta (β) Ursae Maioris (rechts), die die hintere Kastenwand des Großen Wagens bilden, nach oben, führt sie zu Polaris (Mitte oben).

INTERESSANTE OBJEKTE

Im Mai präsentieren sich zwei relativ helle Ziele: zum einen die Whirlpool-Galaxie (M51) im Sternbild Canes Venatici (Jagdhunde), zum anderen die Spiralgalaxie M101, die nördlich der Deichsel im Großen Wagen liegt.

METEORSCHAUER

Diesen Monat erreichen die jährlich wiederkehrenden Eta-Aquariden ihr Maximum. Weil der Radiant nahe am Himmelsäquator liegt, ist dieser Meteorschauer von nördlichen Breiten aus nicht gut zu sehen.

COMA BERENICES

Größe (Rang)	Hellster Stern	Genitiv	Abkürzung	Höchststand um 22 Uhr
42	Beta (β) Comae Berenices, 4,2	Comae Berenices	Com	April–Mai

Coma Berenices (Haar der Berenike) ist eines der weniger auffälligen Sternbilder des Nachthimmels. Es enthält aber den Offenen Sternhaufen Melotte 111 (Größenklasse 2,7), den man auch Coma-Sternhaufen nennt und der durch ein Fernglas betrachtet einen wunderbaren Anblick bietet, sowie die interessante Black-Eye-Galaxie (M64).

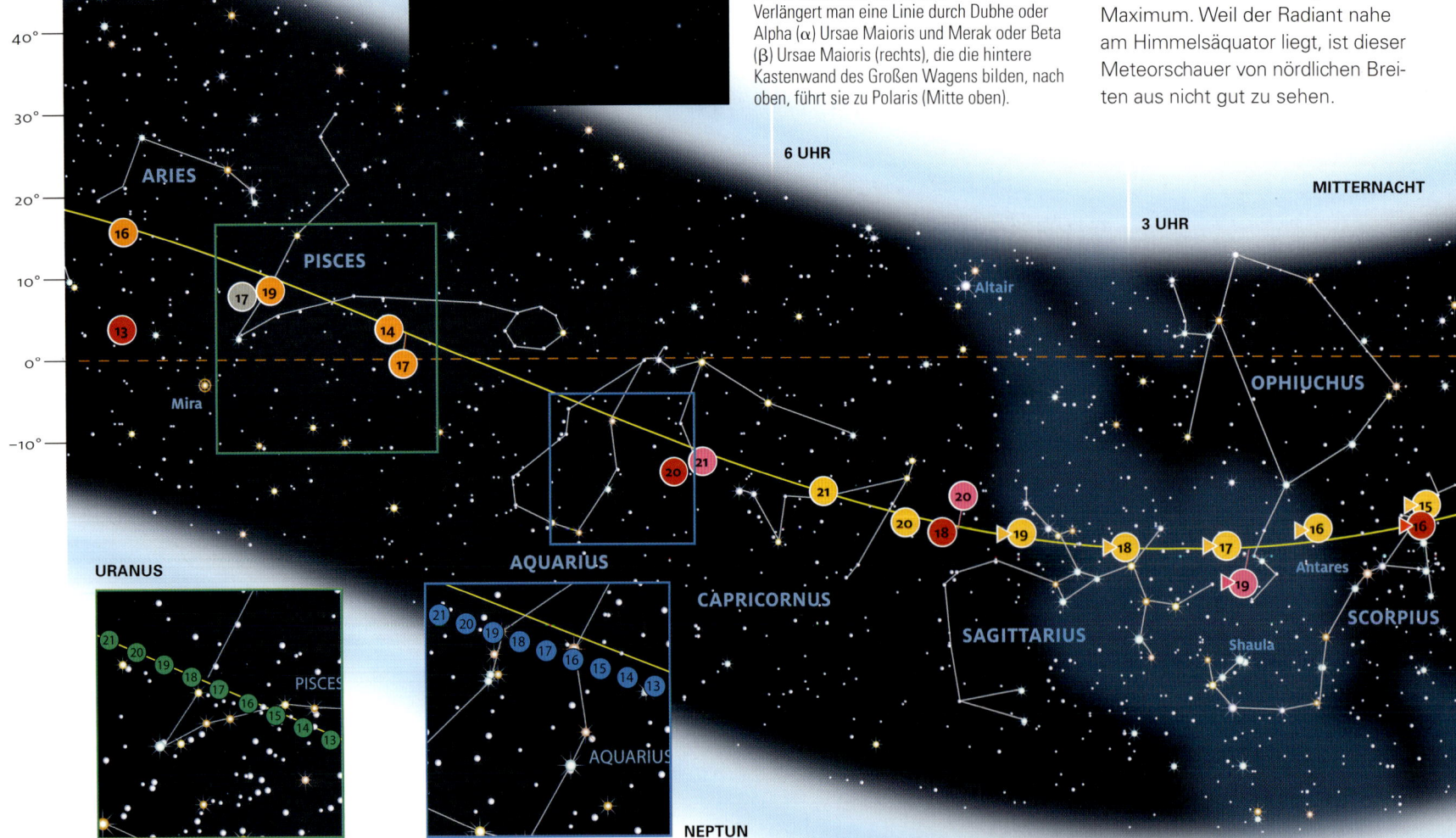

MITTAG

MORGENHIMMEL

SÜDLICHE BREITEN

STERNE

Im Mai steht das bekannte Sternbild Crux (Kreuz des Südens) hoch am südlichen Himmel. Mit einem kleinen Teleskop lässt sich sein hellster Stern Acrux, Alpha (α) Crucis, betrachten, der in Wirklichkeit ein Doppelstern aus zwei blauweißen Sternen ist.

In diesem Monat geht die Milchstraße im Süden auf – mit den im Osten gelegenen Sternbildern Sagittarius (Schütze) und Scorpius (Skorpion). Sie kündigen den nahenden Südwinter an.

INTERESSANTE OBJEKTE

Ob man ihn mit bloßem Auge oder einem Teleskop beobachtet, der Kugelsternhaufen NGC 5139 oder Omega (ω) Centauri zieht alle Blicke auf sich. Er erscheint dem bloßen

Auge als verschwommener Stern, während ein Teleskop ihn als dichte Kugel aus Millionen von Sternen zeigt. Ein lohnendes Ziel für große Teleskope ist die Spiralgalaxie M83 im Sternbild Hydra (Wasserschlange).

METEORSCHAUER

Wenn restliche Staubkörnchen des Halleyschen Kometen in die Erdatmosphäre eintreten und verdampfen, bilden sie den Meteorschauer der Eta-Aquariden, der jedes Jahr um den 5./6. Mai erscheint. Die bis zu 30 Meteore pro Stunde kommen scheinbar von einem Punkt in der Nähe des Sterns Eta (η) Aquarii in Aquarius (Wassermann) und bewegen sich schnell. Dieser Meteorschauer ist umso besser zu sehen, je weiter südlich man sich befindet.

Beeindruckende Sternfelder
Am südlichen Nachthimmel kann man die hellen Sterne Alpha (α) und Beta (β) Centauri (links) kaum verfehlen. In ihrer Nähe liegen auch das Sternbild Crux (rechts) und der Kohlensacknebel.

CENTAURUS

Größe (Rang)	Hellste Sterne	Genitiv	Abkürzung	Höchststand um 22 Uhr
9	Alpha (α) Centauri, −0,3; Beta (β) Centauri, 0,6	Centauri	Cen	April–Juni

Das große Sternbild Centaurus (Zentaur) liegt inmitten der reichhaltigen Sternfelder der Milchstraße. Es enthält den wahrscheinlich schönsten Kugelsternhaufen des gesamten Nachthimmels – NGC 5139 oder Omega (ω) Centauri. Die beiden hellsten Sterne des Sternbilds sind Alpha (α) und Beta (β) Centauri, die man auch als Rigil Kentaurus und Hadar kennt. Das Sternbild ist in Breiten zwischen 25°N und 90°S vollständig zu sehen.

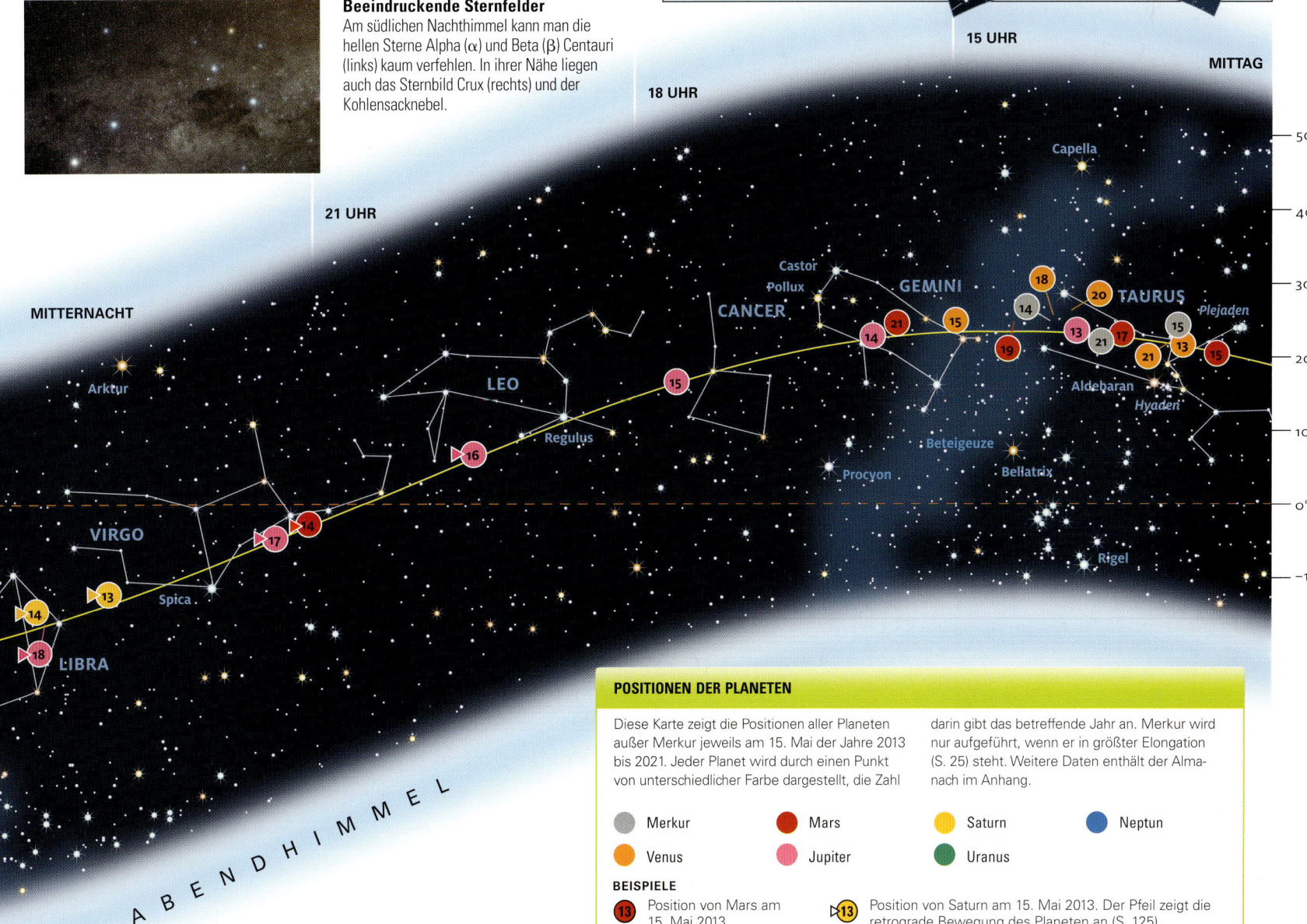

POSITIONEN DER PLANETEN

Diese Karte zeigt die Positionen aller Planeten außer Merkur jeweils am 15. Mai der Jahre 2013 bis 2021. Jeder Planet wird durch einen Punkt von unterschiedlicher Farbe dargestellt, die Zahl darin gibt das betreffende Jahr an. Merkur wird nur aufgeführt, wenn er in größter Elongation (S. 25) steht. Weitere Daten enthält der Almanach im Anhang.

- Merkur
- Mars
- Saturn
- Neptun
- Venus
- Jupiter
- Uranus

BEISPIELE

13 Position von Mars am 15. Mai 2013

▷13 Position von Saturn am 15. Mai 2013. Der Pfeil zeigt die retrograde Bewegung des Planeten an (S. 125).

MAI
NÖRDLICHE BREITEN

BEOBACHTUNGSZEITEN

Datum	MEZ	MESZ
15. April	Mitternacht	1 Uhr
1. Mai	23 Uhr	Mitternacht
15. Mai	22 Uhr	23 Uhr
1. Juni	21 Uhr	22 Uhr
15. Juni	20 Uhr	21 Uhr

RICHTUNG **NORDEN**

Typisch für den Mai ist der Kugelsternhaufen M13 im Sternbild Hercules. Er liegt auf etwa einem Drittel der Strecke zwischen den Sternen Eta (η) und Zeta (ζ) Herculis. M13 erkennt man bereits mit dem Fernglas, aber viel deutlicher sieht man ihn mit einem Teleskop. Je größer dessen Öffnung ist, desto mehr der vielen Sterne von M13 kann man beobachten.

Ein anderes, lohnenswertes Objekt für große Teleskope ist der Planetarische Nebel NGC 6543 in Draco (Drachen).

NGC 6543
NGC 6543, auch Katzenaugennebel genannt, hat die Größenklasse 8,1 und ist 3600 Lichtjahre entfernt. Durch größere Teleskope betrachtet, erscheint er als bläuliche Scheibe.

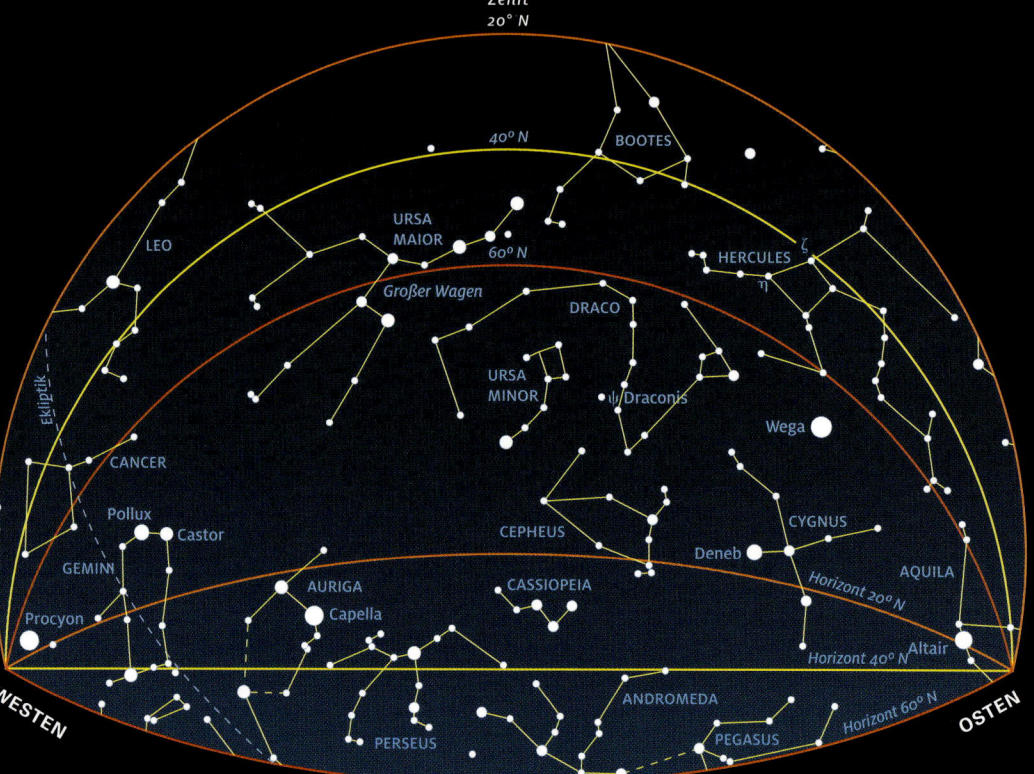

RICHTUNG **SÜDEN**

Im Mai zeigen sich mehrere schöne Kugelsternhaufen. Mit dem Fernglas sieht man im Osten M10, der im Herz des Sternbilds Ophiuchus (Schlangenträger) liegt. Nordwestlich von M10 liegt – ebenfalls in Ophiuchus – der Sternhaufen M12, den man mit kleinen Teleskopen sieht.

Etwas weiter, oberhalb der Grenze des Südteils von Serpens Caput (Kopf der Schlange) liegt der Kugelsternhaufen M5. Der Doppelstern Kappa (κ) Bootis im Sternbild Bootes ist mit kleinen Teleskopen gut zu sehen.

M10 in Ophiuchus
Der Kugelsternhaufen M10 mit der Größenklasse 6,6 hat einen Durchmesser von etwas mehr als 80 Lichtjahren und liegt 14 000 Lichtjahre entfernt. Er ist ein schönes Ziel für kleine Teleskope.

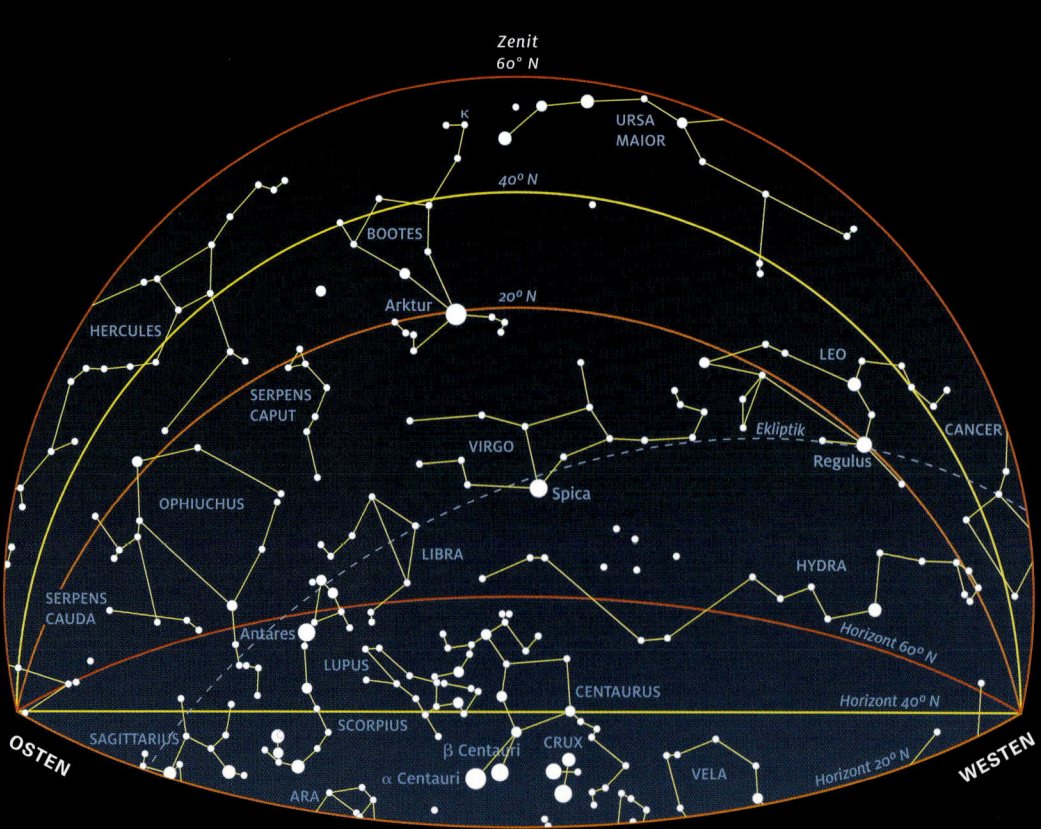

MAI
SÜDLICHE BREITEN

RICHTUNG **NORDEN**

Im Osten präsentiert das Sternbild Ophiuchus mehrere Sternhaufen. Neben den beiden Kugelsternhaufen M10 und M12 liegt der Offene Sternhaufen NGC 6633 mit Größenklasse 4,6, der etwa so groß wie der Vollmond erscheint. Er besteht aus 30 Sternen und ist ein ideales Ziel für kleine Teleskope. Nordwestlich von NGC 6633 befindet sich der große und verstreute Offene Sternhaufen IC 4665, der nahe dem Stern Cebalrai oder Beta (β) Ophiuchi liegt. Er ist mit dem Fernglas zu sehen.

M12 in Ophiuchus
Charles Messier entdeckte 1764 den Kugelsternhaufen M12, der ein gutes Ziel für kleine Teleskope ist. Er ist etwa 16 000 bis 18 000 Lichtjahre von der Erde entfernt.

RICHTUNG **SÜDEN**

Im Mai steht der schöne Abschnitt der Milchstraße mit Crux (Kreuz des Südens) und dem Kohlensacknebel hoch am Himmel. Das Sternbild Carina (Schiffskiel) bietet mehrere schöne Offene Sternhaufen, von denen viele in den reichen Sternfeldern der Milchstraße liegen. NGC 3532 sieht man mit bloßem Auge, mit einem Fernglas sieht man auch seine vielen Sterne. Der Sternhaufen NGC 3114 mit Größenklasse 4,2 ist für kleine Teleskope interessant, während NGC 2516 ein gutes Ziel für Ferngläser ist.

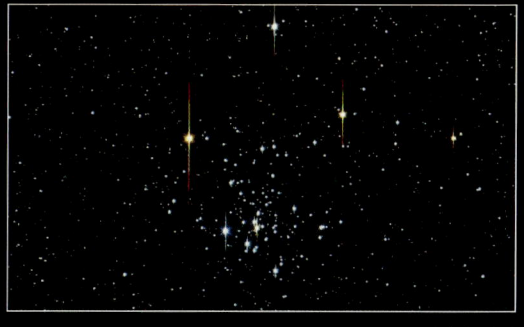

NGC 2516
Der Offene Sternhaufen NGC 2516 mit Größenklasse 3,8 ist etwa 3,5° vom Stern Avior oder Epsilon (ε) Carinae entfernt. Er umfasst ungefähr 100 Sterne und ist mit dem Fernglas zu sehen.

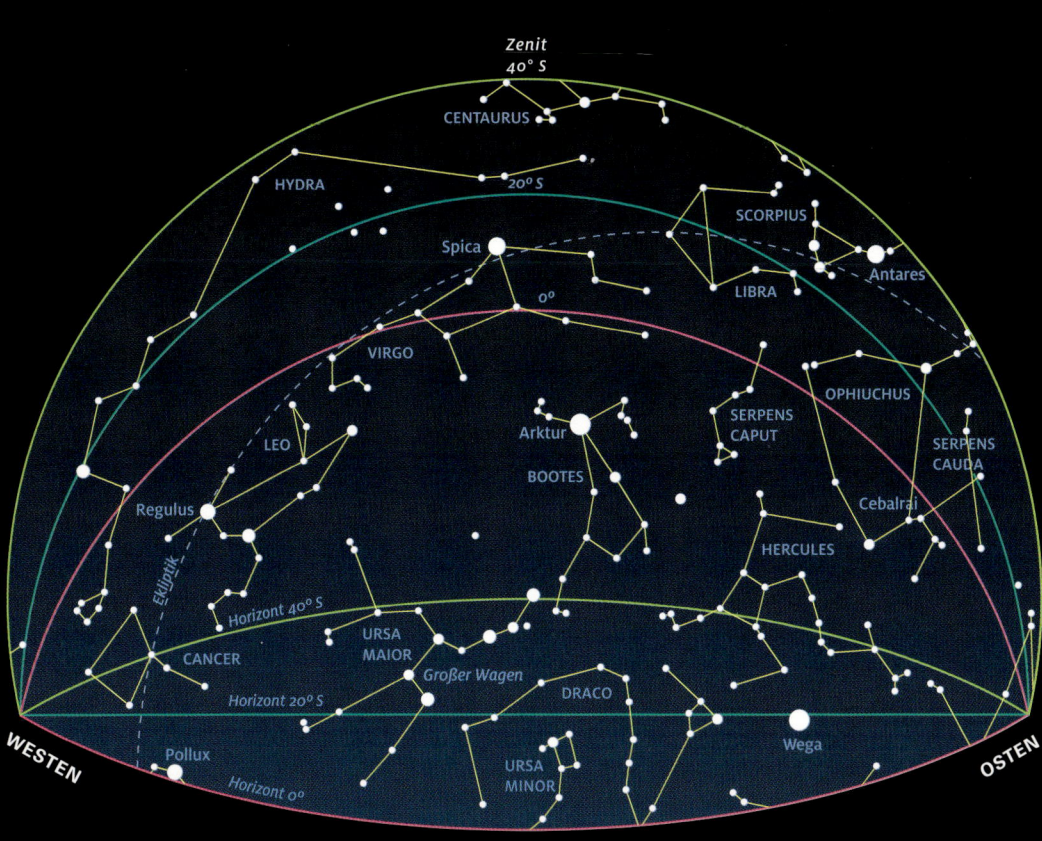

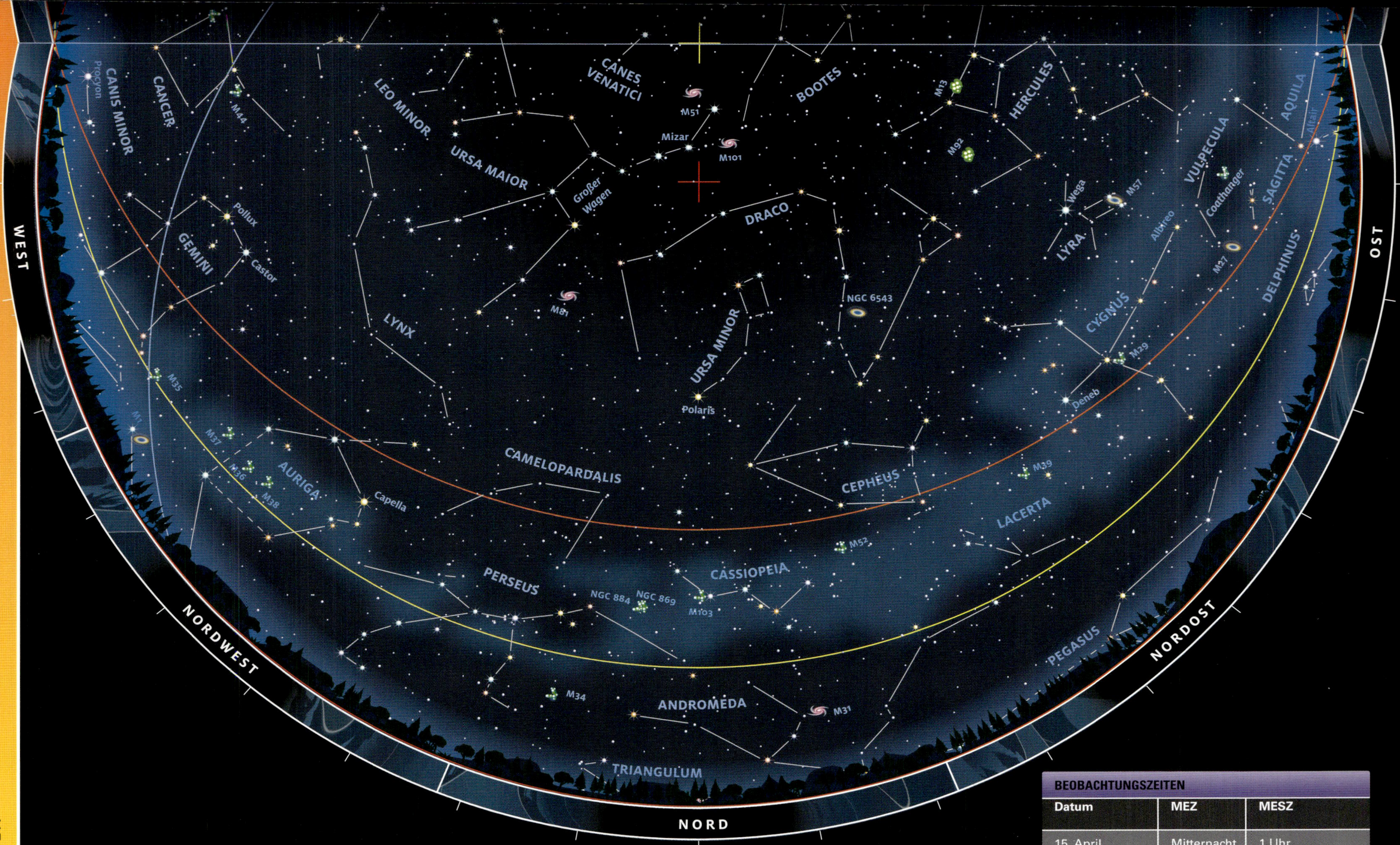

MAI | NÖRDLICHE BREITEN

GRÖSSENKLASSEN

- −1
- 0
- 1
- 2
- 3
- 4
- 5
- Veränderliche

HIMMELSOBJEKTE

- Galaxie
- Kugelsternhaufen
- Offener Sternhaufen
- Diffuser Nebel
- Planetarischer Nebel

REFERENZPUNKTE

- Horizont: 60° N | 40° N | 20° N
- Zenit: 60° N | 40° N | 20° N
- Ekliptik

RICHTUNG NORDEN

BEOBACHTUNGSZEITEN

Datum	MEZ	MESZ
15. April	Mitternacht	1 Uhr
1. Mai	23 Uhr	Mitternacht
15. Mai	22 Uhr	23 Uhr
1. Juni	21 Uhr	22 Uhr
15. Juni	20 Uhr	21 Uhr

WEST — NORDWEST — NORD — NORDOST — OST

Sternbilder und Objekte: CANIS MINOR (Procyon), CANCER, GEMINI (Castor, Pollux), M44, LEO MINOR, URSA MAIOR (Großer Wagen, Mizar), CANES VENATICI, M51, M101, BOOTES, DRACO, NGC 6543, URSA MINOR (Polaris), LYNX, M81, CAMELOPARDALIS, AURIGA (Capella), M38, M36, M37, PERSEUS (NGC 884, NGC 869, M103), CASSIOPEIA, TRIANGULUM, ANDROMEDA (M31), M34, M52, CEPHEUS, LACERTA, M39, PEGASUS, CYGNUS (Deneb, Albireo, M29), LYRA (Wega, M57), HERCULES (M13, M92), VULPECULA (Coathanger), SAGITTA, DELPHINUS, AQUILA (Atair), M27

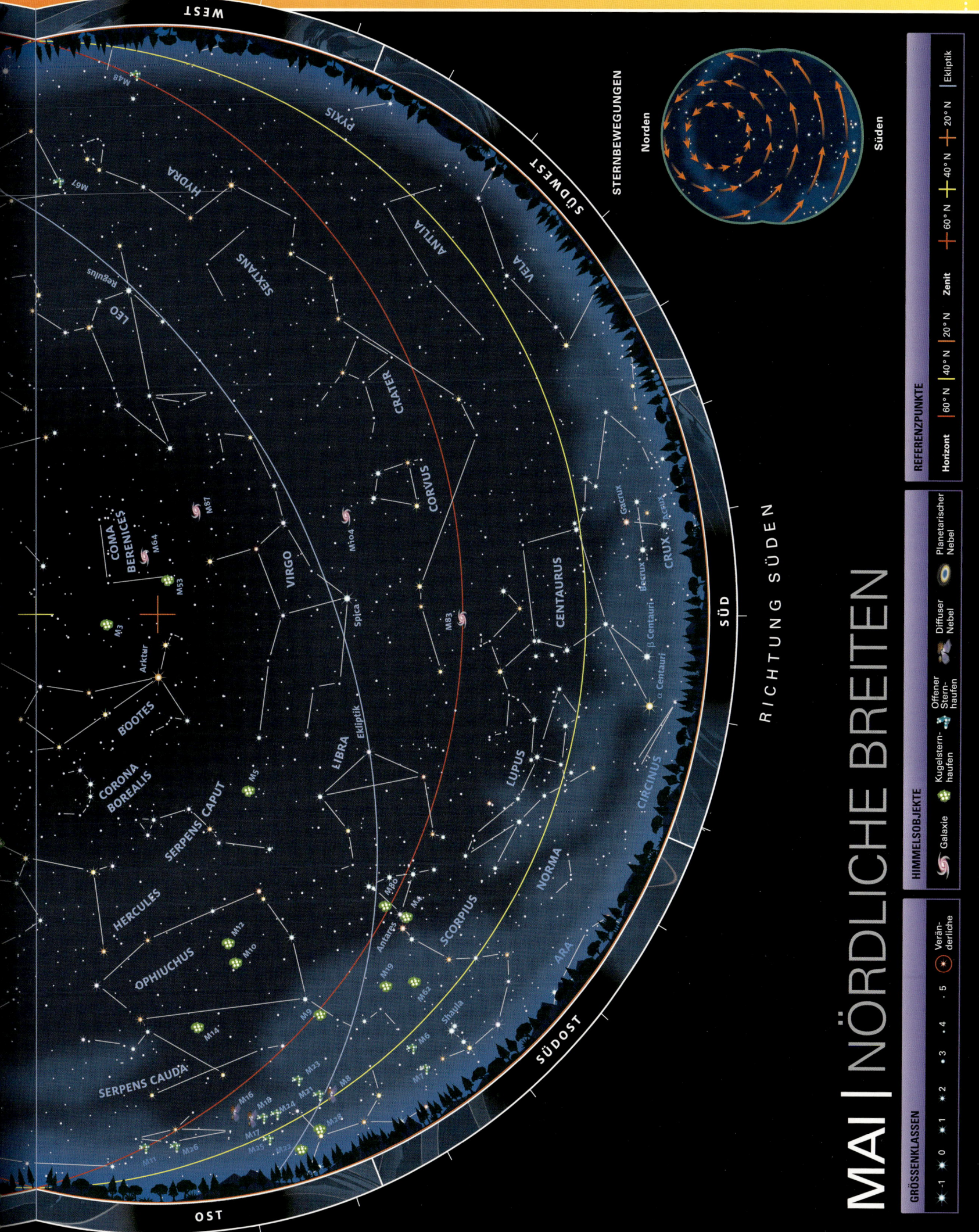

WEST

WEST

M48

PYXIS

SÜDWEST

SÜDWEST

M67

HYDRA

SEXTANS

ANTLIA

VELA

LEO

Regulus

CRATER

CORVUS

M87

M104

COMA
BERENICES

M64

M53

VIRGO

Spica

M83

CENTAURUS

βcrux

δcrux

αcrux

CRUX

M3

Arktur

β Centauri

BOOTES

LIBRA

Ekliptik

α Centauri

SÜD

CORONA
BOREALIS

SERPENS CAPUT

M5

LUPUS

CIRCINUS

HERCULES

M80

M4

M19

SCORPIUS

NORMA

OPHIUCHUS

M12

M10

Antares

M62

ARA

Shaula

M14

M9

M6

M23

M7

SERPENS CAUDA

M16

M19

M24

M8

M17

M21

M22

M6

M4

M11

M26

M25

M23

SÜDOST

SÜDOST

OST

STERNBEWEGUNGEN

Norden

Süden

RICHTUNG SÜDEN

MAI | NÖRDLICHE BREITEN

REFERENZPUNKTE

Horizont	60° N	40° N	20° N	Zenit	60° N	20° N
					Ekliptik	

HIMMELSOBJEKTE

Galaxie | Kugelstern-haufen | Offener Stern-haufen | Diffuser Nebel | Planetarischer Nebel

GRÖSSENKLASSEN

-1 | 0 | 1 | 2 | 3 | 4 | 5 | Veränderliche

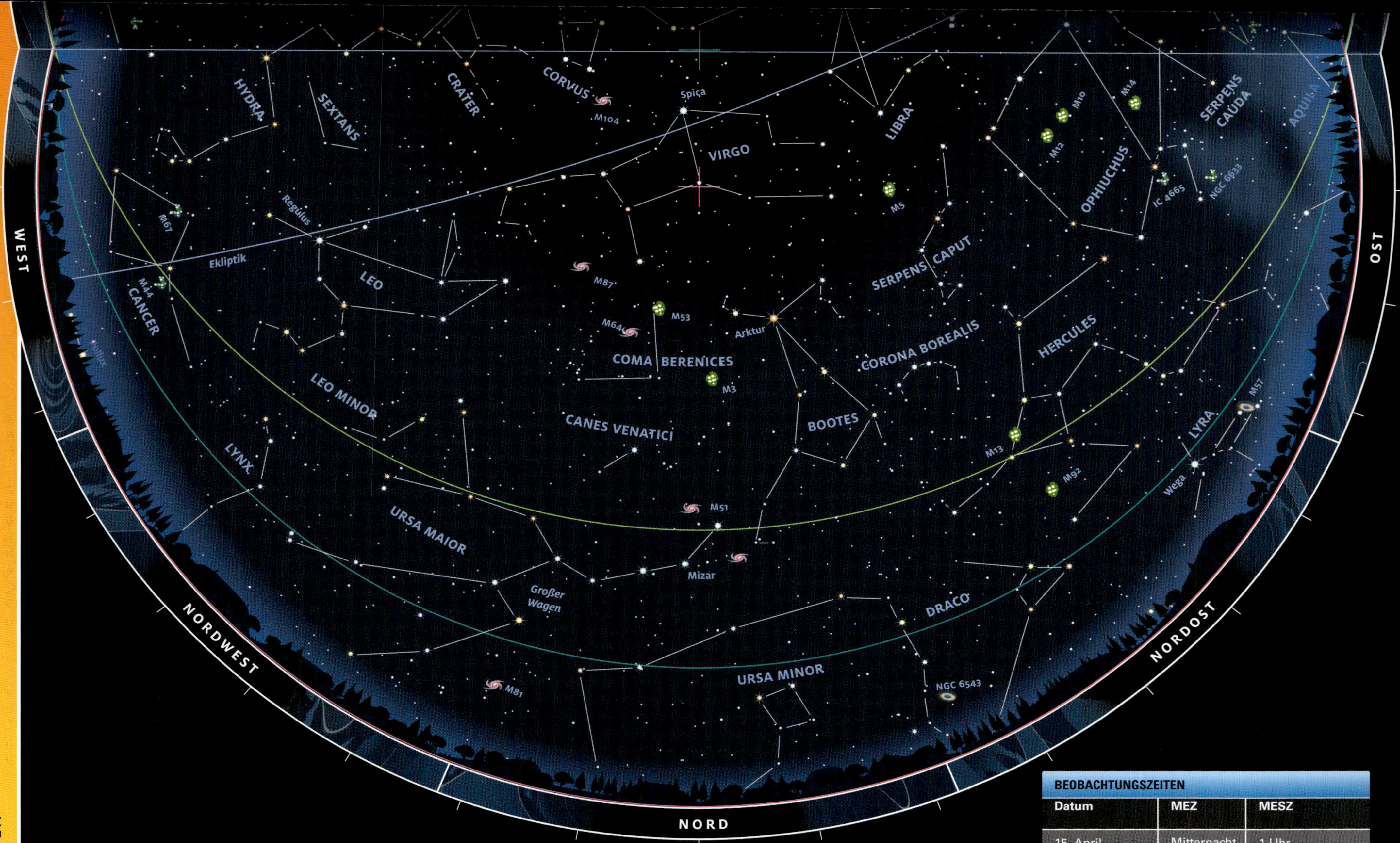

MAI | SÜDLICHE BREITEN

GRÖSSENKLASSEN

- -1
- 0
- 1
- 2
- 3
- 4
- 5
- Veränderliche

HIMMELSOBJEKTE

- Galaxie
- Kugelsternhaufen
- Offener Sternhaufen
- Diffuser Nebel
- Planetarischer Nebel

REFERENZPUNKTE

- Horizont
- 0°
- 20° S
- 40° S
- Zenit
- 0°
- 20° S
- 40° S
- Ekliptik

RICHTUNG NORDEN

BEOBACHTUNGSZEITEN		
Datum	MEZ	MESZ
15. April	Mitternacht	1 Uhr
1. Mai	23 Uhr	Mitternacht
15. Mai	22 Uhr	23 Uhr
1. Juni	21 Uhr	22 Uhr
15. Juni	20 Uhr	21 Uhr

WEST
NORDWEST
NORD
NORDOST
OST
SSO

CANCER · M44 · M67 · LYNX · LEO MINOR · LEO · Regulus · HYDRA · SEXTANS · Ekliptik · URSA MAIOR · Großer Wagen · M81 · Mizar · CANES VENATICI · M51 · M3 · COMA BERENICES · M53 · M64 · M87 · M104 · CORVUS · CRATER · Spica · VIRGO · Arktur · BOOTES · URSA MINOR · M5 · LIBRA · CORONA BOREALIS · DRACO · NGC 6543 · SERPENS CAPUT · M13 · HERCULES · M12 · M10 · OPHIUCHUS · M14 · IC 4665 · M92 · SERPENS CAUDA · NGC 6633 · Wega · LYRA · M57 · AQUILA

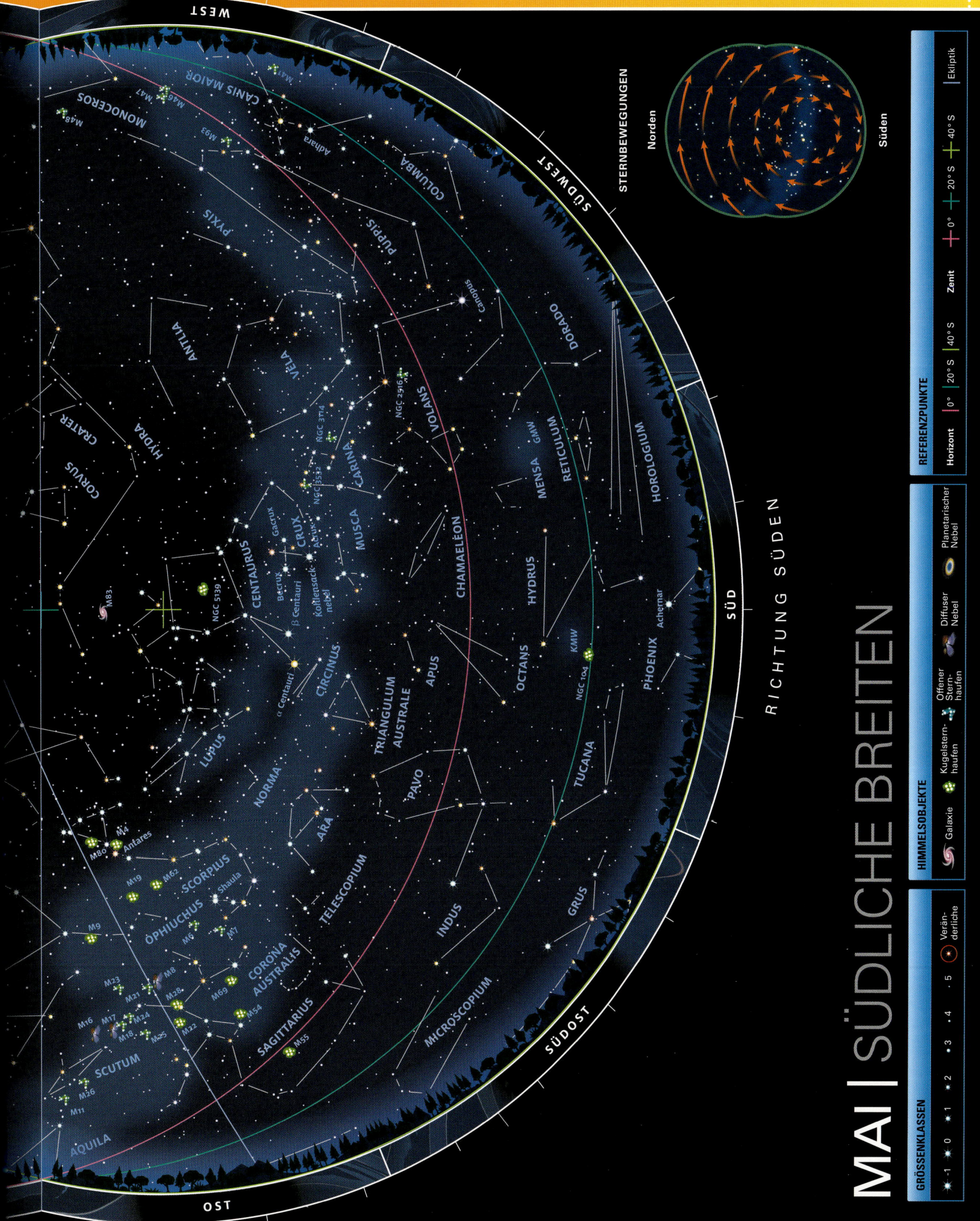

STERNBEWEGUNGEN

Norden

Süden

RICHTUNG SÜDEN

MAI | SÜDLICHE BREITEN

WEST

SÜDWEST

SÜD

SÜDOST

OST

GRÖSSENKLASSEN

-1 0 1 2 3 4 5

Veränderliche

HIMMELSOBJEKTE

Galaxie

Kugelstern-haufen

Offener Stern-haufen

Diffuser Nebel

Planetarischer Nebel

REFERENZPUNKTE

Horizont

0° 20° S 40° S

Zenit

Ekliptik

MONOCEROS
CANIS MAIOR
M48
M46 M47
M93
Adhara
M41
COLUMBA
PUPPIS
PYXIS
ANTLIA
VELA
DORADO
Canopus
HYDRA
CRATER
NGC 3114
NGC 2516
CRUX
NGC 3532
CARINA
MUSCA
VOLANS
RETICULUM
MENSA
GMW
CORVUS
CENTAURUS
γ Crux
β Crux
Becrux
Acrux
Kohlensack nebel
α Centauri
β Centauri
NGC 5139
M83
M4
CIRCINUS
CHAMAELEON
HYDRUS
Achernar
PHOENIX
OCTANS
APUS
TRIANGULUM AUSTRALE
KMW
NGC 104
TUCANA
LUPUS
NORMA
ARA
PAVO
INDUS
SCORPIUS
M80 Antares
M19 M62
Shaula
OPHIUCHUS
M9
M6 M7
M8
M69
CORONA AUSTRALIS
M54
TELESCOPIUM
MICROSCOPIUM
GRUS
M23
M21 M20
M28
M22
M16 M17 M24
M18 M25
M35
SAGITTARIUS
M55
SCUTUM
M26
M11
AQUILA
HOROLOGIUM

JUNI

Im Sommer sind auf der Nordhalbkugel die Abende lange hell und die Nächte kurz, sodass für Beobachtungen kaum Zeit bleibt. Auf der Südhalbkugel hingegen präsentiert der Nachthimmel viele sehenswerte Objekte wie etwa die Sternbilder in der Milchstraße.

NÖRDLICHE BREITEN

STERNE

Sehr deutlich und hoch am Himmel steht Ursa Minor, der Kleine Bär, an dessen Schwanzende der Polarstern Polaris sitzt. Um den Bären herum windet sich Draco (Drachen).

An Standorten, an denen der Blick auf einen tiefen südlichen Horizont nicht verstellt ist, ist das Sternbild Scorpius (Skorpion) zu beobachten. Dessen auffälligster und hellster Stern ist Alpha (α) Scorpii oder Antares, der orangerötlich leuchtet.

INTERESSANTE OBJEKTE

Wer ein kleines Teleskop besitzt, sollte es auf M13 ausrichten, den schönsten Kugelsternhaufen, der in nördlichen Breiten im Juni zu sehen ist. Er liegt in Hercules, der zu dieser Zeit hoch am Himmel steht. Ein wei-

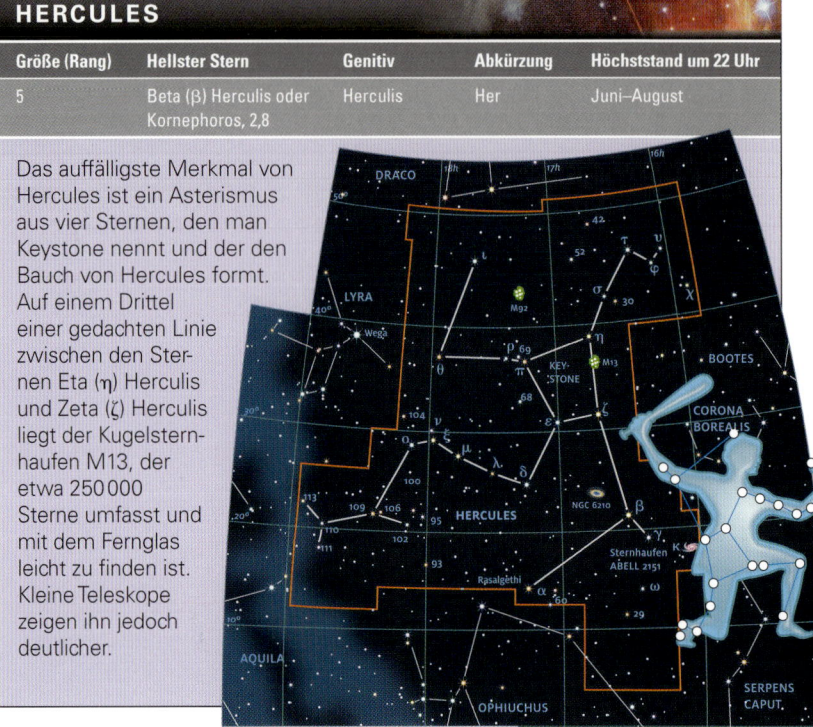

HERCULES				
Größe (Rang)	**Hellster Stern**	**Genitiv**	**Abkürzung**	**Höchststand um 22 Uhr**
5	Beta (β) Herculis oder Kornephoros, 2,8	Herculis	Her	Juni–August

Das auffälligste Merkmal von Hercules ist ein Asterismus aus vier Sternen, den man Keystone nennt und der den Bauch von Hercules formt. Auf einem Drittel einer gedachten Linie zwischen den Sternen Eta (η) Herculis und Zeta (ζ) Herculis liegt der Kugelsternhaufen M13, der etwa 250 000 Sterne umfasst und mit dem Fernglas leicht zu finden ist. Kleine Teleskope zeigen ihn jedoch deutlicher.

terer Kugelsternhaufen, M5, liegt in Serpens Caput (Kopf der Schlange). Diese beiden Sternhaufen haben etwa die Größenklasse 6 und sind leicht mit einem Fernglas zu finden.

Mit einem Teleskop kann man zudem die beiden Spiralgalaxien M51 und M101 sehen, die in der Nähe der Deichsel des Großen Wagens liegen.

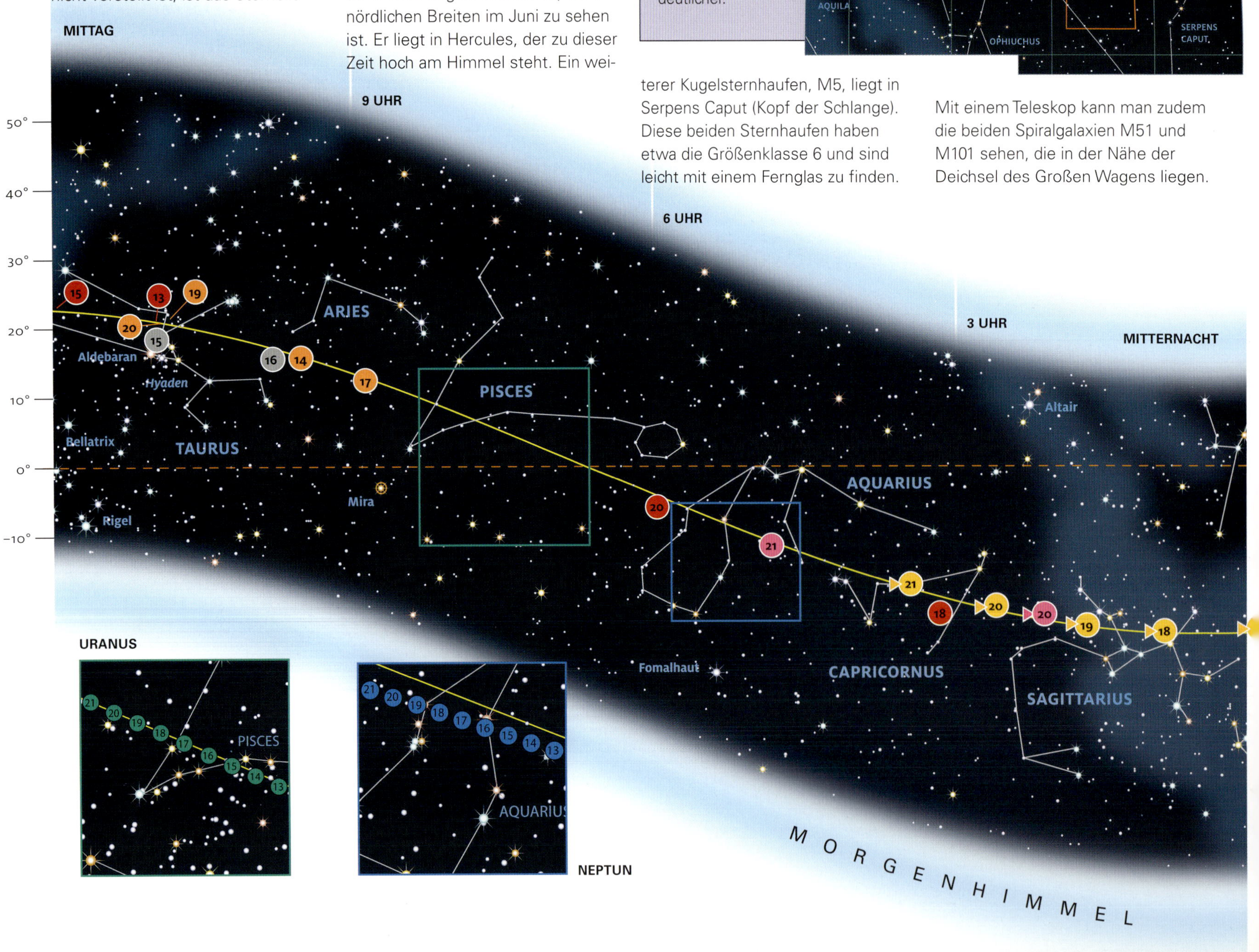

MITTAG

9 UHR

6 UHR

3 UHR

MITTERNACHT

50°
40°
30°
20°
10°
0°
−10°

ARIES

PISCES

AQUARIUS

Aldebaran
Hyaden
Bellatrix
TAURUS
Rigel
Mira

Altair

Fomalhaut

CAPRICORNUS

SAGITTARIUS

URANUS

PISCES

NEPTUN

AQUARIUS

DRACO
LYRA
Wega
KEY-STONE
M13
BOOTES
CORONA BOREALIS
HERCULES
NGC 6210
Sternhaufen ABELL 2151
Rasalgethi
AQUILA
OPHIUCHUS
SERPENS CAPUT

MORGENHIMMEL

SÜDLICHE BREITEN

STERNE

Auf der Südhalbkugel ist der Juni für Beobachtungen ideal. Die reichhaltigen Sternfelder der Milchstraße erstrecken sich vom Südwesten bis in den Nordosten über den Nachthimmel. In ihnen liegen die funkelnden Sternbilder Centaurus (Zentaur), Crux (Kreuz des Südens) sowie Scorpius (Skorpion), Carina (Schiffskiel) und Sagittarius (Schütze).

Im Süden sieht man das Sternbild Lupus (Wolf), das in der Nähe der auffälligen Form von Scorpius liegt. Dessen hellster Stern ist der orangerote Antares. Darüber hinaus sollte man – vor allem an dunklen Standorten und in klaren Nächten – die wunderschönen Sternfelder im Sternbild Sagittarius absuchen. Und im Norden präsentieren sich die bekannten Sternbilder Bootes (Bärenhüter), Hercules und Ophiuchus (Schlangenträger).

INTERESSANTE OBJEKTE

In diesem Monat herrscht in südlichen Breiten an interessanten Objekten kein Mangel. Einen guten Start bietet das Sternbild Scorpius (Skorpion), das die auffälligen Offenen Sternhaufen M6 und M7 enthält, die man beide bereits mit bloßem Auge sieht. Sie liegen unweit des Schwanzes des Skorpions und sind im Fernglas deutlich zu sehen, und in der Nähe des Sterns Zeta (ζ) Scorpii liegt ein weiterer Offener Sternhaufen, NGC 6231. Im Südwesten bietet der Kugelsternhaufen Omega (ω) Centauri im Sternbild Centaurus Beobachtern mit großen Teleskopen einen atemberaubenden Anblick.

Ebenfalls im Süden findet man im Sternbild Crux den Kohlensacknebel, einen Dunkelnebel. Im Westen liegen das beeindruckende Schmuckkästchen und die Spiralgalaxie M83 in Hydra (Wasserschlange).

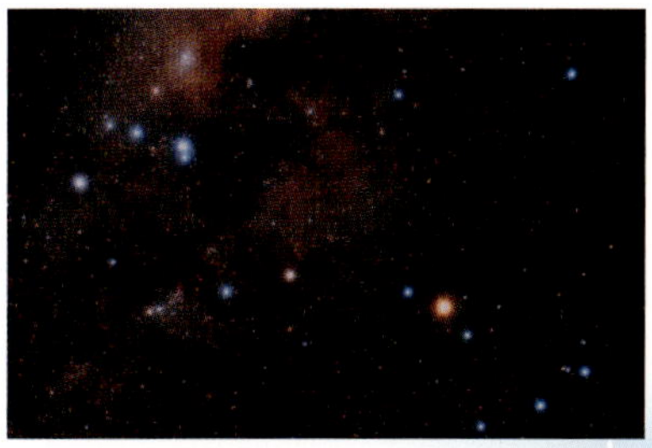

Funkelnder Scorpius
Das auffällige Sternbild Scorpius enthält viele sehenswerte Himmelsobjekte wie die Offenen Sternhaufen M6 und M7, die in der Nähe seines Schwanzes (oben links) liegen.

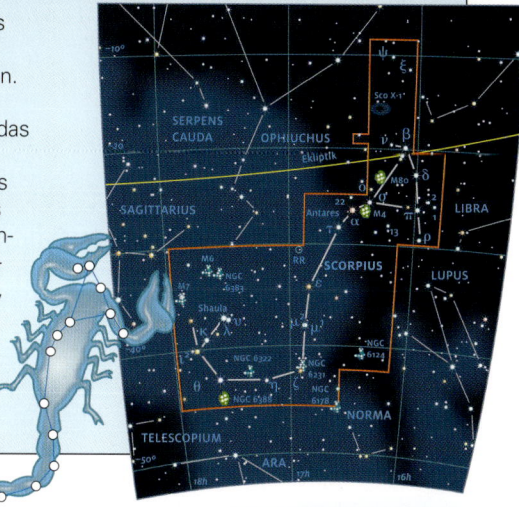

SCORPIUS

Größe (Rang)	Hellster Stern	Genitiv	Abkürzung	Höchststand um 22 Uhr
33	Alpha (α) Scorpii oder Antares, 1,0	Scorpii	Sco	Juni–Juli

Das Sternbild Scorpius ist eines der auffälligsten Muster am Himmel und kaum zu übersehen. Es bietet Amateurteleskopen viele hervorragende Ziele. Um das gesamte Sternbild am Nachthimmel sehen zu können, muss sich ein Beobachter südlich des 40. Grads nördlicher Breite befinden. Der hellste Stern von Scorpius ist der orangerote Antares, Alpha (α) Scorpii. Dieser Überriese hat einen Durchmesser, der etwa 800-mal so groß wie der der Sonne ist.

SERPENS CAUDA
OPHIUCHUS
Ekliptik
SAGITTARIUS
Antares
LIBRA
SCORPIUS
LUPUS
M6
M7
NGC 6383
Shaula
NGC 6322
NGC 6231
NGC 6178
NGC 6124
M80
M4
NORMA
TELESCOPIUM
ARA

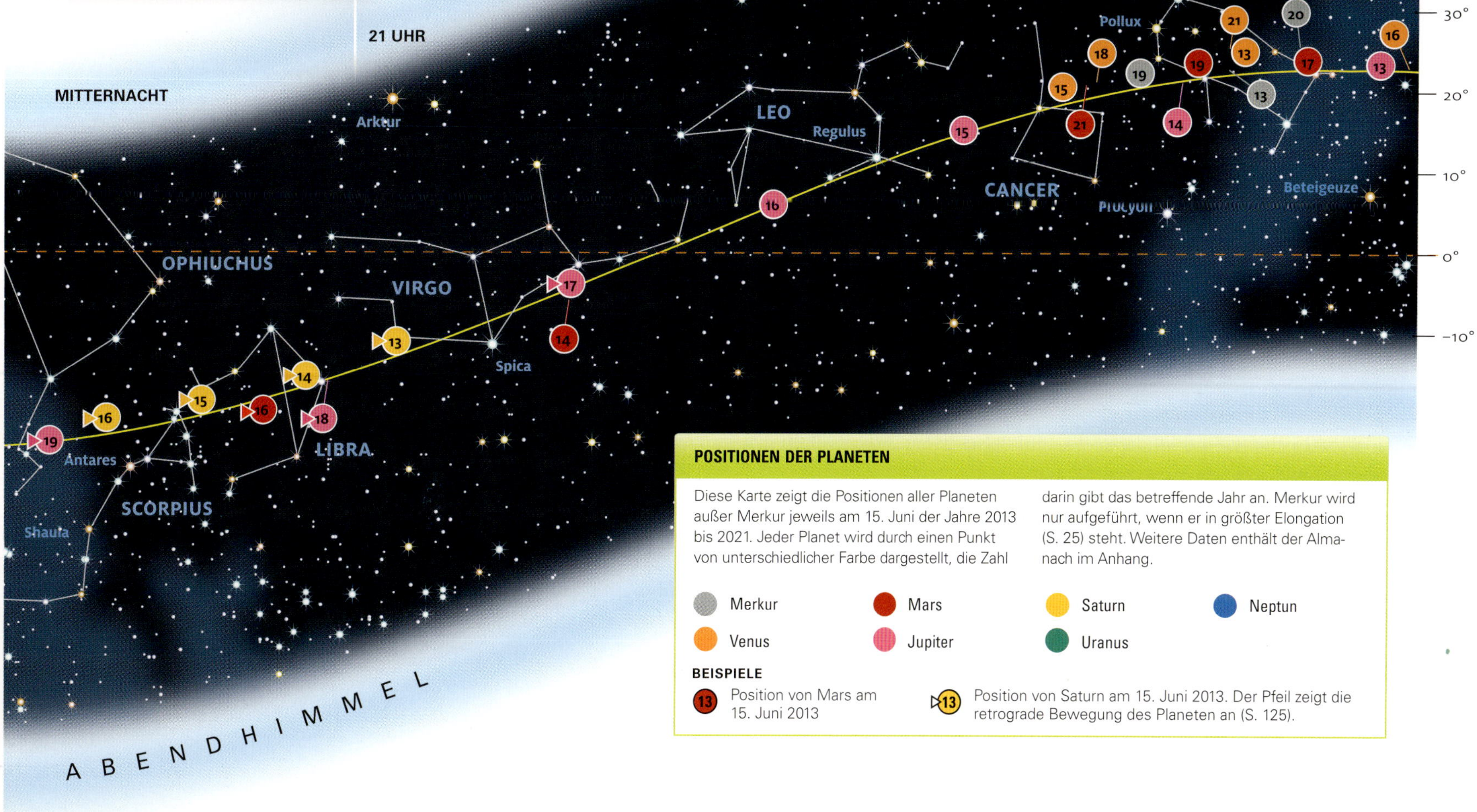

MITTAG
15 UHR
18 UHR
21 UHR
MITTERNACHT
50°
40°
30°
20°
10°
0°
−10°
GEMINI
Castor
Pollux
LEO
Regulus
CANCER
Procyon
Beteigeuze
Arktur
OPHIUCHUS
VIRGO
Spica
LIBRA
Antares
SCORPIUS
Shaula
A B E N D H I M M E L

POSITIONEN DER PLANETEN

Diese Karte zeigt die Positionen aller Planeten außer Merkur jeweils am 15. Juni der Jahre 2013 bis 2021. Jeder Planet wird durch einen Punkt von unterschiedlicher Farbe dargestellt, die Zahl darin gibt das betreffende Jahr an. Merkur wird nur aufgeführt, wenn er in größter Elongation (S. 25) steht. Weitere Daten enthält der Almanach im Anhang.

Merkur · Mars · Saturn · Neptun · Venus · Jupiter · Uranus

BEISPIELE

13 Position von Mars am 15. Juni 2013

13 Position von Saturn am 15. Juni 2013. Der Pfeil zeigt die retrograde Bewegung des Planeten an (S. 125).

JUNI
NÖRDLICHE BREITEN

BEOBACHTUNGSZEITEN

Datum	MEZ	MESZ
15. Mai	Mitternacht	1 Uhr
1. Juni	23 Uhr	Mitternacht
15. Juni	22 Uhr	23 Uhr
1. Juli	21 Uhr	22 Uhr
15. Juli	20 Uhr	21 Uhr

RICHTUNG **NORDEN**

In dieser Jahreszeit präsentiert sich im Osten einer der schönsten Doppelsterne der Nordhalbkugel. Bei Albireo oder Beta (β) Cygni in Cygnus (Schwan) können Anfänger sehen, dass sich solche Doppelsterne leicht trennen lassen. Schon in kleinen Teleskopen erscheint ein Stern golden und der andere bläulich. Auch der Offene Sternhaufen M39 in Cygnus ist ein Ziel für kleine Teleskope sowie der Veränderliche Delta (δ) Cephei, der alle 5 Tage und 9 Stunden zwischen den Größenklassen 3,5 und 4,4 schwankt.

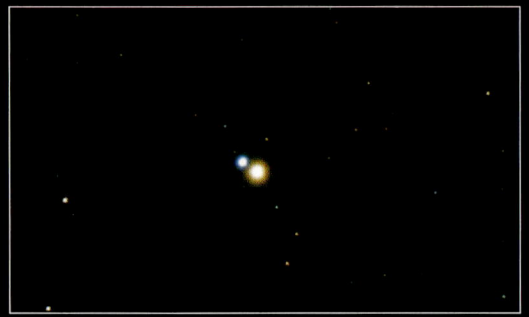

Doppelstern Albireo
Vor den Sternen der Milchstraße zeigt ein kleines Teleskop die zwei Sterne von Albireo, die farblich differieren. Sie haben die Größenklassen 3,1 und 5,1 und sind 380 Lichtjahre von uns entfernt.

RICHTUNG **SÜDEN**

Das Sternbild Bootes (Bärenhüter) steht hoch am Junihimmel. Sein hellster Stern Arktur mit der Größenklasse –0,04 ist ein Roter Riese, der 25-mal so groß wie die Sonne ist.

Östlich von Bootes liegt in Hercules der Kugelsternhaufen M13. Dicht über dem Horizont befindet sich Scorpius (Skorpion), der interessante Objekte wie die beiden Offenen Sternhaufen M6 und M7 sowie den Kugelsternhaufen M4 enthält. M6 und M7 sieht man mit bloßem Auge, ihre Einzelsterne aber nur mit dem Fernglas.

M6 in Scorpius
Den Offenen Sternhaufen M6 der Größenklasse 4,2 findet man etwas nördlich von M7, nicht weit entfernt vom Stachel des Skorpions. M6 nennt man auch Schmetterlingshaufen.

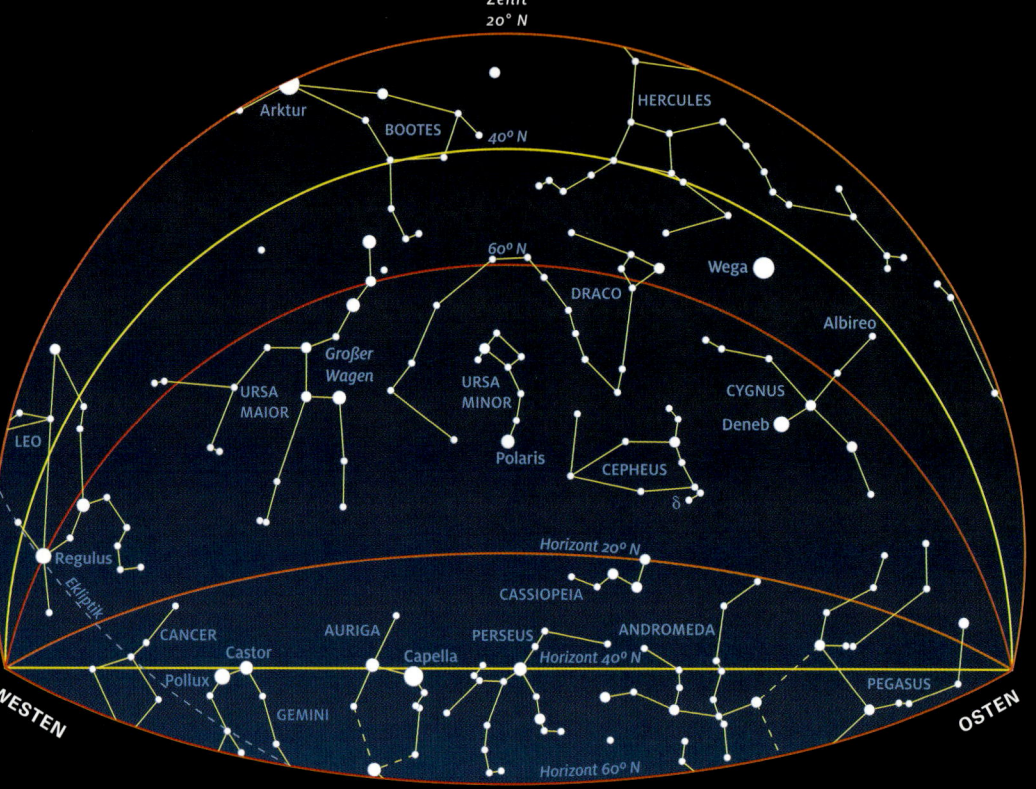

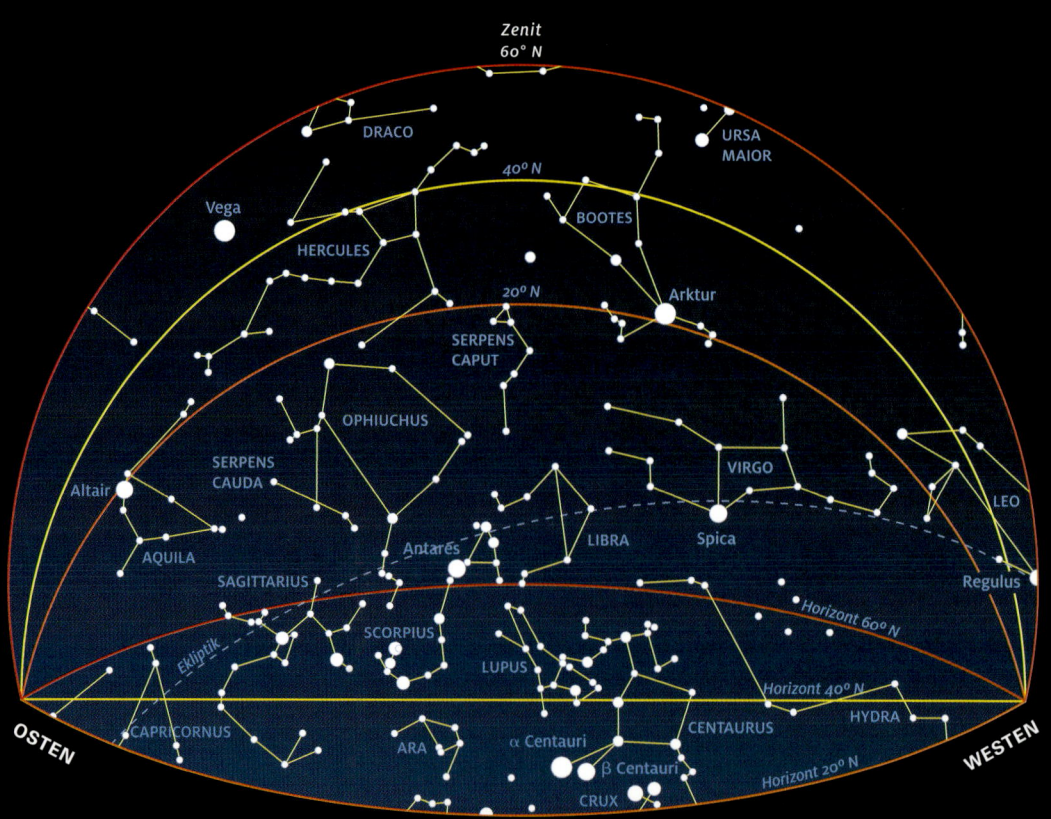

GRÖSSENKLASSE

● -1 ● 0 ● 1 ● 2 • 3 und höher

JUNI
SÜDLICHE BREITEN

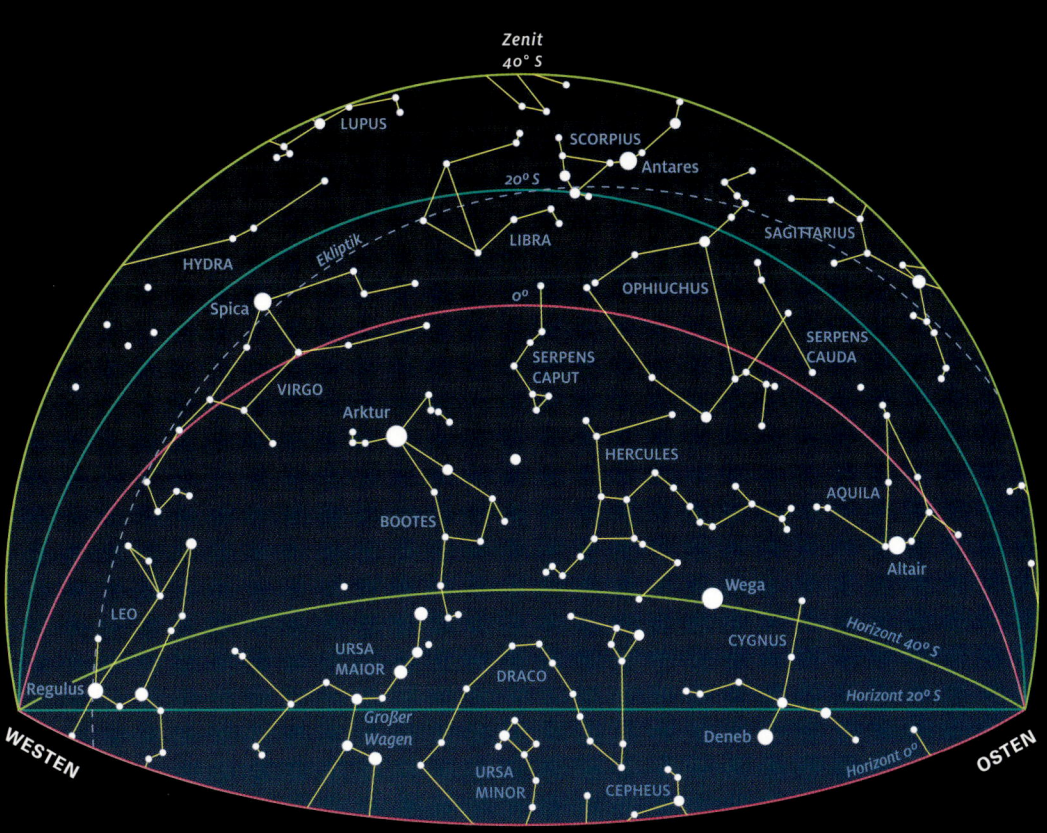

RICHTUNG **NORDEN**

Obwohl der Nachthimmel im Juni beeindruckende Anblicke eher in Richtung Süden aufweist, bietet auch der Norden sehenswerte Objekte wie die Kugelsternhaufen M13 und M92 im Sternbild Hercules. Auch im Sternbild Ophiuchus (Schlangenträger) liegen einige interessante Sternhaufen wie die Kugelsternhaufen M10 und M12 sowie die Offenen Sternhaufen NGC 6633 und IC 4665. Letzterer weist die Größenklasse 4,2 auf. Seine etwa 30 Sterne lassen sich mit dem Fernglas beobachten.

M13 in Hercules
Der Kugelsternhaufen M13 in Hercules ist durch ein Teleskop mit großer Öffnung betrachtet ein beeindruckender Anblick. Ein großes Dobsonteleskop zeigt eine Kugel aus Tausenden Sternen.

RICHTUNG **SÜDEN**

Beim Blick in Richtung Süden trifft man auf unzählige Objekte, die man mit dem bloßen Auge, dem Fernglas oder kleinen Teleskopen sieht. M22 im Sternbild Sagittarius (Schütze) ist ein beeindruckender Kugelsternhaufen, der – mit Größenklasse 5,1 – im Teleskop gut zu beobachten ist. Der Emissionsnebel M8 hingegen ist auch für Ferngläser ein schönes Ziel. Der wahrscheinlich schönste Kugelsternhaufen des Nachthimmels, Omega (ω) Centauri, befindet sich im Herz von Centaurus (Zentaur).

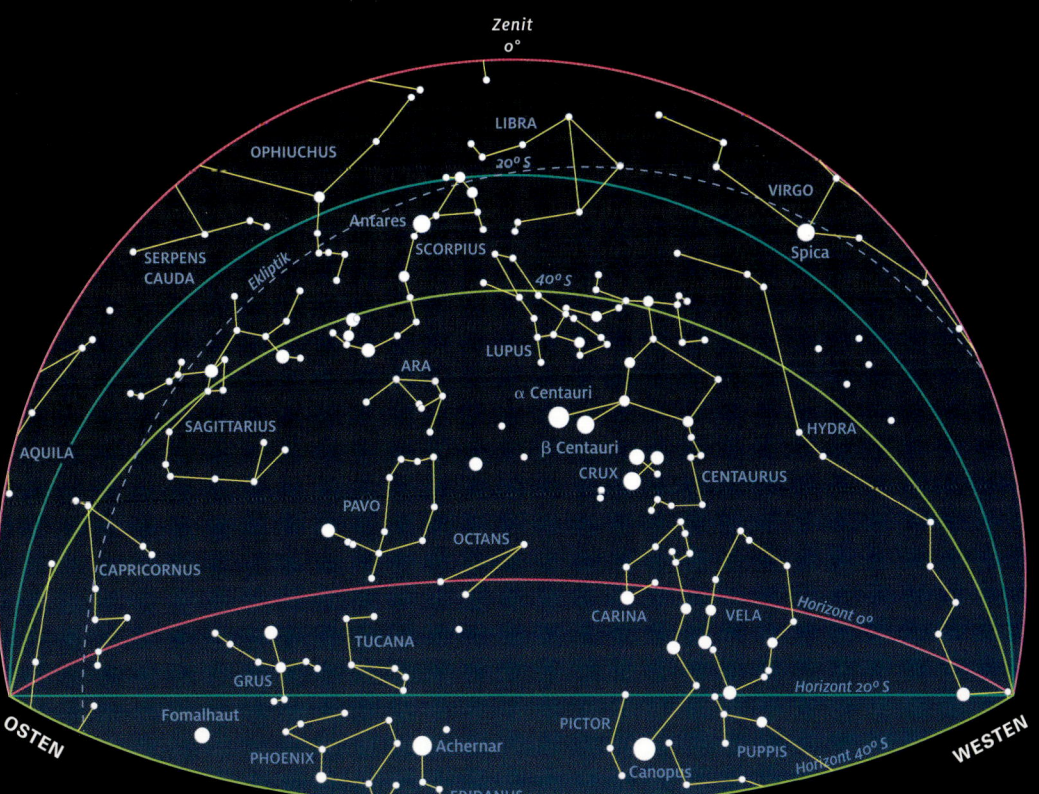

M8 in Sagittarius
Den Lagunennebel oder M8 sieht man im Fernglas als glühenden Fleck. Durch große Teleskope betrachtet, bietet sich hingegen ein faszinierender Anblick mit mehreren Sternen in und um den Nebel.

JUNI | NÖRDLICHE BREITEN

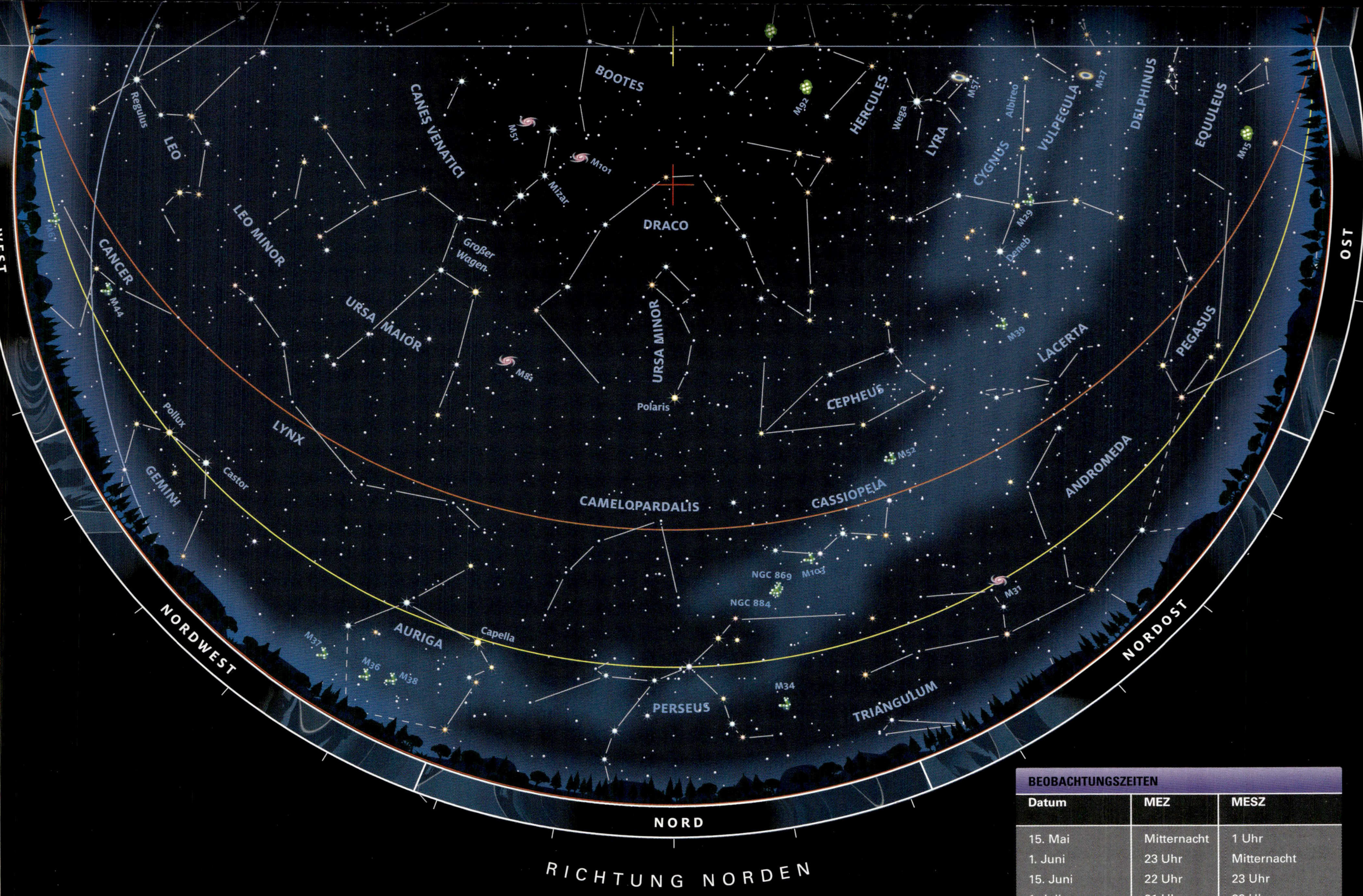

GRÖSSENKLASSEN

- -1
- 0
- 1
- 2
- 3
- 4
- 5
- Veränderliche

HIMMELSOBJEKTE

- Galaxie
- Kugelsternhaufen
- Offener Sternhaufen
- Diffuser Nebel
- Planetarischer Nebel

REFERENZPUNKTE

- Horizont
- 60° N
- 40° N
- 20° N
- Zenit
- 60° N
- 40° N
- 20° N
- Ekliptik

RICHTUNG NORDEN

BEOBACHTUNGSZEITEN		
Datum	**MEZ**	**MESZ**
15. Mai	Mitternacht	1 Uhr
1. Juni	23 Uhr	Mitternacht
15. Juni	22 Uhr	23 Uhr
1. Juli	21 Uhr	22 Uhr
15. Juli	20 Uhr	21 Uhr

WEST

NORDWEST

NORD

NORDOST

OST

OST

Richtungen und Sternbilder:

GEMINI, CANCER, LEO, Regulus, Pollux, Castor, LEO MINOR, LYNX, AURIGA, Capella, M37, M36, M38, URSA MAIOR, Großer Wagen, CANES VENATICI, M51, Mizar, M101, BOOTES, M82, CAMELOPARDALIS, PERSEUS, NGC 884, NGC 869, M103, M34, Polaris, URSA MINOR, DRACO, HERCULES, M92, Wega, LYRA, M57, M31, TRIANGULUM, CASSIOPEIA, CEPHEUS, M52, LACERTA, CYGNUS, Deneb, M39, M29, Albireo, VULPECULA, M27, ANDROMEDA, PEGASUS, DELPHINUS, EQUULEUS, M15

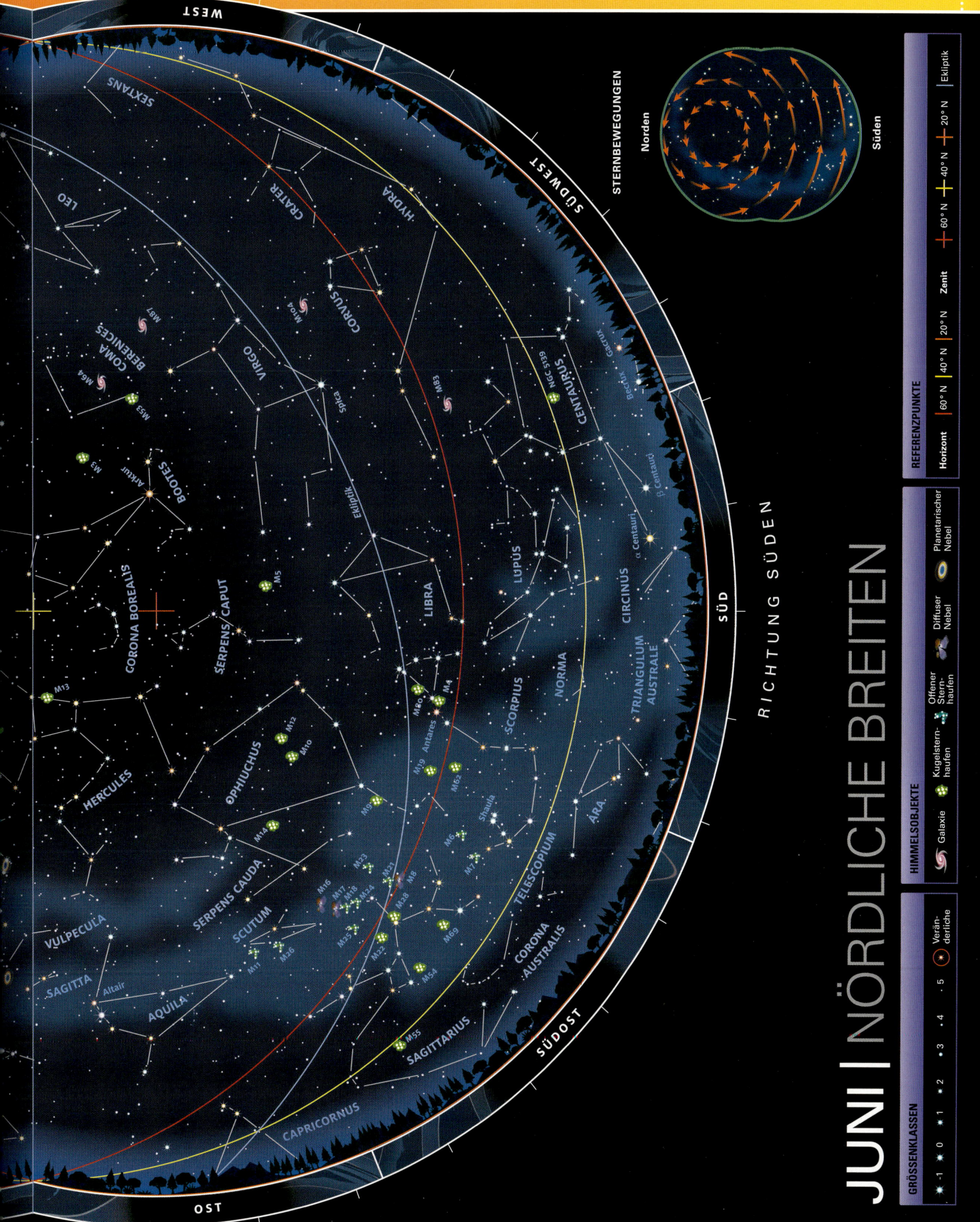

JUNI | NÖRDLICHE BREITEN

WEST

SÜDWEST

STERNBEWEGUNGEN

Norden

Süden

RICHTUNG SÜDEN

SÜD

SÜDOST

OST

SEXTANS

LEO

COMA BERENICES

M87

M64

M53

M3

BOOTES

Arktur

CORONA BOREALIS

HERCULES

M13

VULPECULA

SAGITTA

AQUILA

Altair

SCUTUM

M11

M26

M35

SERPENS CAUDA

SERPENS CAPUT

M5

OPHIUCHUS

M12

M10

M14

M23

M25

M16

M17

M18

M24

M22

SAGITTARIUS

M55

M28

M8

M20

M69

M54

VIRGO

CRATER

HYDRA

M104

CORVUS

Spica

Ekliptik

M83

LIBRA

M80

M19

Antares

M4

M62

M6

Shaula

M7

SCORPIUS

NORMA

LUPUS

CENTAURUS

β Centauri

α Centauri

NGC 5139

CIRCINUS

TRIANGULUM AUSTRALE

ARA

TELESCOPIUM

CORONA AUSTRALIS

CAPRICORNUS

Becrux

Gacrux

REFERENZPUNKTE

| Horizont | 60° N | 40° N | 20° N | Zenit |
| | 60° N | 40° N | 20° N | |

Ekliptik

HIMMELSOBJEKTE

Galaxie

Kugelstern-haufen

Offener Stern-haufen

Diffuser Nebel

Planetarischer Nebel

Verän-derliche

GRÖSSENKLASSEN

-1 0 1 2 3 4 5

JUNI | SÜDLICHE BREITEN

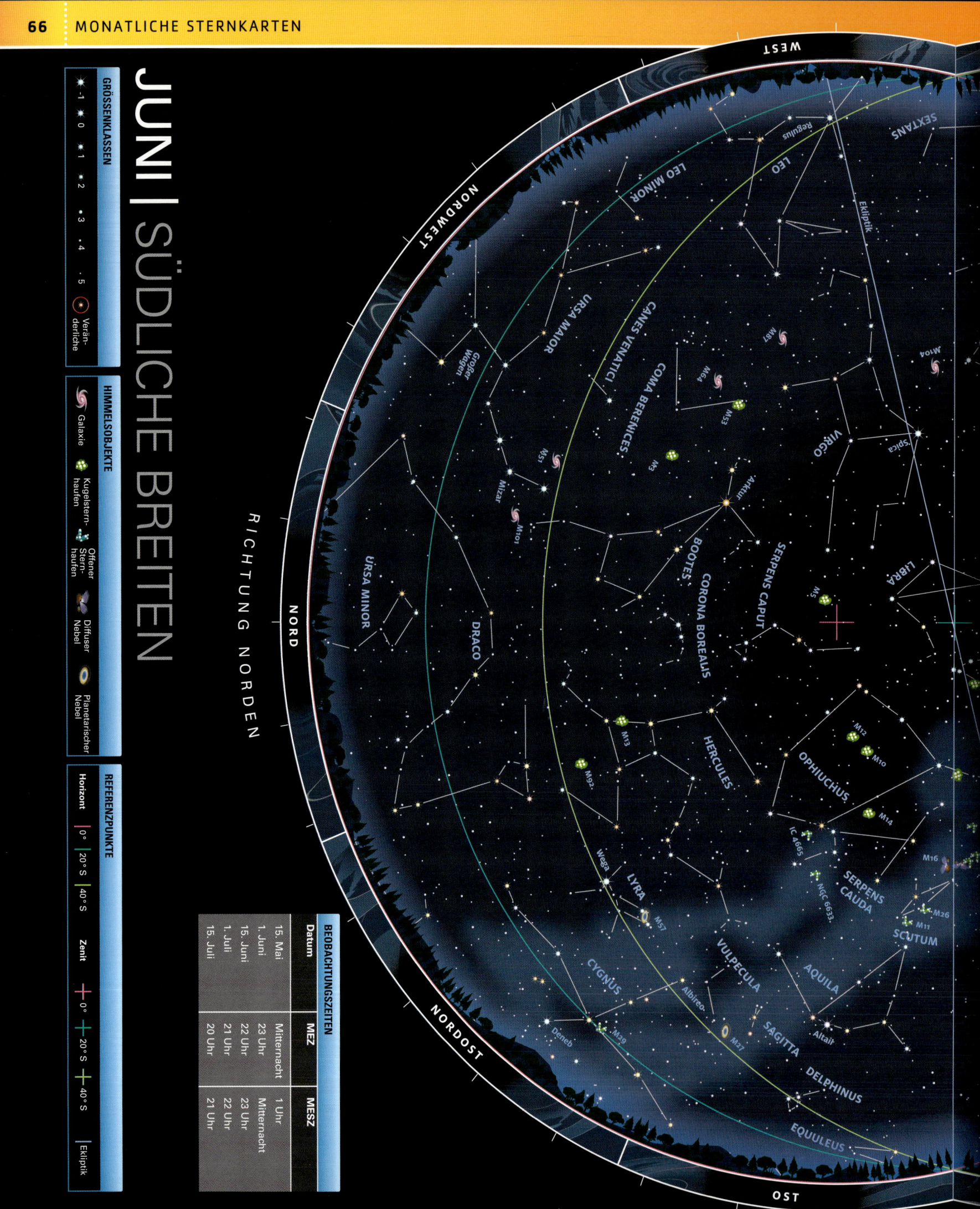

GRÖSSENKLASSEN

✴	-1
✴	0
✴	1
★	2
⋆	3
·	4
·	5
⊙	Verän-derliche

HIMMELSOBJEKTE

🌀	Galaxie
⬡	Kugelstern-haufen
✴	Offener Stern-haufen
🦋	Diffuser Nebel
◉	Planetarischer Nebel

REFERENZPUNKTE

Horizont
- 0°
- 20° S
- 40° S

Zenit
- 0°
- 20° S
- 40° S

Ekliptik

RICHTUNG NORDEN

BEOBACHTUNGSZEITEN

Datum	MEZ	MESZ
15. Mai	Mitternacht	1 Uhr
1. Juni	23 Uhr	Mitternacht
15. Juni	22 Uhr	23 Uhr
1. Juli	21 Uhr	22 Uhr
15. Juli	20 Uhr	21 Uhr

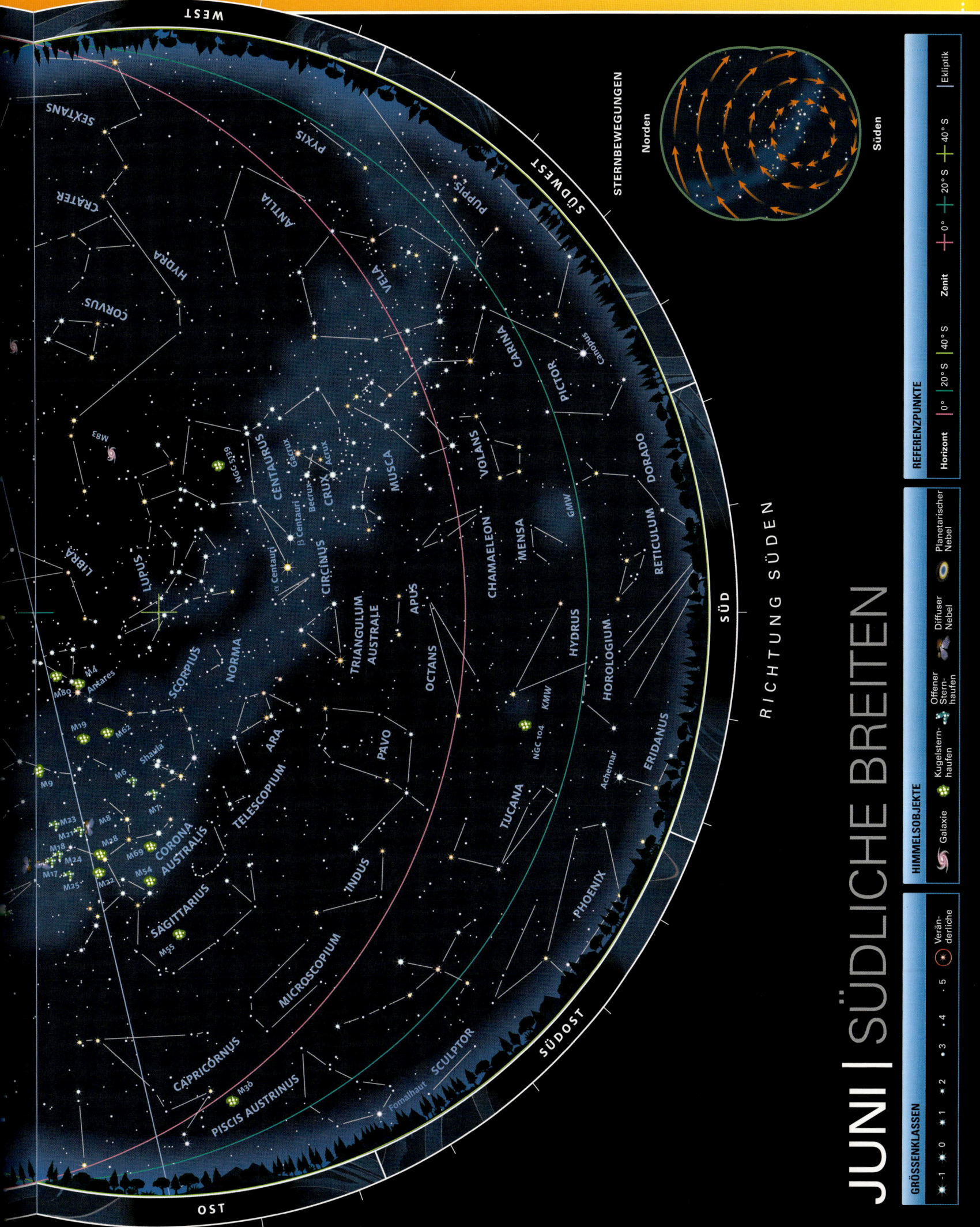

JULI

Auch im Sommer lädt der nördliche Himmel dazu ein, ihn zu erforschen. Hoch am Himmel steht Hercules mit dem beeindruckenden Kugelsternhaufen M13. In südlichen Breiten sind die auffälligen Sternbilder Scorpius (Skorpion) und Sagittarius (Schütze) zu sehen.

LYRA

Größe (Rang)	Hellster Stern	Genitiv	Abkürzung	Höchststand um 22 Uhr
52	Alpha (α) Lyrae oder Wega, 0,0	Lyrae	Lyr	Juli–August

Das relativ kleine Sternbild Lyra (Leier) findet man anhand seines hellsten Sterns Alpha (α) Lyrae oder Wega. Er ist einer der drei Sterne, die das bekannte Sommerdreieck bilden. In Lyra liegt zudem der planetarische Nebel M57 oder Ringnebel, der für Amateurastronomen ein beliebtes Zielobjekt ist. Durch ein größeres Teleskop betrachtet, sieht man den Nebel als kleinen, rauchigen grauen Ring.

NÖRDLICHE BREITEN

STERNE

Im Juli steht das Sternbild Hercules hoch am Himmel, das viele Schätze wie den Kugelsternhaufen M13 in sich trägt. Unterhalb von M13 windet sich Draco (Drachen). Weiter östlich findet man das Sommerdreieck, während im Westen Bootes (Bärenhüter) mit seinem hellen Stern Arktur liegt. Im Süden befindet sich Ophiuchus (Schlangenträger) und südwestlich davon liegen Virgo (Jungfrau) und ihr hellster Stern Spica.

Weitere lohnenswerte Ziele sind zu dieser Zeit auch die reichhaltigen, im Süden gelegenen Sterngebiete um Scorpius und Sagittarius.

INTERESSANTE OBJEKTE

Sowohl der Kugelsternhaufen M13 in Hercules als auch der Kugelsternhaufen M5 im benachbarten Sternbild Serpens (Schlange) zählen im Juli zum Pflichtprogramm. Auch Ophiuchus (Schlangenträger) beher- bergt interessante Kugelsternhaufen wie M10 und M12. Man sieht sie zwar bereits mit dem Fernglas, aber erst ein Teleskop löst ihre Einzelsterne auf. Ebenfalls in Ophiuchus liegen die Offenen Sternhaufen IC 4665 und NGC 6633, die gut mit dem Fernglas zu erkennen sind.

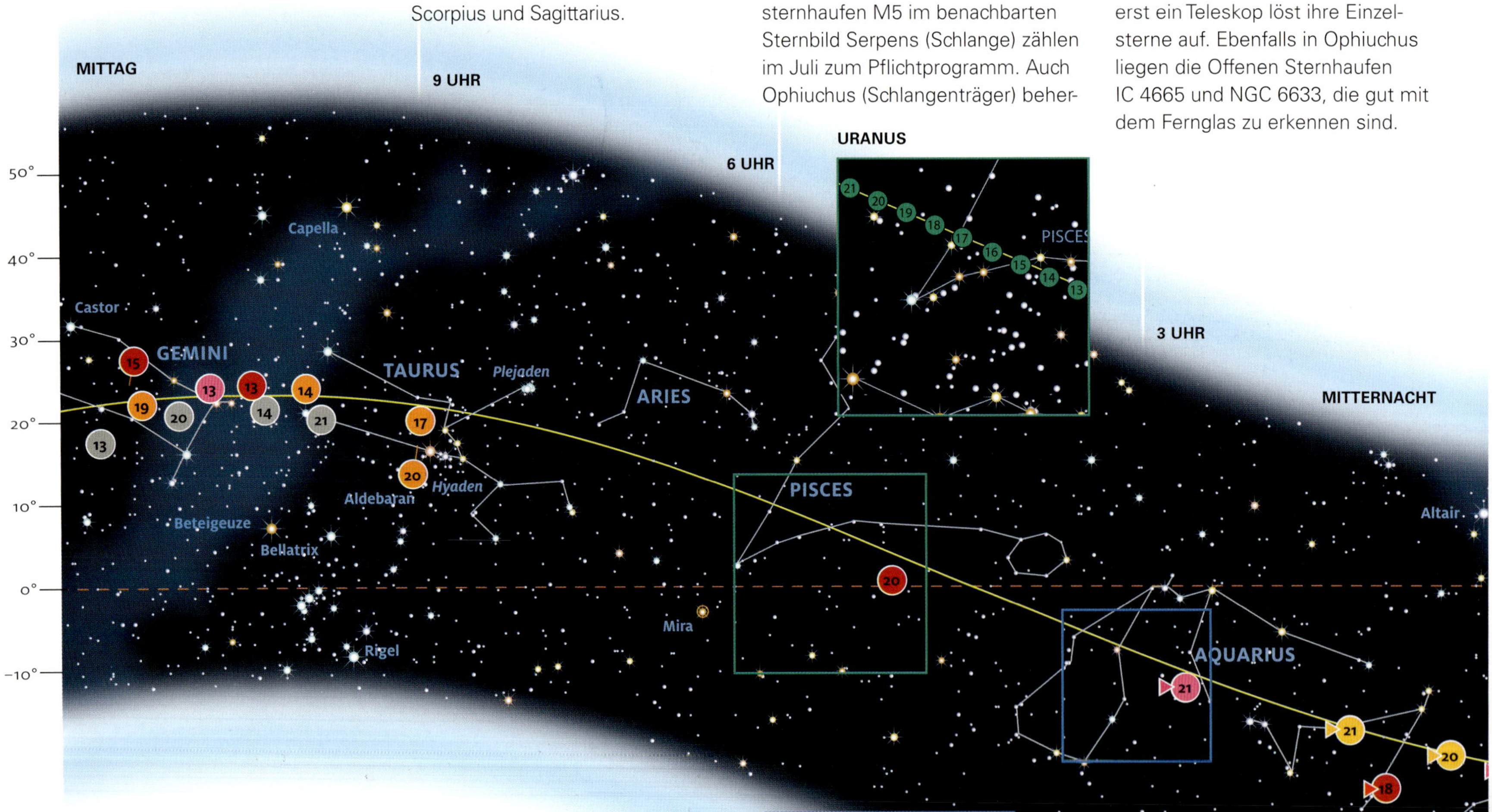

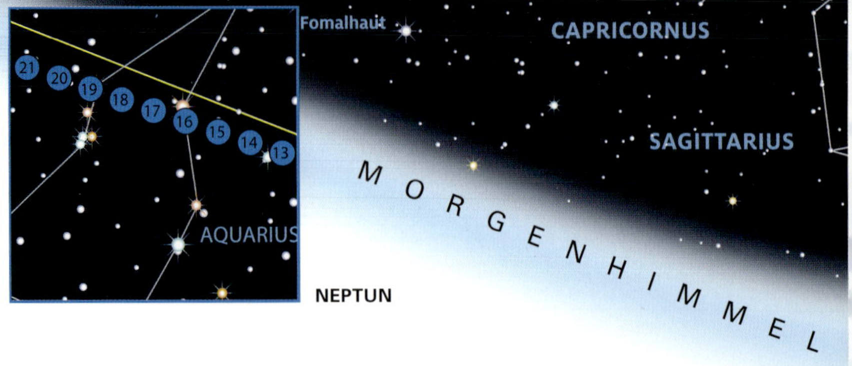

Leuchtende Dunkelwolken
Diese flüchtigen Wolken bilden sich im Juni und Juli nach Sonnenuntergang und vor Sonnenaufgang in großer Höhe. Sie können wunderschöne Formen annehmen.

SÜDLICHE BREITEN

STERNE

Im Juli steht auf der Südhalbkugel Scorpius (Skorpion) hoch am Himmel. In der Nähe liegen die Sternbilder Sagittarius (Schütze) und das weniger auffällige Sternbild Libra (Waage). Die vier hellsten Sterne von Sagittarius bilden den Asterismus Teapot, der zu dieser Zeit sehr hoch am Himmel steht. Schaut man in Richtung Sagittarius und Scorpius, blickt man direkt auf das Zentrum der Milchstraße. Die gesamte Region enthält schöne, reichhaltige Sternfelder, deren Beobachtung bereits per Fernglas große Freude bereitet.

Etwas tiefer am Himmel stehen die hellen Sterne Alpha (α) und Beta (β) Centauri, die man auch Rigil Kentaurus und Hadar nennt. Direkt unter ihnen liegt das kleinste Sternbild des gesamten Nachthimmels – Crux (Kreuz des Südens).

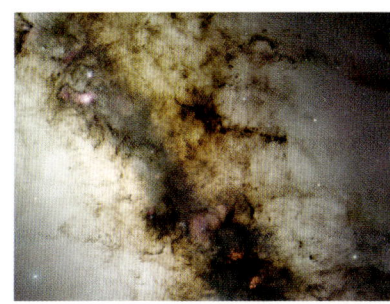

INTERESSANTE OBJEKTE

Zu dieser Jahreszeit bietet das Sternbild Sagittarius außergewöhnliche Anblicke. Den auffälligen Kugelsternhaufen M22 sieht man bei guten Bedingungen bereits mit bloßem Auge. Der Lagunennebel (M8) liegt oberhalb der Tülle des Teapot (engl. für: Teekanne). Diese glühende Wolke aus Gas wirkt bereits durch ein Fernglas betrachtet einen aufregenden Anblick. Der Nebel erscheint als verschwommener Fleck, in dem sich der Sternhaufen NGC 6530 befindet.

Um andere Himmelsobjekte wie den Trifidnebel (M20) in Sagittarius zu sehen, braucht man ein Teleskop. Doch einen besonders hellen Fleck der Milchstraße – M24 – sieht man bereits mit bloßem Auge. Außer Sagittarius enthält auch Scorpius sehenswerte Objekte wie die hellen Offenen Sternhaufen M6 und M7, die im Juli hoch am Himmel stehen. Im Norden liegt im Sternbild Serpens Cauda (Schwanz der Schlange), eingebettet in den dunklen Adlernebel, der Offene Sternhaufen M16.

Der galaktische Kern
Sieht man auf der Südhalbkugel in einer klaren Nacht in Richtung der Sternbilder Sagittarius und Scorpius, blickt man direkt auf das Zentrum der Galaxis oder Milchstraße.

SAGITTARIUS

Größe (Rang)	Hellster Stern	Genitiv	Abkürzung	Höchststand um 22 Uhr
15	Epsilon (ε) Sagittarii, 1,8	Sagittarii	Sgr	Juli–August

Das Sternbild Sagittarius (Schütze) liegt in der Nähe eines bemerkenswert hellen Bands der Milchstraße. Man findet das Sternbild mithilfe des Asterismus Teapot, der im Zentrum des Sternbilds liegt. Betrachtet man Sagittarius durch ein Fernglas oder ein kleines Teleskop, entdeckt man viele reichhaltige Sternhaufen und helle Nebel wie den wunderschönen Lagunennebel.

METEORSCHAUER

Gegen Ende Juli erscheint der Meteorschauer der Delta Aquariden, die ihr Maximum um den 29. Juli erreichen. Von dunklen Standorten aus kann man ungefähr 20 Meteore pro Stunde beobachten.

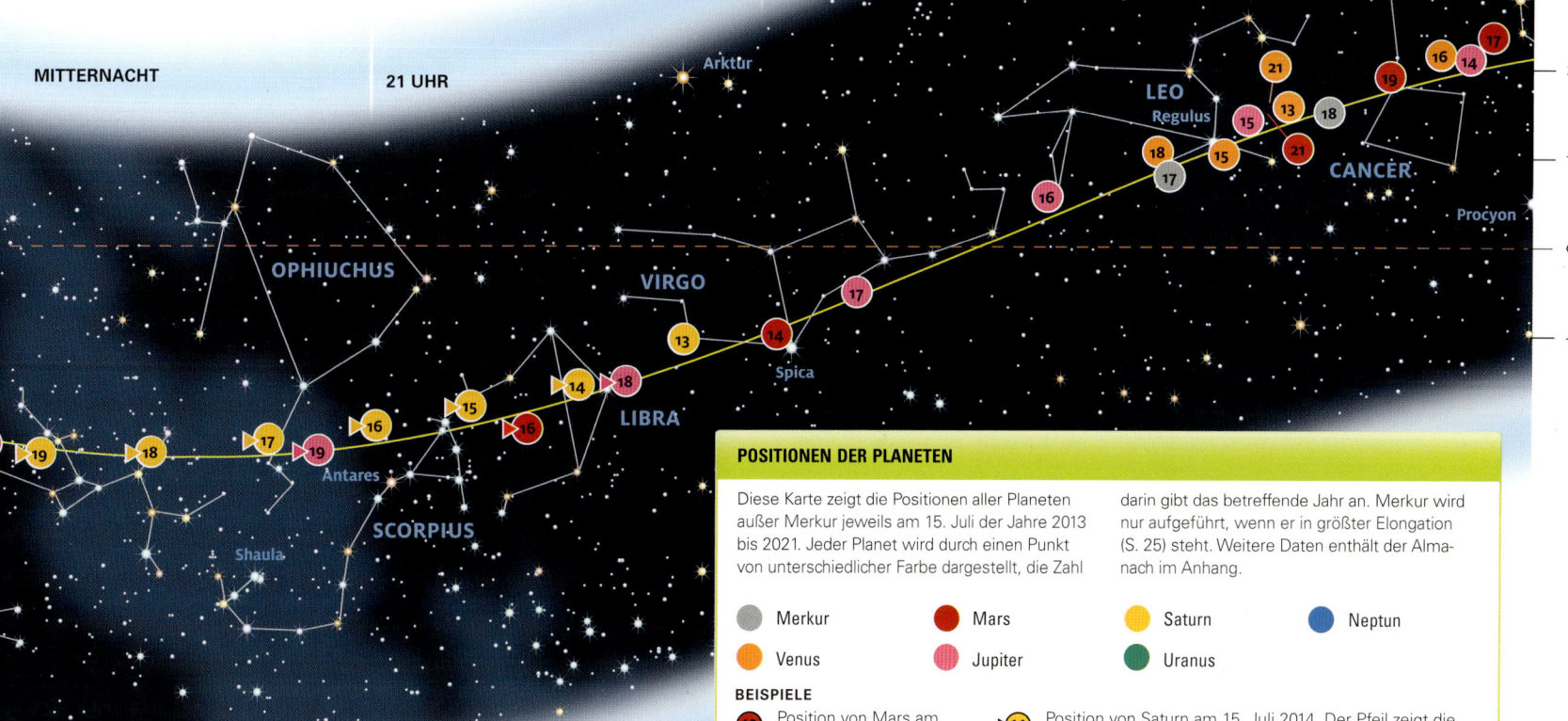

POSITIONEN DER PLANETEN

Diese Karte zeigt die Positionen aller Planeten außer Merkur jeweils am 15. Juli der Jahre 2013 bis 2021. Jeder Planet wird durch einen Punkt von unterschiedlicher Farbe dargestellt, die Zahl darin gibt das betreffende Jahr an. Merkur wird nur aufgeführt, wenn er in größter Elongation (S. 25) steht. Weitere Daten enthält der Almanach im Anhang.

- ⬤ Merkur
- ⬤ Mars
- ⬤ Saturn
- ⬤ Neptun
- ⬤ Venus
- ⬤ Jupiter
- ⬤ Uranus

BEISPIELE

⬤13 Position von Mars am 15. Juli 2013

⬤14 Position von Saturn am 15. Juli 2014. Der Pfeil zeigt die retrograde Bewegung des Planeten an (S. 125).

MITTAG

15 UHR

18 UHR

21 UHR

MITTERNACHT

ABENDHIMMEL

OPHIUCHUS · VIRGO · LIBRA · SCORPIUS · LEO · CANCER

Arktur · Regulus · Spica · Antares · Shaula · Pollux · Procyon

JULI
NÖRDLICHE BREITEN

BEOBACHTUNGSZEITEN		
Datum	MEZ	MESZ
15. Juni	Mitternacht	1 Uhr
1. Juli	23 Uhr	Mitternacht
15. Juli	22 Uhr	23 Uhr
1. August	21 Uhr	22 Uhr
15. August	20 Uhr	21 Uhr

RICHTUNG **NORDEN**

Ursa Maior (Großer Bär) enthält mehrere Galaxien, die man mit einer Amateurausrüstung erkennen kann. M81 oder Bodes Galaxie ist mit einem Fernglas oder kleinen Teleskopen als verschwommener, grauer Fleck zu sehen und auch der Doppelstern Alcor mit seinem Begleiter Mizar ist ein lohnenswertes Ziel. Im Osten ist in dieser Jahreszeit Cygnus (Schwan) ein großartiger Anblick. Erfahrene Beobachter können versuchen, den Nordamerikanebel (NGC 7000) südöstlich des Sterns Deneb zu finden.

Alcor und Mizar
Das Doppelsternsystem Alcor und Mizar erkennt man bereits mit bloßem Auge. Das Sternsystem findet man in der Deichsel des Großen Wagens im Sternbild Ursa Maior.

RICHTUNG **SÜDEN**

Im Osten steht ein berühmter Wegweiser des nördlichen Nachthimmels, das Sommerdreieck. Die Ecken dieses großen gleichschenkligen Dreiecks bilden die drei hellen Sterne Altair, Wega und Deneb.

Ein weiterer interessanter Anblick ist ein Mehrfachsternsystem, der Doppel-Doppelstern (S. 86) oder Epsilon (ε) Lyrae im Sternbild Lyra. Im Fernglas ist nur ein Doppelstern zu sehen, aber ein Teleskop löst diese beiden Sterne in jeweils einen Doppelstern auf.

Das Sommerdreieck
Dieser Asterismus ist am Sommerhimmel eine nützliche Orientierungshilfe. Man findet ihn, indem man in der Milchstraße die dunklen Streifen sucht, die das Dreieck und Cygnus durchkreuzen.

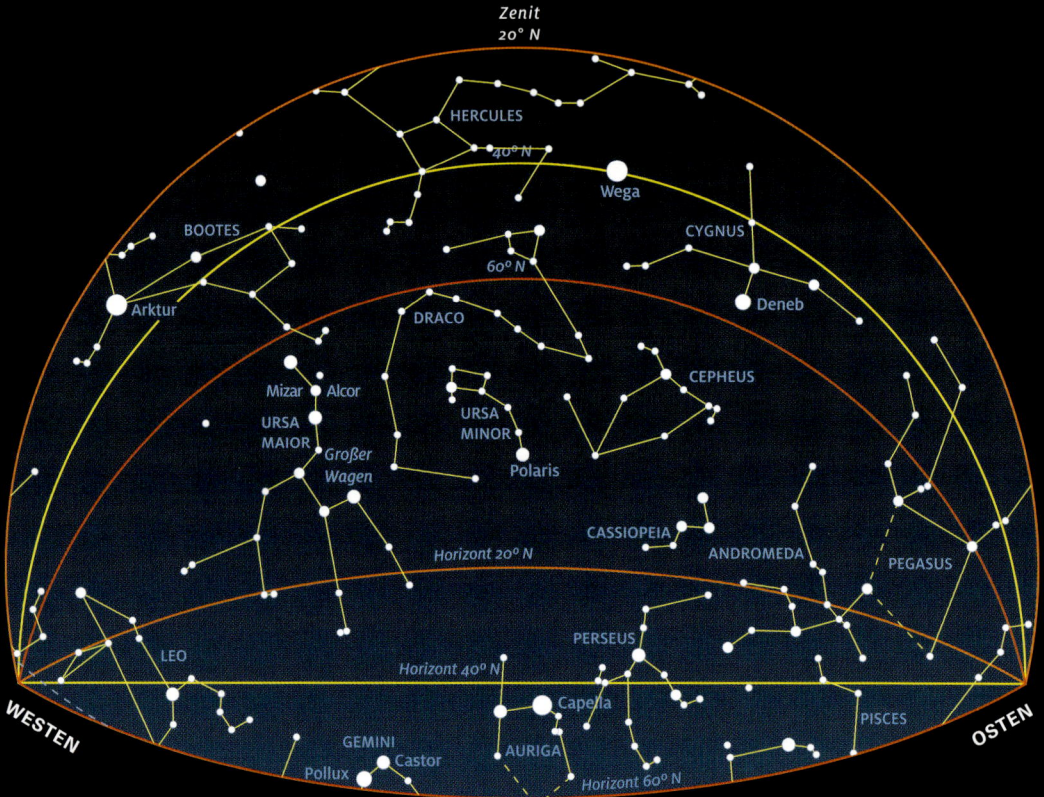

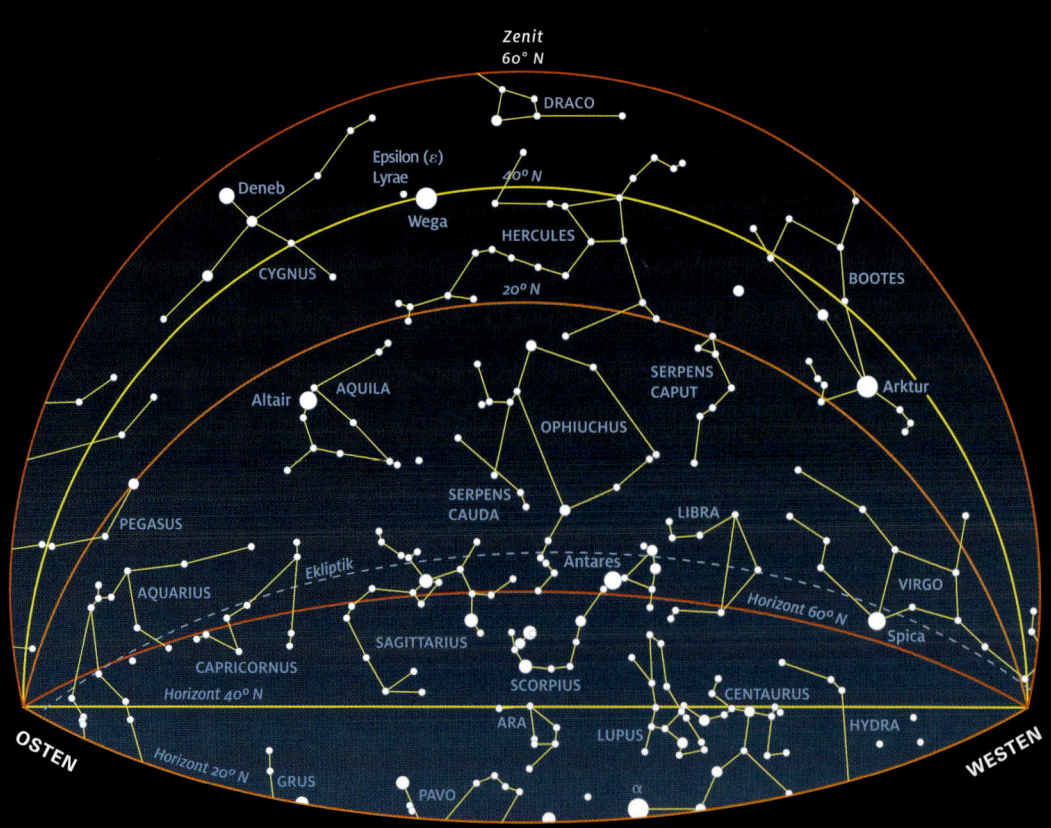

GRÖSSENKLASSE

● -1 ● 0 ● 1 ● 2 • 3 und höher

JULI
SÜDLICHE BREITEN

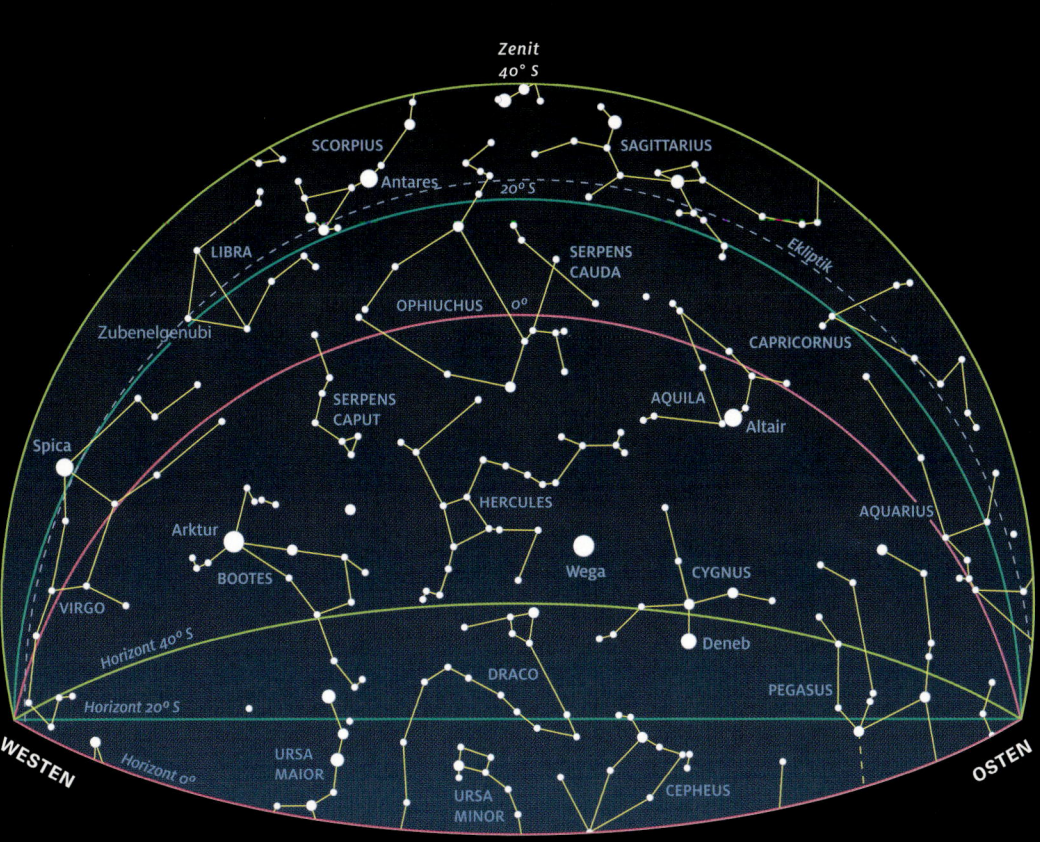

RICHTUNG NORDEN

Im Juli steht der schöne Kugelsternhaufen M5 hoch am Himmel. Er ist etwa 25 000 Lichtjahre von uns entfernt und liegt nahe des Sternbilds Serpens Caput (Kopf der Schlange). Mit einem kleinen Teleskop sieht man seine äußeren Sterne. Springt man mit einem Fernglas nach Osten über Ophiuchus (Schlangenträger) und Serpens Cauda (Schwanz der Schlange) hinweg, findet man im lichtschwachen Adlernebel den Offenen Stern-haufen M16. Im Westen liegt im Sternbild Libra (Waage) der Doppelstern Alpha (α) Librae.

Alpha (α) Librae
Den zweithellsten Stern in Libra nennt man Zubenelgenubi (arabisch für: südliche Klaue). Dieses Doppelsternsystem kann bereits ein Fernglas in seine zwei Einzelsterne auflösen.

RICHTUNG SÜDEN

Der Asterismus Teapot, der aus acht Sternen besteht, befindet sich in der Milchstraße im Sternbild Sagittarius (Schütze). Seine Tülle wird durch die Sterne Gamma (γ), Epsilon (ε) und Delta (δ) Sagittarii markiert, während Phi (φ), Sigma (σ), Zeta (ζ) und Tau (τ) Sagittarii den Henkel bilden. Um den Teapot herum liegen einige markante Ziele für Ferngläser und kleine Teleskope wie etwa der helle Lagunennebel (M8), der Offene Sternhaufen M25 (Größen-klasse 4,6) und der Kugelsternhaufen M22.

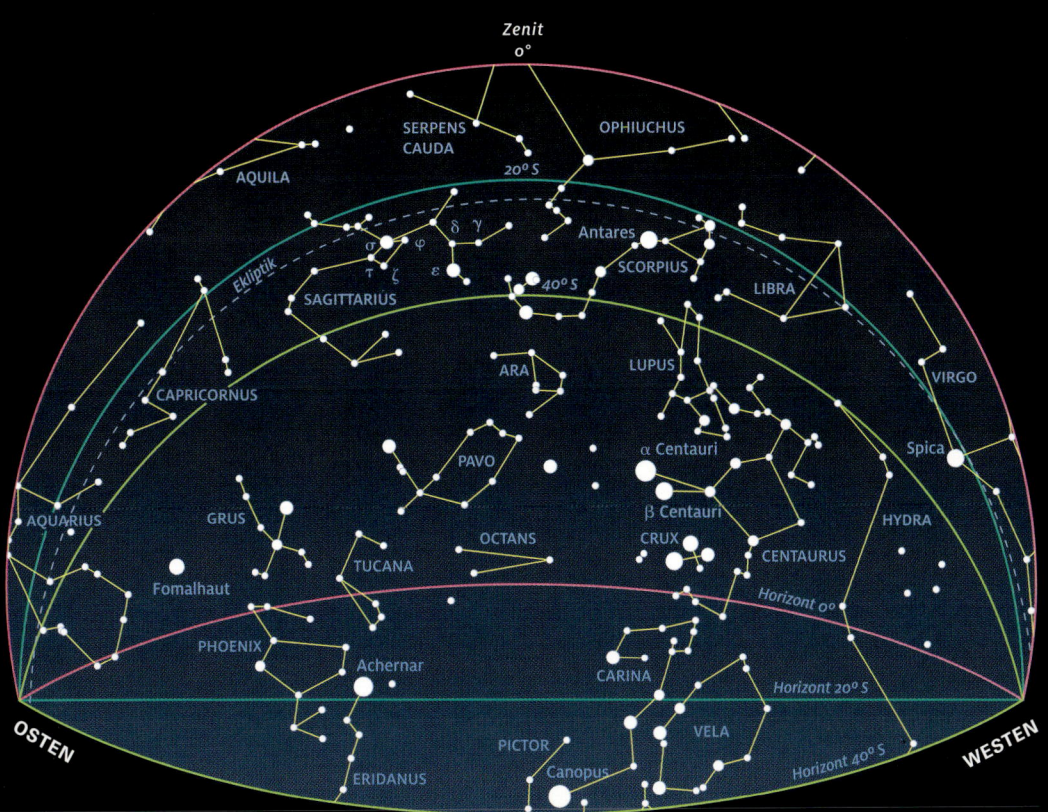

M22 in Sagittarius
M22 ist der dritthellste Kugelsternhaufen des Nachthimmels und in dunklen klaren Nächten mit bloßem Auge zu sehen. Mit einem kleinen Teleskop erkennt man sogar viele seiner hellsten Sterne.

JULI | NÖRDLICHE BREITEN

RICHTUNG NORDEN

GRÖSSENKLASSEN

- -1
- 0
- 1
- 2
- 3
- 4
- 5
- ⊙ Verän- derliche

HIMMELSOBJEKTE

- Galaxie
- Kugelstern- haufen
- Offener Stern- haufen
- Diffuser Nebel
- Planetarischer Nebel

REFERENZPUNKTE

Horizont | 60° N | 40° N | 20° N | Zenit | 60° N | 40° N | 20° N | Ekliptik

	BEOBACHTUNGSZEITEN	
Datum	**MEZ**	**MESZ**
15. Juni	Mitternacht	1 Uhr
1. Juli	23 Uhr	Mitternacht
15. Juli	22 Uhr	23 Uhr
1. August	21 Uhr	22 Uhr
15. August	20 Uhr	21 Uhr

WEST

NORDWEST

NORD

NORDOST

OST

M87

COMA BERENICES

CANES VENATICI

M64

M3

M51

BOOTES

URSA MAIOR

Großer Wagen

Mizar

M101

LEO MINOR

M81

GEMINI

Castor

LYNX

DRACO

URSA MINOR

Polaris

HERCULES

M92

CEPHEUS

LYRA

CYGNUS

AURIGA

M38

Capella

CAMELOPARDALIS

CASSIOPEIA

NGC 884

NGC 869

M103

M52

NGC 7000

Deneb

M29

M39

LACERTA

PERSEUS

M34

ANDROMEDA

M31

TRIANGULUM

ARIES

M33

PISCES

PEGASUS

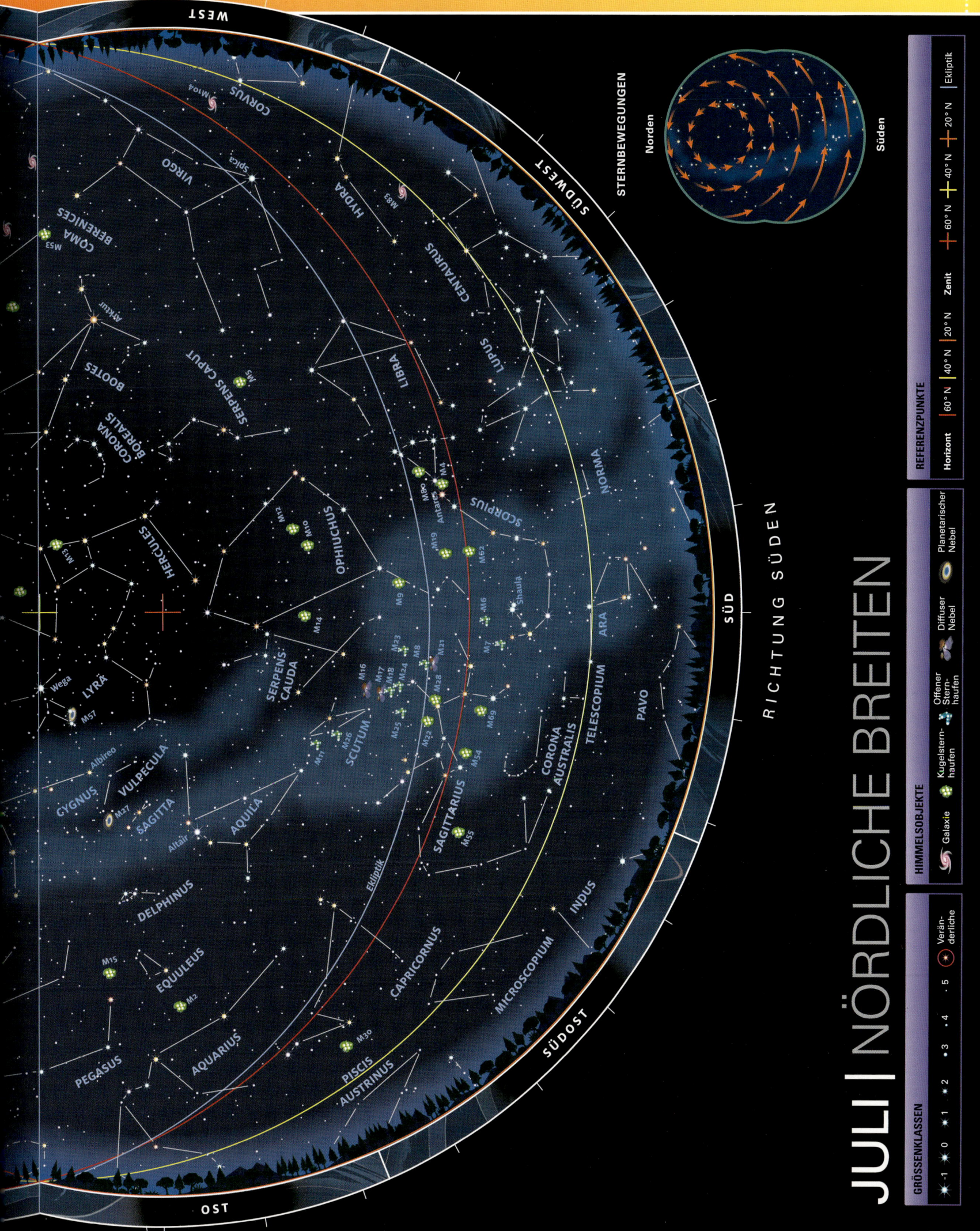

WEST

OST

STERNBEWEGUNGEN

Norden

Süden

RICHTUNG SÜDEN

SÜDWEST

SÜD

SÜDOST

CORVUS

M104

VIRGO

Spica

COMA BERENICES

M53

HYDRA

M83

Arktur

BOOTES

CORONA BOREALIS

SERPENS CAPUT

M5

CENTAURUS

LIBRA

LUPUS

HERCULES

M13

M12

OPHIUCHUS

M10

M62

M19

M80

Antares

SCORPIUS

NORMA

ARA

M14

Shaula

M6

M7

M9

Wega

LYRA

M57

SERPENS CAUDA

M16

M17

M18

M23

M24

M8

M21

M28

M69

M20

M22

M25

M26

M11

SCUTUM

SAGITTARIUS

M54

CORONA AUSTRALIS

TELESCOPIUM

PAVO

CYGNUS

Albireo

VULPECULA

M27

SAGITTA

Altair

AQUILA

M55

INDUS

DELPHINUS

Ekliptik

CAPRICORNUS

MICROSCOPIUM

M15

EQUULEUS

M2

M30

PEGASUS

AQUARIUS

PISCIS AUSTRINUS

JULI | NÖRDLICHE BREITEN

GRÖSSENKLASSEN

| -1 | 0 | 1 | 2 | 3 | 4 | 5 |

Veränderliche

HIMMELSOBJEKTE

Galaxie | Kugelsternhaufen | Offener Sternhaufen | Diffuser Nebel | Planetarischer Nebel

REFERENZPUNKTE

Horizont | 60° N | 40° N | 20° N | Zenit

60° N | 40° N | 20° N | Ekliptik

JULI | SÜDLICHE BREITEN

GRÖSSENKLASSEN

- -1
- 0
- 1
- 2
- 3
- 4
- 5
- Veränderliche

HIMMELSOBJEKTE

- Galaxie
- Kugelsternhaufen
- Offener Sternhaufen
- Diffuser Nebel
- Planetarischer Nebel

REFERENZPUNKTE

Horizont
- 0°
- 20° S
- 40° S

Zenit
- 0°
- 20° S
- 40° S

- Ekliptik

	BEOBACHTUNGSZEITEN	
Datum	MEZ	MESZ
15. Juni	Mitternacht	1 Uhr
1. Juli	23 Uhr	Mitternacht
15. Juli	22 Uhr	23 Uhr
1. August	21 Uhr	22 Uhr
15. August	20 Uhr	21 Uhr

RICHTUNG NORDEN

WEST

NORDWEST

NORD

NORDOST

OST

WEST

URSA MAIOR

COMA BERENICES

CANES VENATICI

M51

M94

M63

M53

M3

Mizar

Alkor

M101

BOOTES

Arktur

VIRGO

LIBRA

DRACO

CORONA BOREALIS

SERPENS CAPUT

M5

M13

HERCULES

OPHIUCHUS

M12

M10

M14

M92

URSA MINOR

SERPENS CAUDA

M23

M24

M16 M17 M18

M25

CEPHEUS

LYRA

Wega

M57

VULPECULA

AQUILA

Albireo

M27

SAGITTA

Altair

M11

M26

SCUTUM

CYGNUS

M29

Deneb

DELPHINUS

M39

EQUULEUS

LACERTA

M15

M2

ANDROMEDA

PEGASUS

AQUARIUS

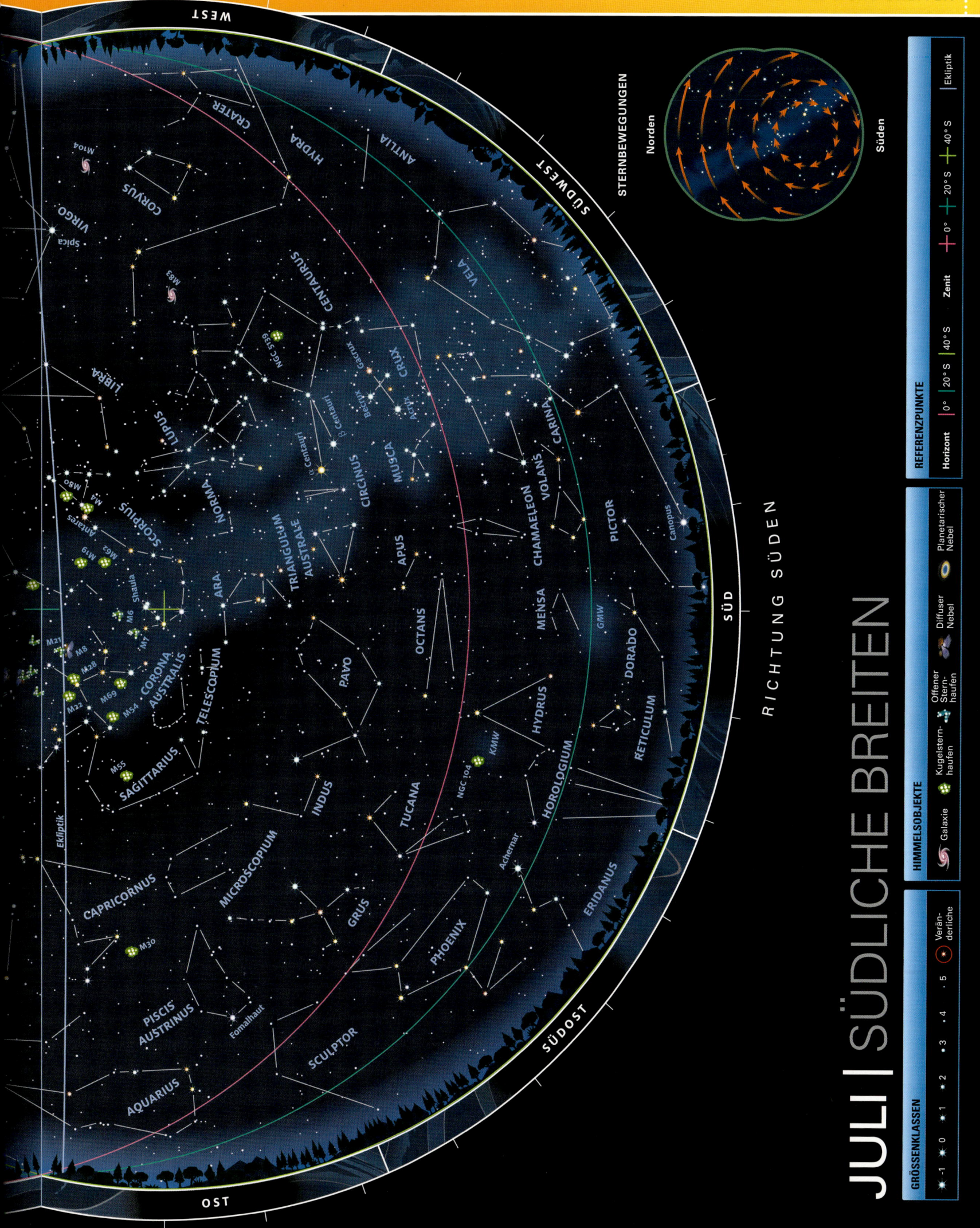

WEST

SÜDWEST

STERNBEWEGUNGEN

Norden

Süden

VIRGO
Spica
M104
CORVUS
CRATER
HYDRA
ANTLIA
CENTAURUS
LIBRA
NGC 5139
β Centauri
α Centauri
Becrux Gacrux
CRUX
Acrux
MUSCA
VELA
LUPUS
NORMA
CIRCINUS
CHAMAELEON
VOLANS
CARINA
M80
M4
Antares
SCORPIUS
Shaula
M6
M7
ARA
TRIANGULUM AUSTRALE
APUS
PICTOR
Canopus
M19
M62
M21
M8
M28
CORONA AUSTRALIS
TELESCOPIUM
OCTANS
PAVO
MENSA
GMW
DORADO
M22
M69
M54
SAGITTARIUS
M55
INDUS
TUCANA
NGC 104
KMW
HYDRUS
RETICULUM
HOROLOGIUM
CAPRICORNUS
MICROSCOPIUM
GRUS
PHOENIX
NGC 104
Achernar
ERIDANUS
M30
PISCIS AUSTRINUS
Fomalhaut
SCULPTOR
AQUARIUS
Ekliptik

SÜDOST

SÜDOST

OST

RICHTUNG SÜDEN

SÜD

JULI | SÜDLICHE BREITEN

GRÖSSENKLASSEN
−1　0　1　2　3　4　5　Veränderliche

REFERENZPUNKTE
Horizont　0°　20° S　40° S　Zenit
Ekliptik　0°　20° S　40° S

HIMMELSOBJEKTE
Galaxie　Kugelsternhaufen　Offener Sternhaufen　Diffuser Nebel　Planetarischer Nebel

AUGUST

In nördlichen Breiten dominiert im August ein bekannter Asterismus den Nachthimmel, das große Sommerdreieck. Beobachter, die auf der Südhalbkugel stehen, können weiterhin das Zentrum der Milchstraße betrachten, das noch immer hoch am Himmel steht.

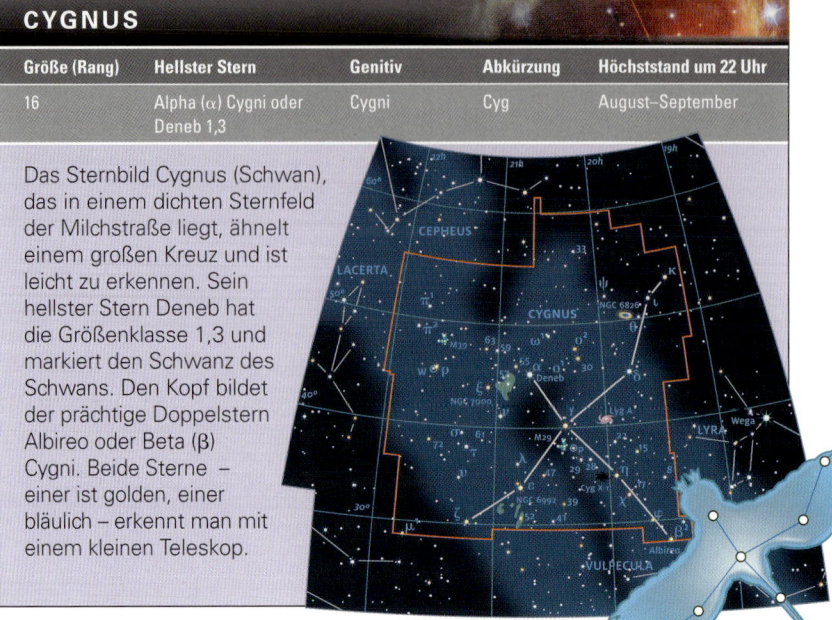

CYGNUS

Größe (Rang)	Hellster Stern	Genitiv	Abkürzung	Höchststand um 22 Uhr
16	Alpha (α) Cygni oder Deneb 1,3	Cygni	Cyg	August–September

Das Sternbild Cygnus (Schwan), das in einem dichten Sternfeld der Milchstraße liegt, ähnelt einem großen Kreuz und ist leicht zu erkennen. Sein hellster Stern Deneb hat die Größenklasse 1,3 und markiert den Schwanz des Schwans. Den Kopf bildet der prächtige Doppelstern Albireo oder Beta (β) Cygni. Beide Sterne – einer ist golden, einer bläulich – erkennt man mit einem kleinen Teleskop.

NÖRDLICHE BREITEN

STERNE

Direkt über dem Kopf des Betrachters leuchten die helle Wega in Lyra (Leier) und Deneb im Sternbild Cygnus (Schwan), das aufgrund seiner Form auch oft als nördliches Kreuz bezeichnet wird. Im Süden versinken Scutum (Schild), Scorpius (Skorpion) und Sagittarius (Schütze) hinter dem Horizont.

INTERESSANTE OBJEKTE

Auffällig in Cygnus ist der Cygnus-Spalt, bei dem es sich um eine dunkle Staubfahne handelt, die vor den Hintergrundsternen steht. Dadurch entsteht der Eindruck, als zöge sich ein Spalt durch die Galaxis. Auch der Wildentenhaufen (M11) in Scutum ist sehenswert und per Fernglas klar zu sehen.

METEORSCHAUER

Zu den schönsten Meteorschauern des Jahres zählen die Perseiden, die ihr Maximum um den 12. August erreichen. In dieser Zeit legt man sich am besten auf den Rücken und hält nach Meteoren Ausschau, von denen etwa einer pro Minute zu sehen sein sollte. Die hellen Meteore kommen scheinbar aus dem nördlichen Bereich von Perseus und sind am besten nach Mitternacht zu sehen.

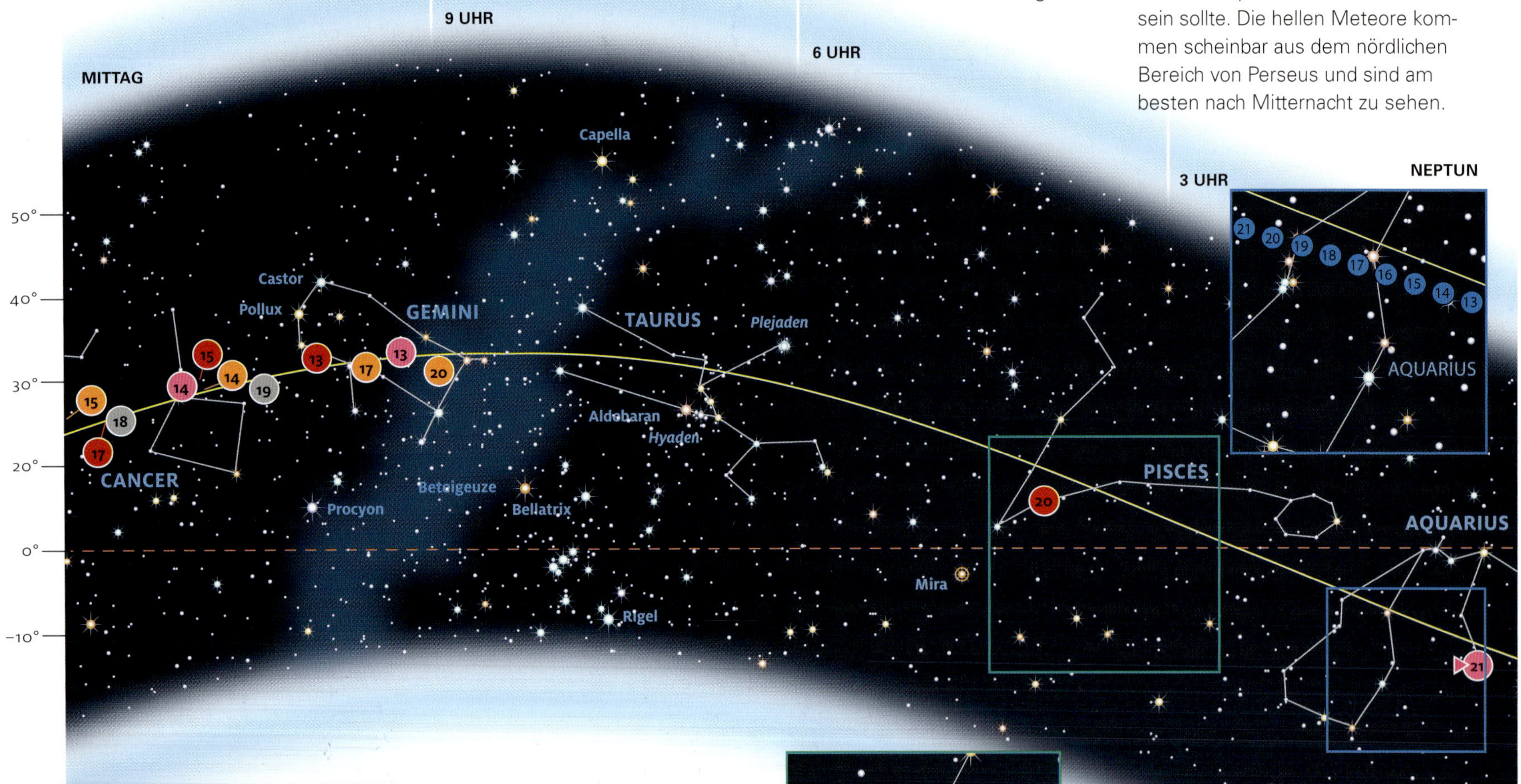

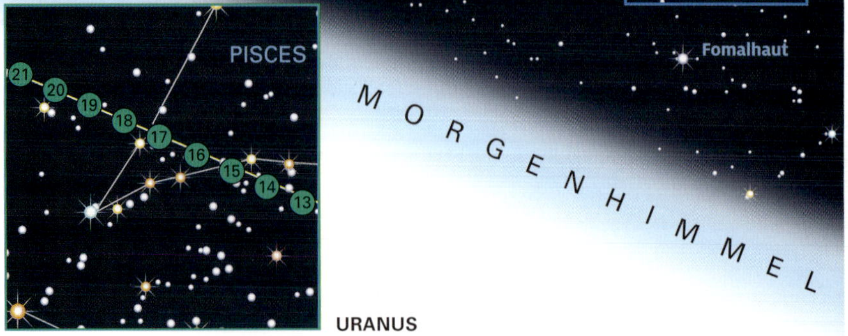

MITTAG

9 UHR

6 UHR

3 UHR

NEPTUN

Capella

Castor
Pollux
GEMINI
TAURUS
Plejaden

50°
40°
30°
20°
0°
–10°

15
14
17
15
18
19
13
14
17
13
20

CANCER
Procyon
Betelgeuze
Aldebaran
Hyaden
Bellatrix
Rigel
Mira

AQUARIUS
21 20 19 18 17 16 15 14 13

PISCES
20

AQUARIUS

21

Fomalhaut

MORGENHIMMEL

PISCES
21 20 19 18 17 16 15 14 13

Perseiden-Meteorschauer
Warme Augustnächte sind die beste Zeit, sich zurückzulehnen und den Meteorschauer der Perseiden am Nachthimmel zu beobachten.

URANUS

SÜDLICHE BREITEN

STERNE

In südlichen Breiten steht Sagittarius (Schütze) fast direkt über dem Kopf des Betrachters, während Scorpius (Skorpion) südwestlich von ihm liegt. Tief im Südwesten liegen die hellen Sterne Alpha (α) und Beta (β) Centauri, die man auch Rigil Kentaurus und Hadar nennt. Zusammen mit Centaurus (Zentaur) sinken sie unter den Horizont.

Tief über dem Horizont, zwischen den Sternen von Centaurus und Scorpius, befindet sich das Sternbild Lupus (Wolf) und im Osten liegt der helle Stern Fomalhaut im Sternbild Piscis Austrinus (südlicher Fisch). Zwischen Fomalhaut und den Sternen von Scorpius liegen die Sternbilder Grus (Kranich), Tucana (Tukan), Pavo (Pfau) und Ara (Altar). In klaren Nächten sieht man westlich des Sterns Achernar in Eridanus (Fluss) auch die Kleine Magellansche Wolke.

INTERESSANTE OBJEKTE

Die sternreichen Regionen von Sagittarius und Scutum (Schild), die beide hoch am Himmel stehen, bieten für Ferngläser und Teleskope eine erlesene Auswahl an Zielen. Und wer eine Art Weltraumspaziergang unternehmen möchte, »wandert« mit einem Fernglas entlang der Milchstraße von Scutum bis Centaurus.

Für Teleskope ist der Lagunennebel in Sagittarius ein wunderbares Ziel und bei ausreichend großem Blickfeld kann man auch den Trifidnebel (M20) sehen. In den reichhaltigen Sternfeldern in Scorpius befinden sich zwei interessante Offene Sternhaufen, M6 und M7, die beide mit bloßem Auge auszumachen sind. Das Sternfeld M24 in Sagittarius ist hingegen ein großartiges Ziel für Ferngläser. Weiter nördlich findet man den Planetarischen Nebel M57 oder Ringnebel. Sowohl er als auch der größere Planetarische Hantelnebel (M27), der im Sternbild Vulpecula (Füchschen) liegt, sind mit kleinen Teleskopen hervorragend zu sehen.

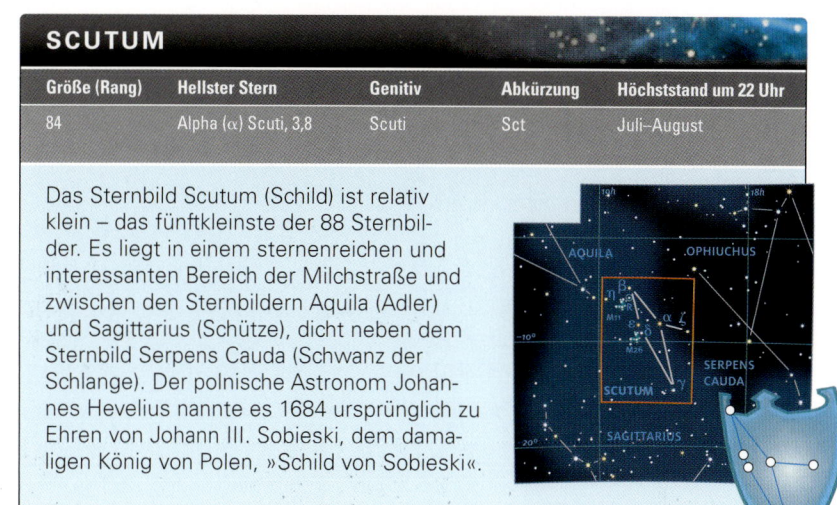

SCUTUM

Größe (Rang)	Hellster Stern	Genitiv	Abkürzung	Höchststand um 22 Uhr
84	Alpha (α) Scuti, 3,8	Scuti	Sct	Juli–August

Das Sternbild Scutum (Schild) ist relativ klein – das fünftkleinste der 88 Sternbilder. Es liegt in einem sternenreichen und interessanten Bereich der Milchstraße und zwischen den Sternbildern Aquila (Adler) und Sagittarius (Schütze), dicht neben dem Sternbild Serpens Cauda (Schwanz der Schlange). Der polnische Astronom Johannes Hevelius nannte es 1684 ursprünglich zu Ehren von Johann III. Sobieski, dem damaligen König von Polen, »Schild von Sobieski«.

Lagunennebel in Sagittarius

Der Lagunennebel oder M8 (unten rechts) ist bereits mit bloßem Auge zu sehen, aber auch für kleine Teleskope ein ausgezeichnetes Beobachtungsziel. Er liegt inmitten der reichhaltigen Sternfelder der Milchstraße.

MITTAG

15 UHR

40°

30°

MITTERNACHT

20°

18 UHR

LEO

21 UHR

Arktur

19

10°

Altair

13

15

Regulus

16

16

0°

VIRGO

21

18

17

−10°

13

Spica

14

18 14

CAPRICORNUS

OPHIUCHUS

15

21

20

20

16

18

17

19

16

Antares

18

19

SAGITTARIUS

Shaula

SCORPIUS

ABENDHIMMEL

POSITIONEN DER PLANETEN

Diese Karte zeigt die Positionen aller Planeten außer Merkur jeweils am 15. August der Jahre 2013 bis 2021. Jeder Planet wird durch einen Punkt von unterschiedlicher Farbe dargestellt, die Zahl darin gibt das betreffende Jahr an. Merkur wird nur aufgeführt, wenn er in größter Elongation (S. 25) steht. Weitere Daten enthält der Almanach im Anhang.

- ⬤ Merkur
- ⬤ Mars
- ⬤ Saturn
- ⬤ Neptun
- ⬤ Venus
- ⬤ Jupiter
- ⬤ Uranus

BEISPIELE

13 Position von Mars am 15. August 2013

▷16 Position von Saturn am 15. August 2016. Der Pfeil zeigt die retrograde Bewegung des Planeten an (S. 125).

AUGUST
NÖRDLICHE BREITEN

BEOBACHTUNGSZEITEN		
Datum	MEZ	MESZ
15. Juli	Mitternacht	1 Uhr
1. August	23 Uhr	Mitternacht
15. August	22 Uhr	23 Uhr
1. September	21 Uhr	22 Uhr
15. September	20 Uhr	21 Uhr

RICHTUNG **NORDEN**

Klare Sommernächte sind ideal, um die Galaxis zu bewundern, die sich im August von Auriga (Fuhrmann) und Perseus im Nordosten bis zu Scutum (Schild), Scorpius (Skorpion) und Sagittarius (Schütze) im Südwesten über den Nordhimmel erstreckt. Sie beherbergt viele Objekte, die man mit dem Fernglas sieht. So lassen sich nicht nur der Doppelsternhaufen (S. 22), sondern auch die Kugelsternhaufen M13 und M92 erkennen. Mit großen Teleskopen sind sogar die Galaxien M81 und M51 zu beobachten.

Milchstraße
Die Sternfelder der Milchstraße kann man hervorragend mit dem Fernglas erkunden. Es ist das gesammelte Licht ihrer Milliarden Sterne, die die Galaxis in dunklen Nächten so hell leuchten lassen.

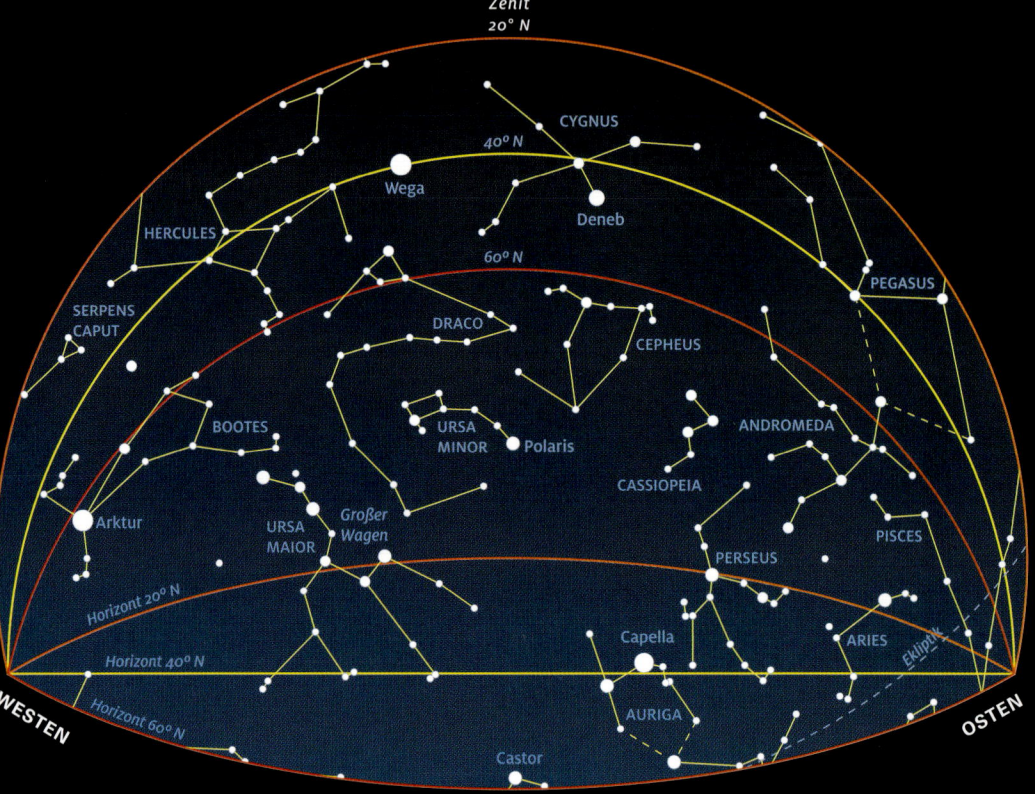

RICHTUNG **SÜDEN**

Im Süden gehören zwei Objekte zum Pflichtprogramm eines Beobachters. Das ist zum einen der Ringnebel (M57) westlich von Cygnus (Schwan), der seinen Namen erhielt, weil er im Teleskop wie ein grauer Raucherring erscheint. Zum anderen ist es der Hantelnebel (M27), der westlich von Pegasus liegt und in Teleskopen mit großer Öffnung an die Form einer Smokingfliege erinnert. Diese beiden Planetarischen Nebel sind enorme Gashüllen, die ein unserer Sonne ähnelnder Stern abstieß, als er unterging.

Hantelnebel
Östlich von Pegasus liegt der Hantelnebel, der in kleinen Teleskopen oder in Ferngläsern als verschwommener Fleck erscheint. Erst ein großes Teleskop zeigt seine auffällige Form deutlicher.

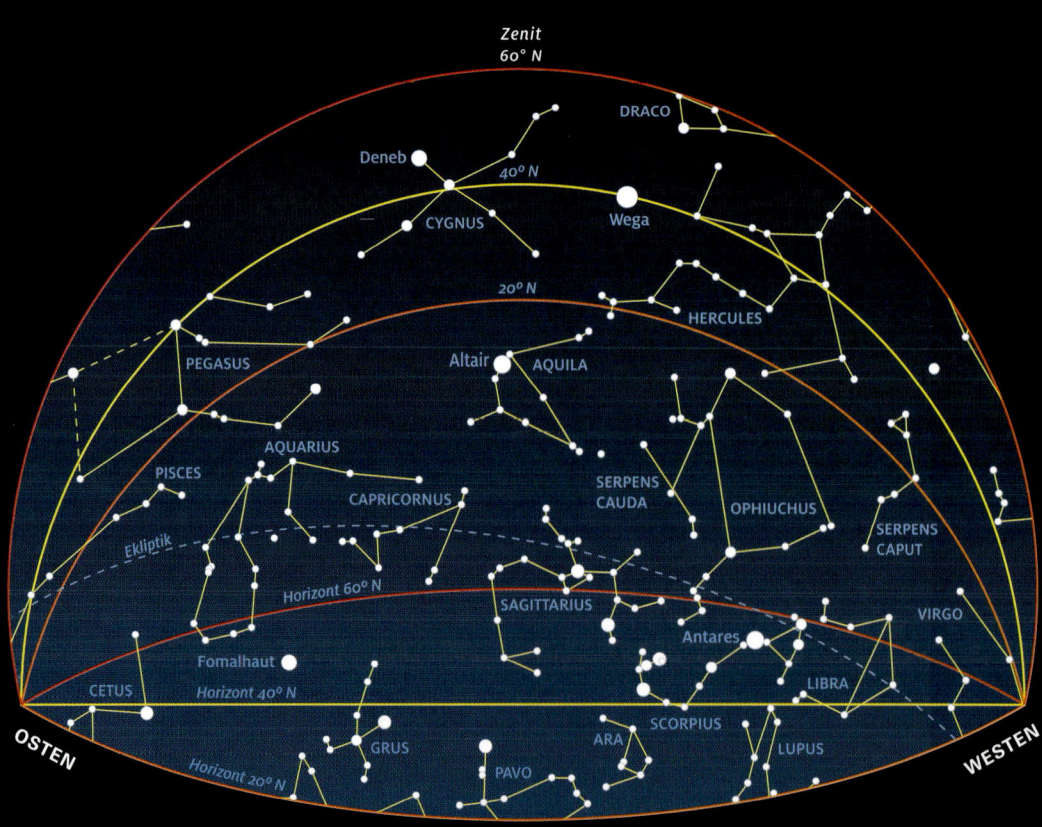

GRÖSSENKLASSE

● -1 ● 0 ● 1 ● 2 • 3 und höher

AUGUST
SÜDLICHE BREITEN

RICHTUNG **NORDEN**

Das Sternbild Cygnus (Schwan) enthält zwei Offene Sternhaufen, M29 und M39, die ein gutes Ziel für kleine Teleskope sind. M29 liegt dicht neben dem Stern Sadr oder Gamma (γ) Cygni, M39 (Größenklasse 4,6) funkelt vor den Sternen der Milchstraße und besteht aus etwa 30 Sternen. Höher am Himmel steht das Sternbild Capricornus (Steinbock), das den Kugelsternhaufen M30 und Beta (β) Capricorni enthält. Letzterer ist ein Doppelstern der Größenklasse 3,1, den man gut im Fernglas sieht.

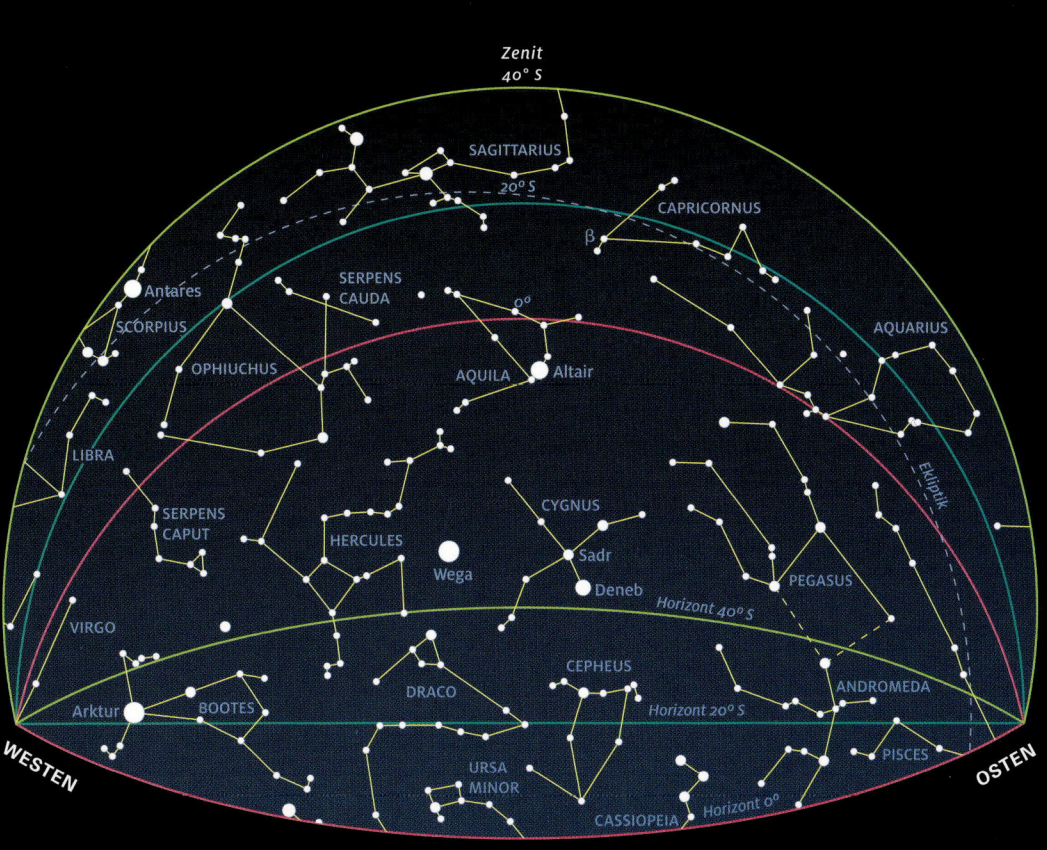

M39 in Cygnus
Der Offene Sternhaufen M39 erscheint am Himmel etwa so groß wie der Vollmond und liegt 825 Lichtjahre von uns entfernt. In klaren Nächten ist er ein gutes Ziel für Ferngläser und kleine Teleskope.

RICHTUNG **SÜDEN**

Im Süden steht Sagittarius (Schütze) hoch am Himmel – hier finden Beobachter unzählige Objekte. M17, der Omeganebel, ist ein gutes Ziel für kleine Teleskope. Diese glühende Wolke aus Wasserstoff erinnert an den griechischen Großbuchstaben Omega (ω). Der Offene Sternhaufen M23 und die Sagittarius-Sternwolke M24 eignen sich hingegen auch für Ferngläser sehr gut. Um den dunklen Nebel M20 mit Größenklasse 9, auch Trifidnebel genannt, klar zu erkennen, benötigt man jedoch ein großes Teleskop.

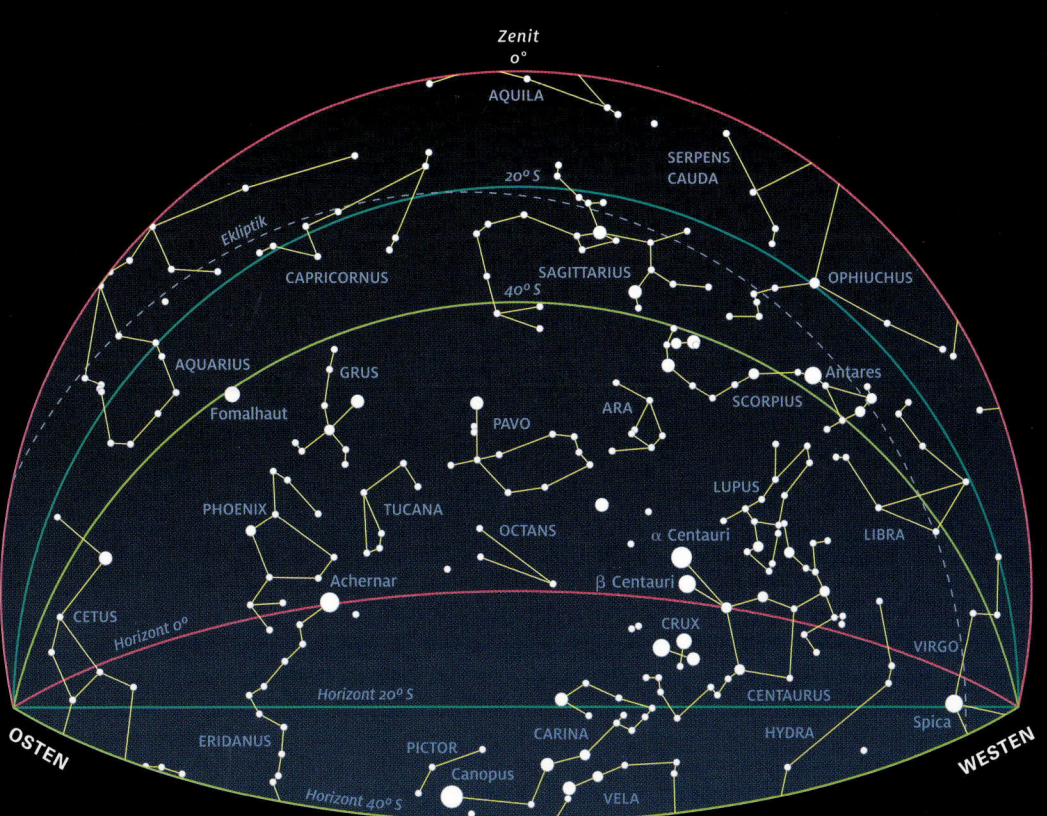

Trifidnebel
Der Trifidnebel im Sternbild Sagittarius ist eine Gaswolke, die 7600 Lichtjahre von uns entfernt ist. In seinem Zentrum liegt ein junger Sternhaufen, aufgrund dessen der Nebel leuchtet.

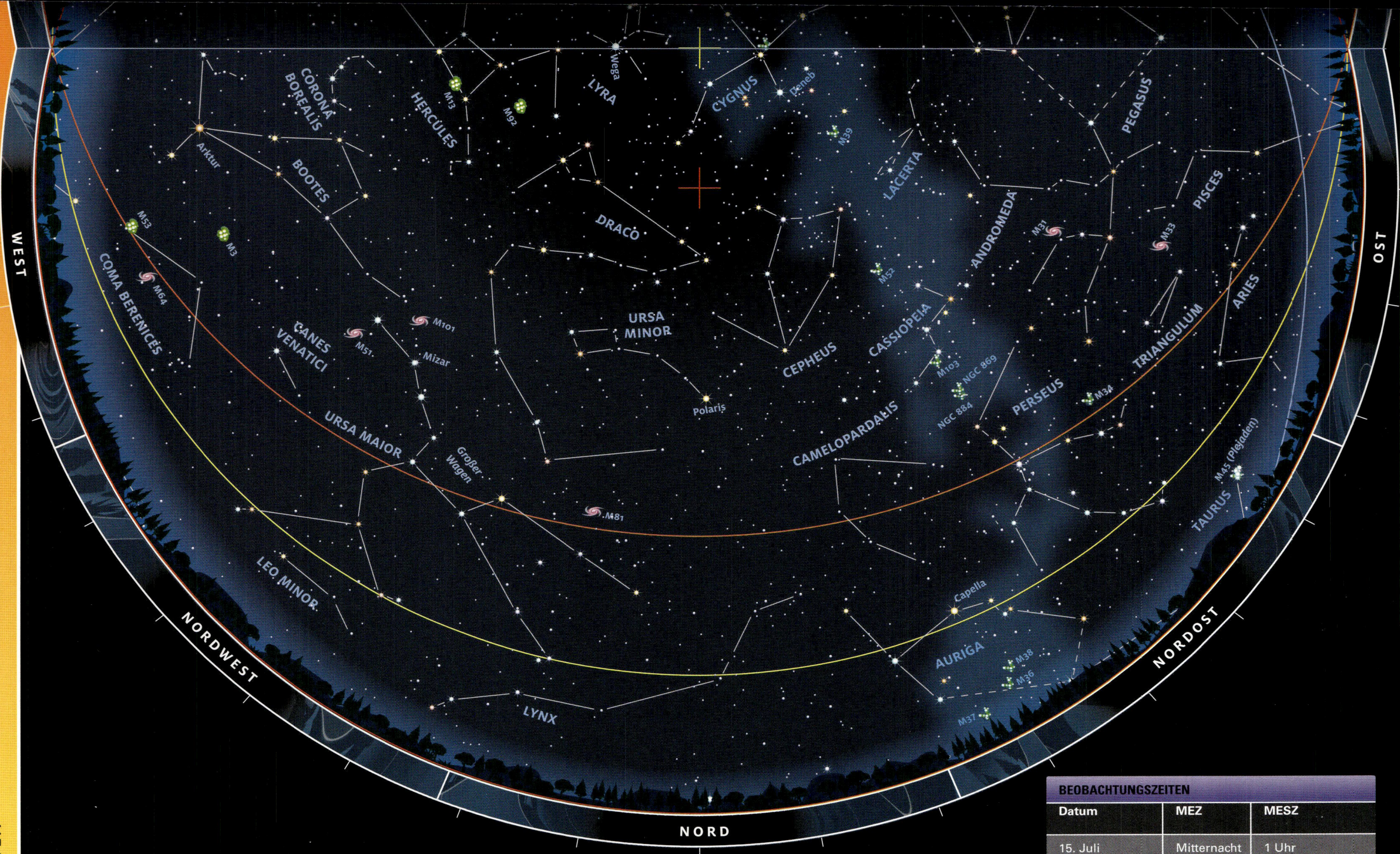

AUGUST | NÖRDLICHE BREITEN

GRÖSSENKLASSEN

- -1
- 0
- 1
- 2
- 3
- 4
- 5
- Veränderliche

HIMMELSOBJEKTE

- Galaxie
- Kugelsternhaufen
- Offener Sternhaufen
- Diffuser Nebel
- Planetarischer Nebel

REFERENZPUNKTE

Horizont	
60° N	
40° N	
20° N	
Zenit	
60° N	
40° N	
20° N	
	Ekliptik

RICHTUNG NORDEN

BEOBACHTUNGSZEITEN		
Datum	**MEZ**	**MESZ**
15. Juli	Mitternacht	1 Uhr
1. August	23 Uhr	Mitternacht
15. August	22 Uhr	23 Uhr
1. September	21 Uhr	22 Uhr
15. September	20 Uhr	21 Uhr

WEST

NORDWEST

NORD

NORDOST

OST

COMA BERENICES
M64
M53
M3
Arktur
LEO MINOR
CANES VENATICI
M51
M101
Mizar
URSA MAIOR
Großer Wagen
BOOTES
CORONA BOREALIS
HERCULES
M13
M92
LYRA
Wega
LYNX
M81
DRACO
URSA MINOR
Polaris
CEPHEUS
CYGNUS
Deneb
M39
CAMELOPARDALIS
CASSIOPEIA
M52
LACERTA
AURIGA
Capella
M37
M36
M38
NGC 884
M103
NGC 869
ANDROMEDA
M31
PERSEUS
M34
PEGASUS
TRIANGULUM
M33
PISCES
TAURUS
M45 (Plejaden)
ARIES

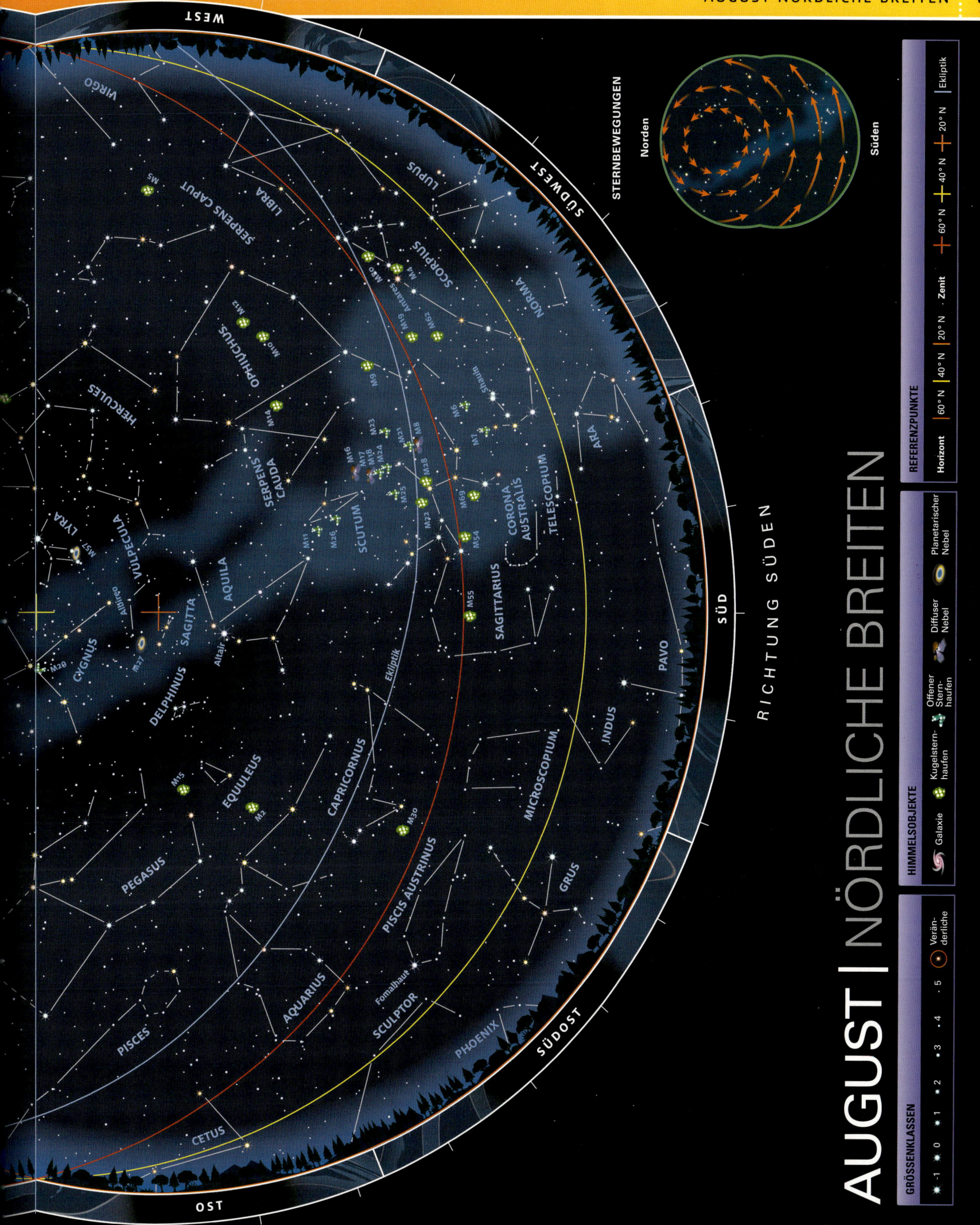

AUGUST | NÖRDLICHE BREITEN

STERNBEWEGUNGEN

Norden

Süden

RICHTUNG SÜDEN

REFERENZPUNKTE

| Horizont | 60° N | 40° N | 20° N | Zenit |

+ 60° N + 40° N + 20° N

HIMMELSOBJEKTE

Galaxie

Kugelstern-haufen

Offener Stern-haufen

Diffuser Nebel

Planetarischer Nebel

GRÖSSENKLASSEN

-1 0 1 2 3 4 5

Verän-derliche

Ekliptik

WEST

WEST

SÜDWEST

SÜD

SÜDOST

OST

VIRGO

M5

SERPENS CAPUT

LIBRA

M12

OPHIUCHUS

M10

HERCULES

LYRA

M57

VULPECULA

Albireo

CYGNUS

M29

SAGITTA

M27

DELPHINUS

AQUILA

Altair

SERPENS CAUDA

SCUTUM

M11

M26

M16

M17

M18

M24

M25

M21

M23

M28

M22

M69

M55

M54

M20

M19

Antares

M4

M6

M62

M9

M7

SCORPIUS

LUPUS

NORMA

ARA

CORONA AUSTRALIS

TELESCOPIUM

SAGITTARIUS

Shaula

PAVO

INDUS

MICROSCOPIUM

GRUS

PHOENIX

PISCIS AUSTRINUS

Fomalhaut

SCULPTOR

AQUARIUS

CAPRICORNUS

M30

EQUULEUS

M2

M15

PEGASUS

PISCES

CETUS

Ekliptik

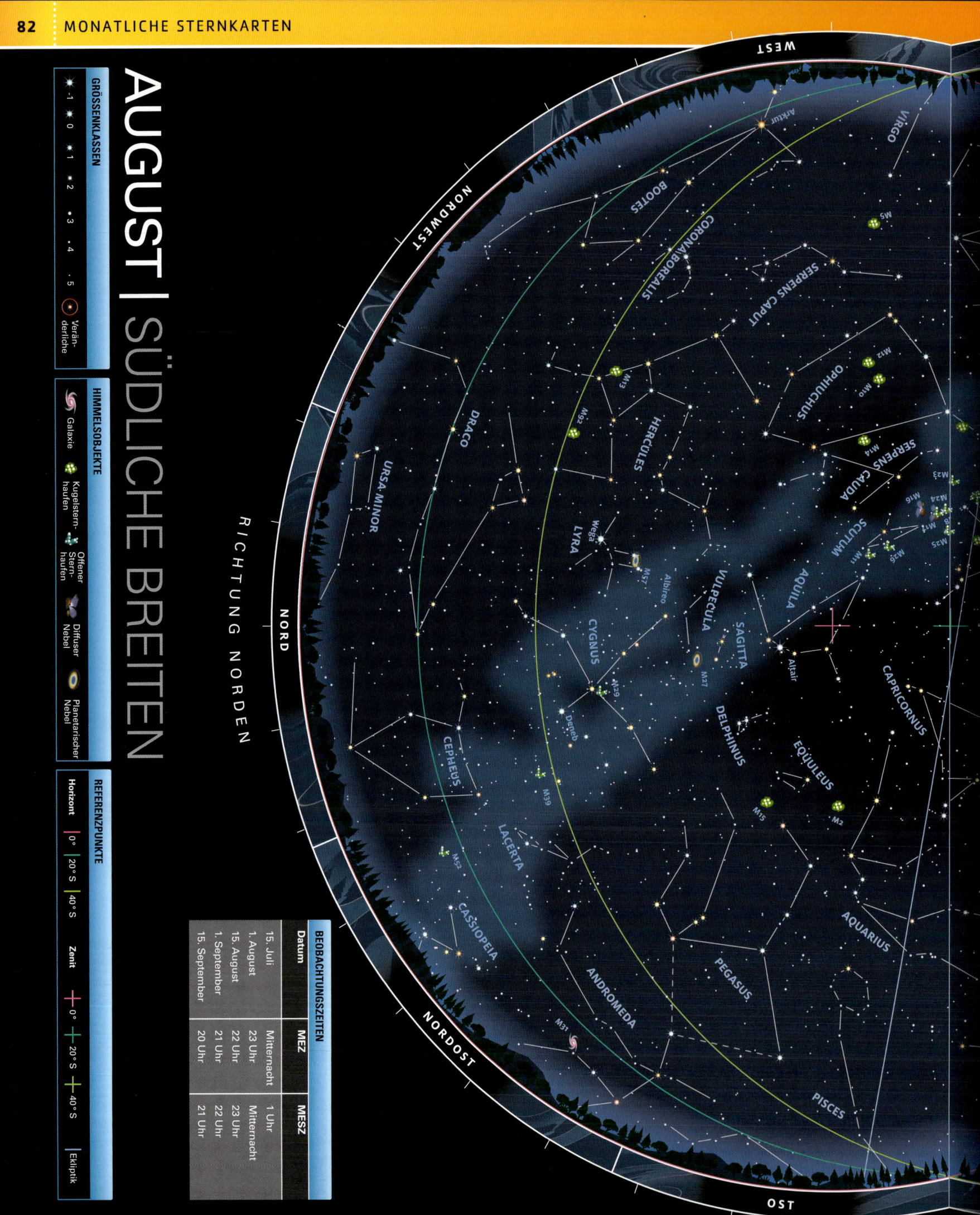

AUGUST | SÜDLICHE BREITEN

RICHTUNG NORDEN

GRÖSSENKLASSEN
- -1
- 0
- 1
- 2
- 3
- 4
- 5
- Verän-derliche

HIMMELSOBJEKTE
- Galaxie
- Kugelstern-haufen
- Offener Stern-haufen
- Diffuser Nebel
- Planetarischer Nebel

REFERENZPUNKTE

Horizont
- 0°
- 20° S
- 40° S

Zenit
- 0°
- 20° S
- 40° S

Ekliptik

BEOBACHTUNGSZEITEN		
Datum	MEZ	MESZ
15. Juli	Mitternacht	1 Uhr
1. August	23 Uhr	Mitternacht
15. August	22 Uhr	23 Uhr
1. September	21 Uhr	22 Uhr
15. September	20 Uhr	21 Uhr

WEST
NORDWEST
NORD
NORDOST
OST

VIRGO
BOOTES
CORONA BOREALIS
SERPENS CAPUT
OPHIUCHUS
DRACO
HERCULES
URSA MINOR
LYRA
Wega
Albireo
VULPECULA
SAGITTA
SERPENS CAUDA
SCUTUM
AQUILA
CYGNUS
Altair
CAPRICORNUS
Deneb
DELPHINUS
CEPHEUS
EQUULEUS
M39
M15
M2
LACERTA
AQUARIUS
CASSIOPEIA
PEGASUS
ANDROMEDA
PISCES
M31
M52
M29
M27
M57
M92
M13
M5
M12
M10
M14
M23
M16
M24
M17
M25
M11
M26
Arktur

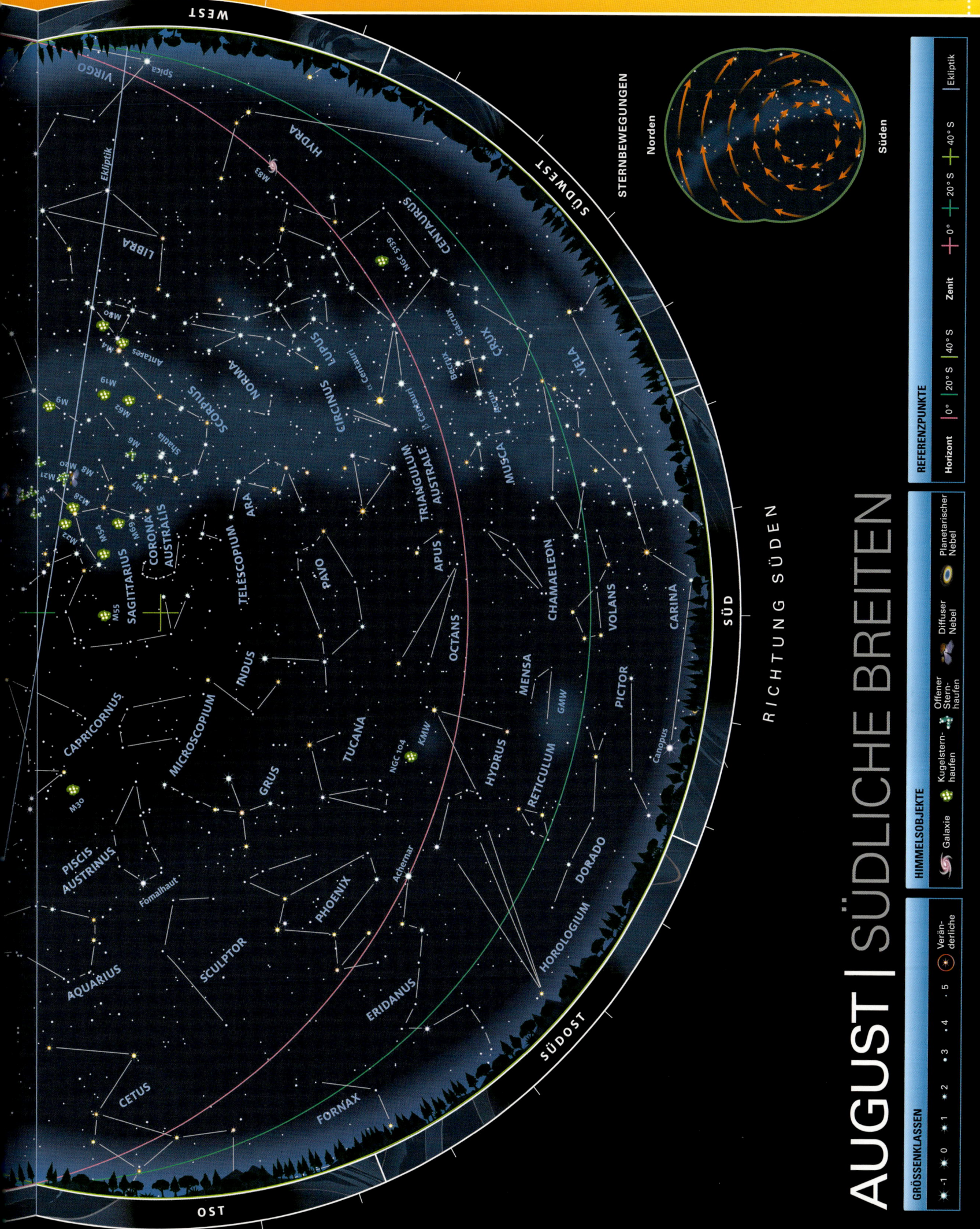

AUGUST | SÜDLICHE BREITEN

WEST

NORDEN

SÜDEN

STERNBEWEGUNGEN

RICHTUNG SÜDEN

SÜDWEST

SÜD

SÜDOST

OST

WEST

GRÖSSENKLASSEN
-1 0 1 2 3 4 5 Veränderliche

HIMMELSOBJEKTE
Galaxie Kugelstern-haufen Offener Stern-haufen Diffuser Nebel Planetarischer Nebel

REFERENZPUNKTE
Horizont 0° 20° S 40° S Zenit Ekliptik

VIRGO
Spica
Ekliptik
LIBRA
HYDRA
M83
SCORPIUS
M80
M4
Antares
M19
M62
M9
Shaula
M6
M7
NORMA
LUPUS
CIRCINUS
CENTAURUS
NGC 5139
α Centauri
β Centauri
CRUX
Becrux
Gacrux
Acrux
MUSCA
VELA
TRIANGULUM AUSTRALE
ARA
APUS
CHAMAELEON
CARINA
Canopus
VOLANS
PICTOR
MENSA
GMW
RETICULUM
HYDRUS
OCTANS
PAVO
TELESCOPIUM
CORONA AUSTRALIS
SAGITTARIUS
M55
M54
M69
M28
M22
M25
M24
M21
M23
M20
M8
M17
INDUS
MICROSCOPIUM
TUCANA
KMW
NGC 104
GRUS
CAPRICORNUS
M30
PISCIS AUSTRINUS
Fomalhaut
AQUARIUS
SCULPTOR
PHOENIX
Achernar
ERIDANUS
HOROLOGIUM
DORADO
FORNAX
CETUS

SEPTEMBER

Im September werden die Nächte auf der Nordhalbkugel länger und dunkler und die Sternbilder entlang der Milchstraße sind wieder besser zu beobachten. Auf der Südhalbkugel wandert das Zentrum der Milchstraße nach Westen.

NÖRDLICHE BREITEN

STERNE

Hoch am Nachthimmel steht das Sternbild Cepheus (Kepheus). Einer seiner Sterne, Delta (δ) Cephei, ist ein Veränderlicher und ist bei Amateurastronomen beliebt. Seine Helligkeit schwankt im Rhythmus von 5 Tagen und 9 Stunden zwischen den Größenklassen 3,5 und 4,4.

Im Westen sieht man noch die Sterne des Sommerdreiecks, während im Osten die Sternbilder Cassiopeia und Andromeda zu sehen sind. Das annähernd dreieckige Sternbild Capricornus (Steinbock) liegt im Süden.

INTERESSANTE OBJEKTE

Eine wahre Herausforderung stellt diesen Monat der Nordamerikanebel (NGC 7000) dar. Von Standorten, an denen die Lichtverschmutzung stark ist, ist er kaum zu erkennen, aber von dunklen Orten aus kann man ihn mit dem Fernglas in der Nähe des Sterns Deneb in Cygnus (Schwan) entdecken. Wer ein Juwel des Nachthimmels sehen will, beobachtet durch ein Fernglas den schönen Kugelsternhaufen M15, der in der Nähe des Sterns Enif oder Epsilon (ε) Pegasi liegt. Auch der Offene Sternhaufen M39 in Cygnus ist für Ferngläser oder kleine Teleskope ein lohnendes Objekt.

PEGASUS

Größe (Rang)	Hellster Stern	Genitiv	Abkürzung	Höchststand um 22 Uhr
7	Epsilon (ε) Pegasi oder Enif, 2,4	Pegasi	Peg	September–Oktober

Das Sternbild Pegasus ist am nördlichen Himmel vor allem im Spätsommer und Herbst leicht zu finden. Sein auffälligstes Merkmal ist ein Asterismus, das Pegasusquadrat, das den Korpus des geflügelten Pferds formt. Das Quadrat führt den Beobachter auch zum Sternbild Andromeda, in dem die großartige Spiralgalaxie M31 liegt, der Andromedanebel.

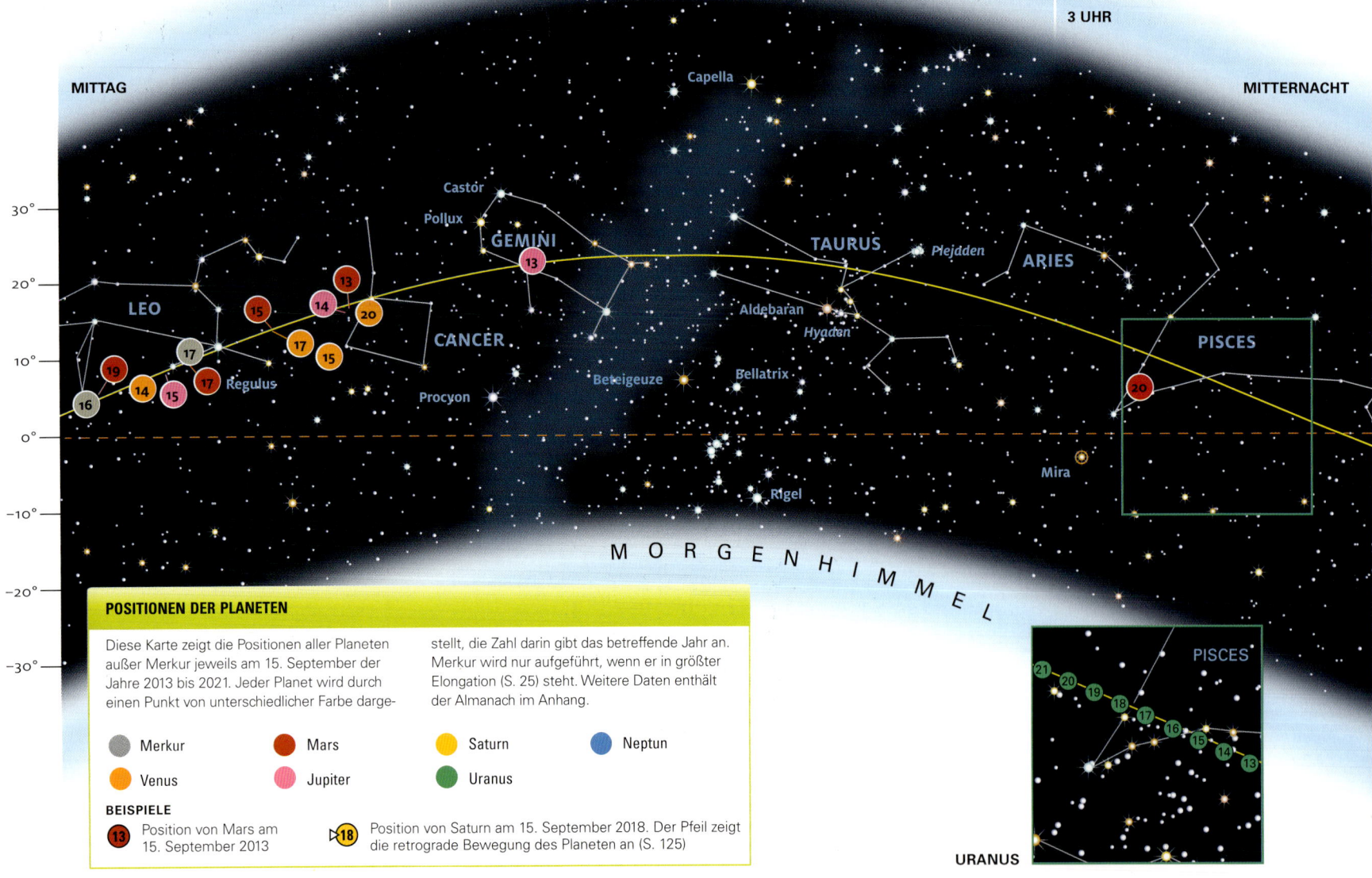

POSITIONEN DER PLANETEN

Diese Karte zeigt die Positionen aller Planeten außer Merkur jeweils am 15. September der Jahre 2013 bis 2021. Jeder Planet wird durch einen Punkt von unterschiedlicher Farbe dargestellt, die Zahl darin gibt das betreffende Jahr an. Merkur wird nur aufgeführt, wenn er in größter Elongation (S. 25) steht. Weitere Daten enthält der Almanach im Anhang.

- ⬤ Merkur
- ⬤ Mars
- ⬤ Saturn
- ⬤ Neptun
- ⬤ Venus
- ⬤ Jupiter
- ⬤ Uranus

BEISPIELE

⑬ Position von Mars am 15. September 2013

▷⑱ Position von Saturn am 15. September 2018. Der Pfeil zeigt die retrograde Bewegung des Planeten an (S. 125)

SÜDLICHE BREITEN

STERNE

Für Beobachter auf der Südhalbkugel lohnen sich in diesem Monat die reichhaltigen Gebiete der Sternbilder Scorpius (Skorpion) und Ophiuchus (Schlangenträger), bevor sie am westlichen Horizont untergehen. Direkt über ihnen liegt das Zentrum der Milchstraße mit seinen vielen Sternhaufen und hellen Nebeln.

Im Gegensatz dazu ist die östliche Hälfte des Himmels relativ leer, auch wenn sich dort noch die Stern-bilder Pisces (Fische), Cetus (Walfisch) und Eridanus (Fluss) zeigen.

INTERESSANTE OBJEKTE

Diesen Monat kann man noch gut die Sternbilder Scorpius, Sagittarius (Schütze) und Scutum (Schild) beobachten, bevor sie unter den Horizont sinken. Zu den beeindruckendsten Objekten in diesen Sternbildern zählen M8, der Lagunennebel, die Offenen Sternhaufen M6 und M7 sowie der Kugelsternhaufen M22.

Das Sternbild Aquarius (Wassermann) steht nahezu über dem Kopf des Beobachters. Es enthält mehrere Himmelsobjekte wie den Planetarischen Nebel NGC 7293, den man auch Helixnebel nennt. Um diesen Nebel zu sehen, ist ein dunkler Standort, eine klare Nacht und ein

relativ großes Teleskop nötig. Doch auch Beobachter, die den Nachthimmel mit dem Fernglas beobachten, kommen auf ihre Kosten: Der Kugelsternhaufen M2 in Aquarius in der Nähe des Sterns Beta Aquarii und ein Kugelsternhaufen in Pegasus, M15, stehen noch immer am Himmel.

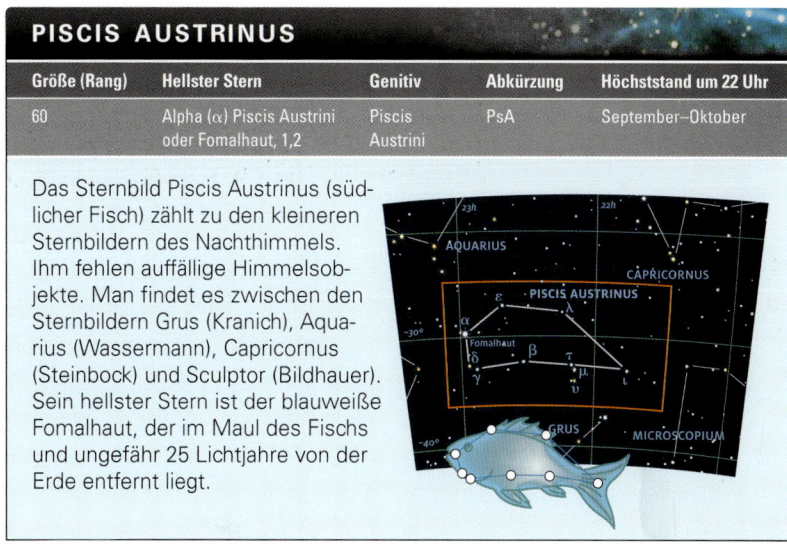

PISCIS AUSTRINUS

Größe (Rang)	Hellster Stern	Genitiv	Abkürzung	Höchststand um 22 Uhr
60	Alpha (α) Piscis Austrini oder Fomalhaut, 1,2	Piscis Austrini	PsA	September–Oktober

Das Sternbild Piscis Austrinus (südlicher Fisch) zählt zu den kleineren Sternbildern des Nachthimmels. Ihm fehlen auffällige Himmelsobjekte. Man findet es zwischen den Sternbildern Grus (Kranich), Aquarius (Wassermann), Capricornus (Steinbock) und Sculptor (Bildhauer). Sein hellster Stern ist der blauweiße Fomalhaut, der im Maul des Fischs und ungefähr 25 Lichtjahre von der Erde entfernt liegt.

Die Kleine Magellansche Wolke
Im Sternbild Tucana auf der Südhalbkugel liegt die Kleine Magellansche Wolke – dicht neben dem wunderschönen Kugelsternhaufen 47 Tucanae, der auch als NGC 104 geführt wird.

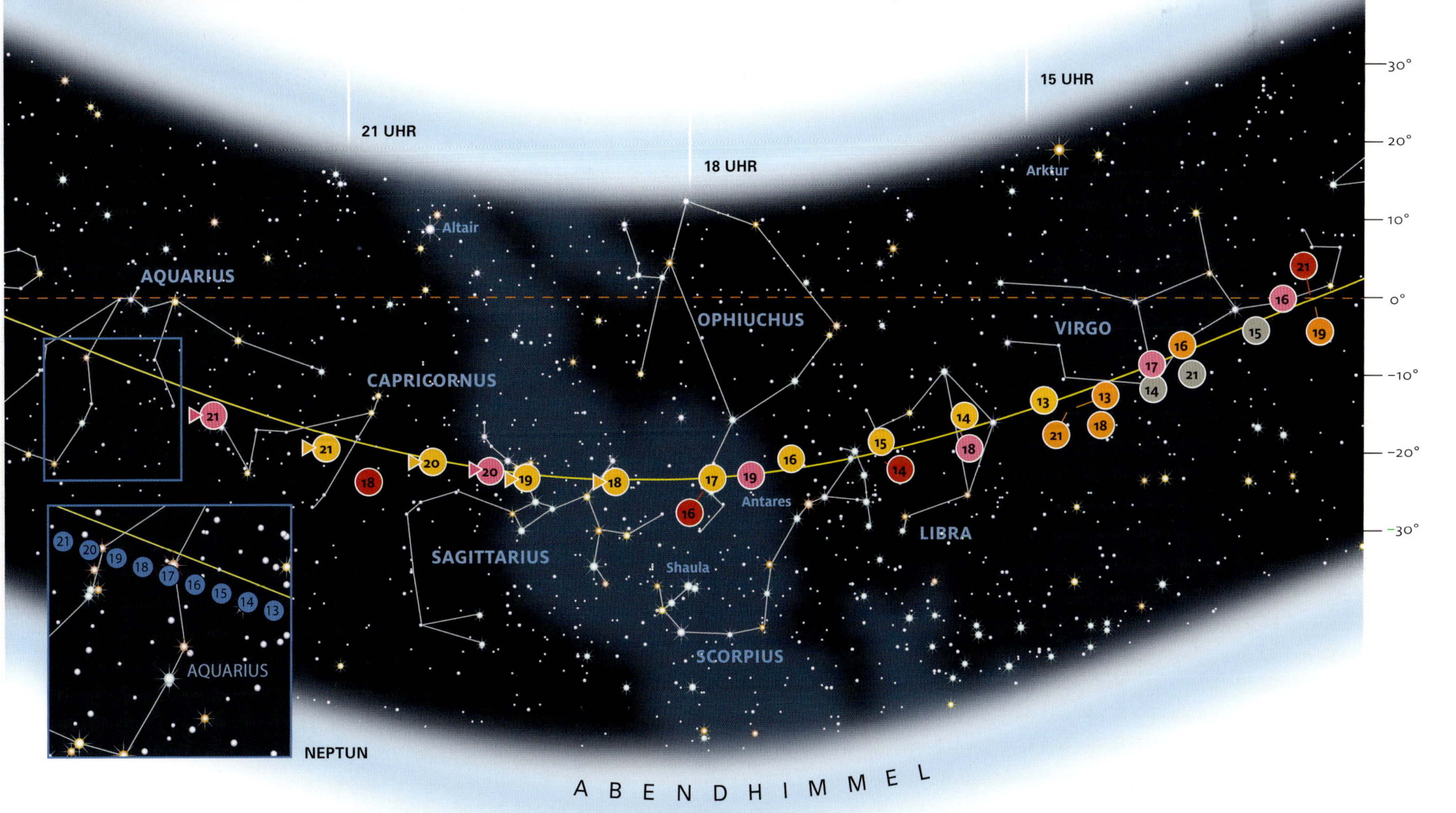

ABENDHIMMEL

SEPTEMBER
NÖRDLICHE BREITEN

RICHTUNG **NORDEN**

Im Norden liegt zwischen den Sternbildern Ursa Minor (Kleiner Bär), Cepheus (Kepheus) und Hercules das Sternbild Draco (Drachen). An der Spitze der Drachenzunge steht der Doppelstern 16 und 17 Draconis, den bereits Ferngläser in zwei Sterne auflösen. Auch der Doppelstern Ny (ν) Draconis im Kopf des Drachens ist mit einem Fernglas gut zu sehen. Oberhalb des hellen Sterns Wega befindet sich das Mehrfachsternsystem Epsilon (ε) Lyrae, das ein schönes Ziel für Teleskope darstellt.

Epsilon (ε) Lyrae
Dieses Vierfachsternsystem nennt man auch den Doppel-Doppelstern. Durch ein Fernglas sieht man ihn als zwei Sterne, die jedoch ein kleines Teleskop in zwei Sternpaare auflöst.

RICHTUNG **SÜDEN**

Im Osten liegt der Andromedanebel (M31) im Zentrum von Andromeda. Von dunklen Standorten aus sieht man ihn mit bloßem Auge. Im Fernglas erscheint er etwas verschwommen, doch ein kleines Teleskop zeigt ihn deutlicher.

Der Coathanger oder Brocchis Sternhaufen, der im Westen zwischen Cygnus (Schwan) und Aquila (Adler) liegt, ist ein Ziel für Ferngläser, genauso wie der Doppelstern Gamma (γ) Equulei, der sich östlich von Aquila neben dem Stern Enif in Pegasus befindet.

Coathanger, ein Asterismus
Der Kleiderbügelumriss des Coathanger südlich von Cygnus wird von zehn Sternen geformt. Sie bilden jedoch keinen Sternhaufen, sondern liegen nur zufällig in unserer Blickrichtung von der Erde aus.

BEOBACHTUNGSZEITEN		
Datum	MEZ	MESZ
15. August	Mitternacht	1 Uhr
1. September	23 Uhr	Mitternacht
15. September	22 uhr	23 Uhr
1. Oktober	21 Uhr	22 Uhr
15. Oktober	20 Uhr	21 Uhr

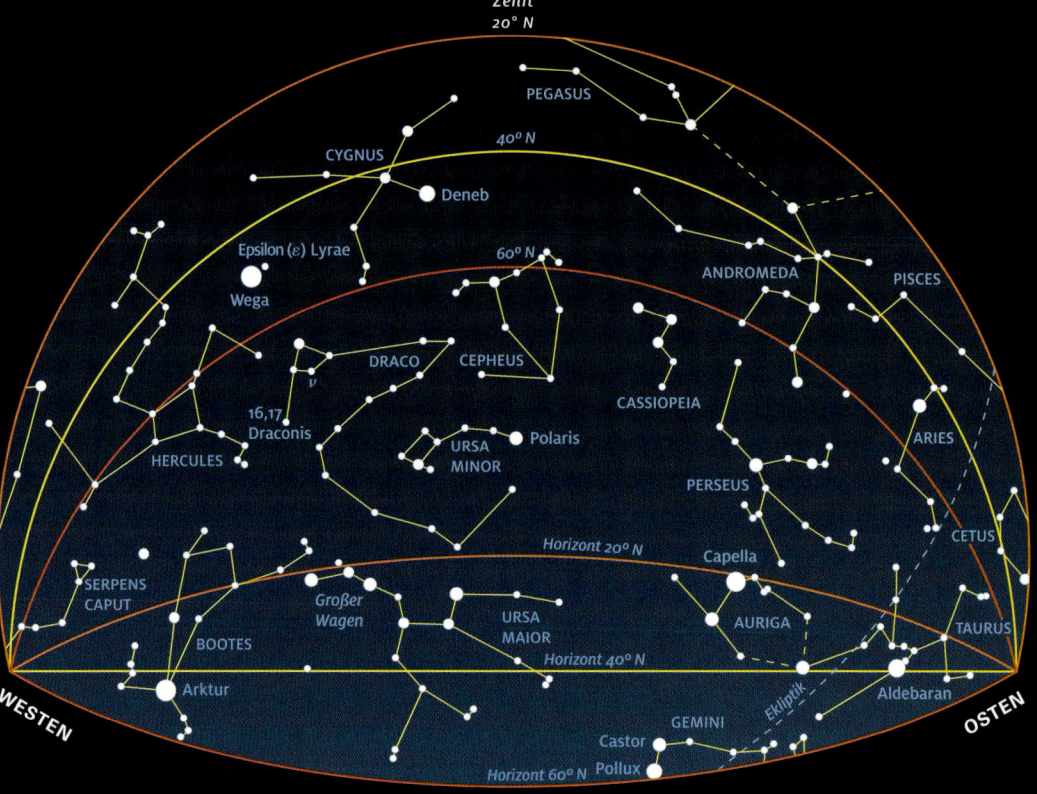

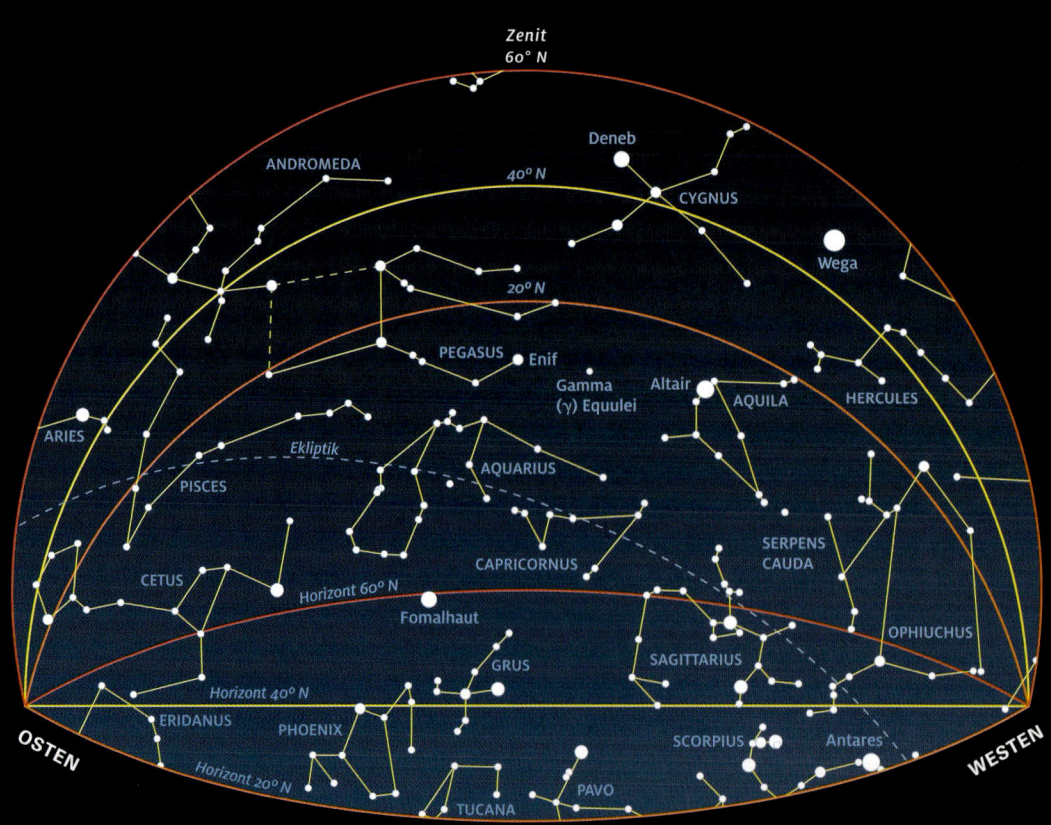

GRÖSSENKLASSE

● -1 ● 0 ● 1 ● 2 • 3 und höher

SEPTEMBER
SÜDLICHE BREITEN

RICHTUNG **NORDEN**

Den vermutlich 13,2 Mrd. Jahre alten Kugelsternhaufen M15, der südwestlich des Sterns Enif oder Epsilon (ε) Pegasi in Pegasus liegt, sieht man bereits mit dem Fernglas, doch ein kleines Teleskop zeigt ihn klarer. Im Nordosten im Sternbild Aquarius (Wassermann) liegen weitere schöne Himmelsobjekte. So erscheint der Kugelsternhaufen M2 im Fernglas als unscharfer Stern – der Planetarische Nebel NGC 7293, der Helixnebel, ist hingegen in kleinen Teleskopen als verschwommene Scheibe zu sehen.

M15 in Pegasus
Der Kugelsternhaufen M15 ist ungefähr 175 Lichtjahre groß und 30 000 Lichtjahre von der Erde entfernt. Ein Teleskop mit einer 150-mm-Öffnung zeigt viele seiner funkelnden Sterne.

RICHTUNG **SÜDEN**

Der Kugelsternhaufen 47 Tucanae ist für Beobachter des südlichen Septemberhimmels Pflicht. Er liegt im Süden des Sternbilds Tucana (Tukan). Mit bloßem Auge sieht man nur einen unscharfen Stern, während kleine Teleskope sein helles Zentrum und viele seiner Sterne zeigen. Dieser Haufen ist etwa 15 000 Lichtjahre entfernt. Andere sichtbare Ziele sind die Kugelsternhaufen M22 in Sagittarius (Schütze), NGC 6397 in Ara (Altar) und M4 in Scorpius (Skorpion), in dem auch die Offenen Sternhaufen M6 und M7 liegen.

M4 in Scorpius
Der Kugelsternhaufen M4 im Sternbild Scorpius bietet einen schönen Anblick. Er liegt neben dem Stern Antares, Alpha (α) Scorpii, und ist durch Ferngläser oder kleine Teleskope zu sehen.

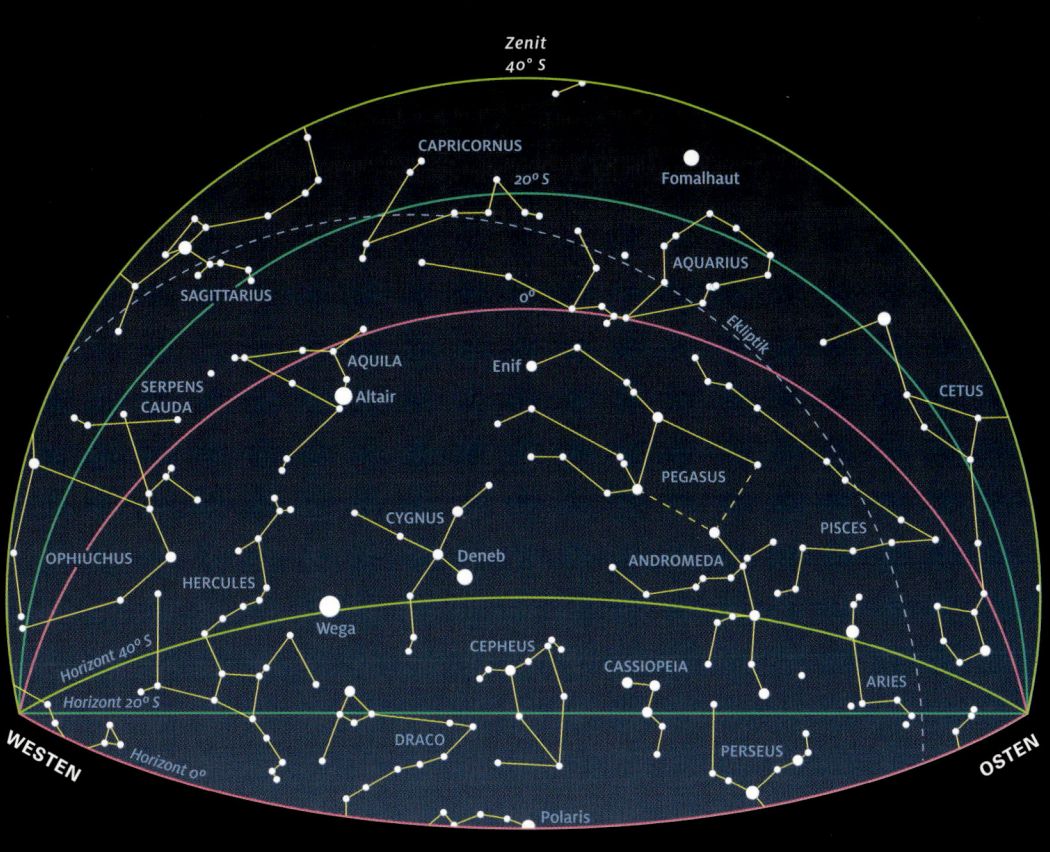

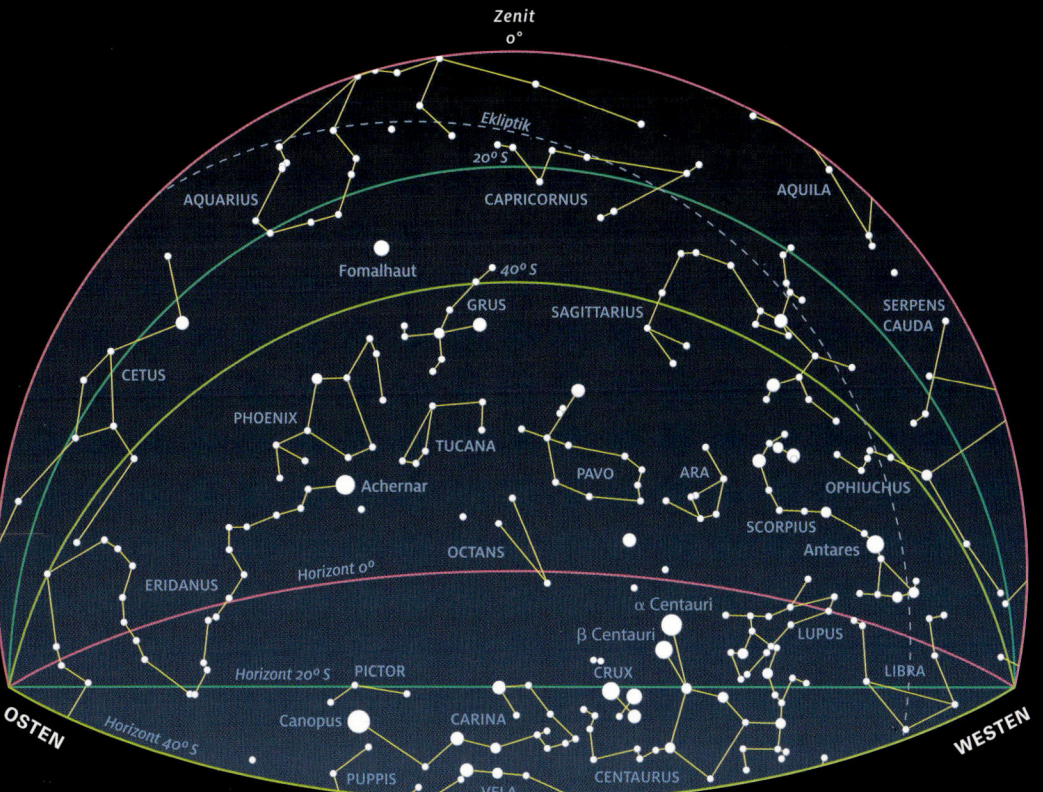

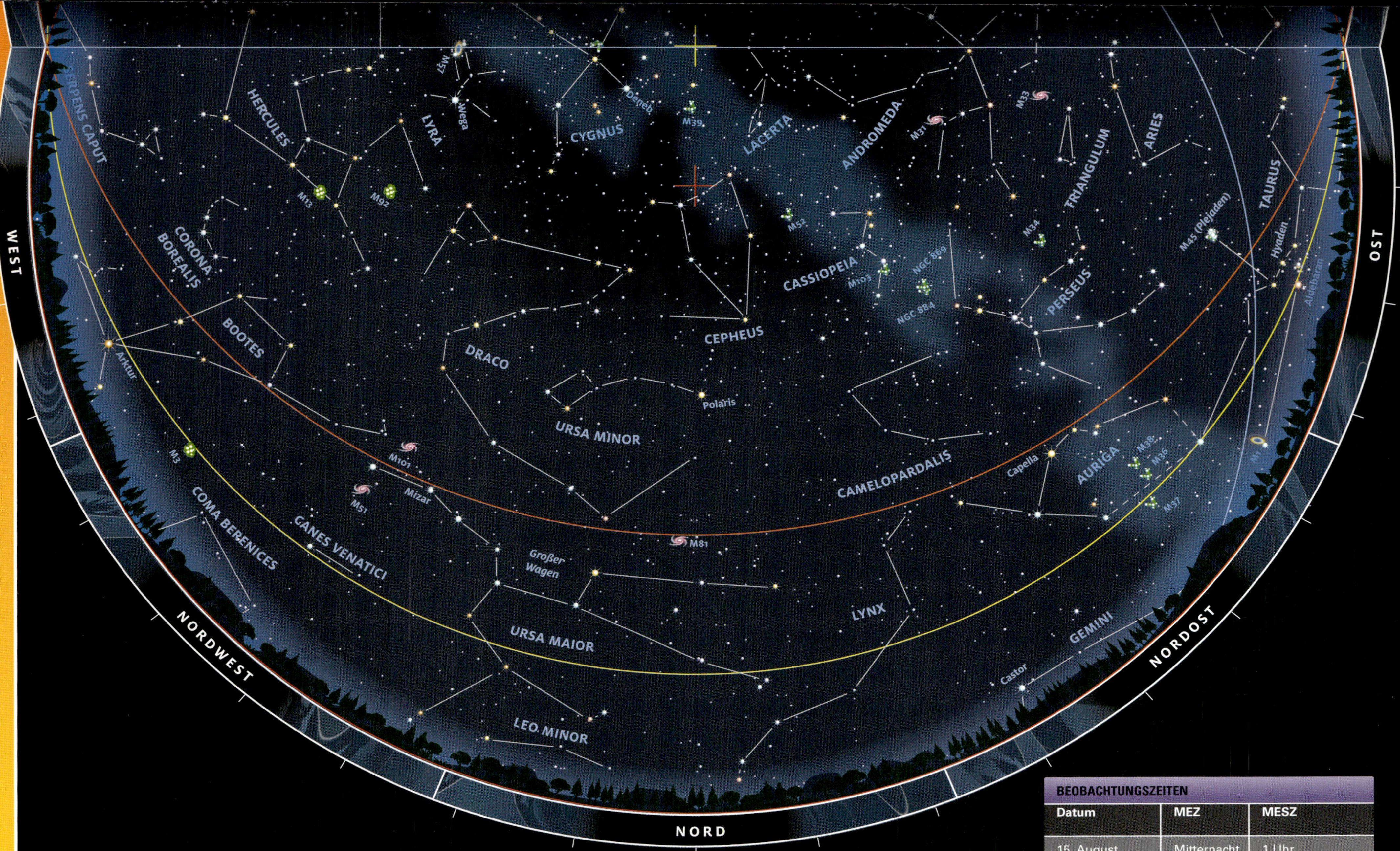

SEPTEMBER | NÖRDLICHE BREITEN

RICHTUNG NORDEN

GRÖSSENKLASSEN

- −1
- 0
- 1
- 2
- 3
- 4
- 5
- Veränderliche

HIMMELSOBJEKTE

- Galaxie
- Kugelsternhaufen
- Offener Sternhaufen
- Diffuser Nebel
- Planetarischer Nebel

REFERENZPUNKTE

- Horizont
- 60° N
- 40° N
- 20° N
- Zenit
- 60° N
- 40° N
- 20° N
- Ekliptik

BEOBACHTUNGSZEITEN

Datum	MEZ	MESZ
15. August	Mitternacht	1 Uhr
1. September	23 Uhr	Mitternacht
15. September	22 Uhr	23 Uhr
1. Oktober	21 Uhr	22 Uhr
15. Oktober	20 Uhr	21 Uhr

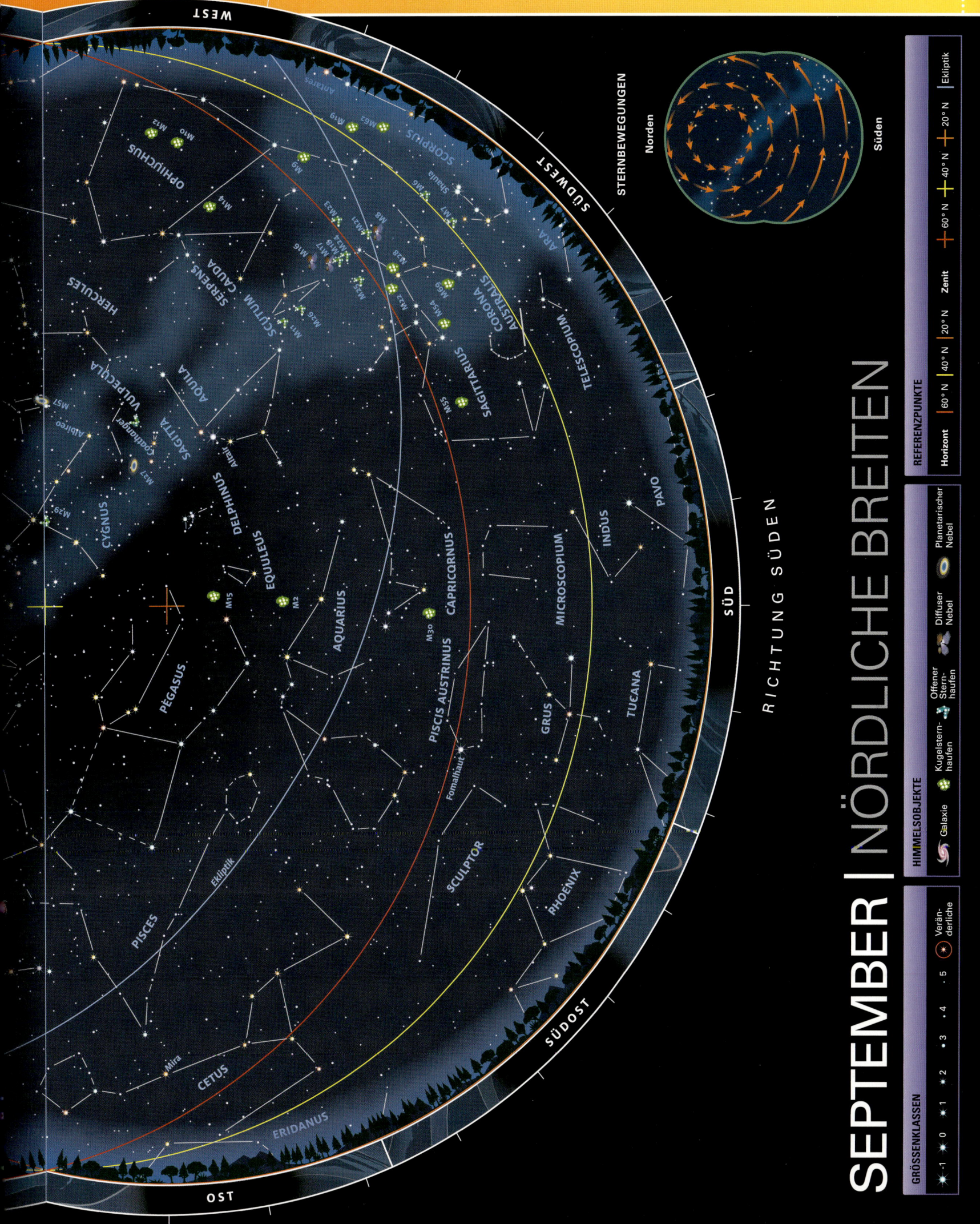

SEPTEMBER | SÜDLICHE BREITEN

RICHTUNG NORDEN

GRÖSSENKLASSEN

- ·−1
- ·0
- ·1
- ·2
- ·3
- ·4
- ·5
- ⊙ Veränderliche

HIMMELSOBJEKTE

- 🌀 Galaxie
- Kugelsternhaufen
- Offener Sternhaufen
- Diffuser Nebel
- Planetarischer Nebel

REFERENZPUNKTE

Horizont
- 0°
- 20° S
- 40° S

Zenit
- 0°
- 20° S
- 40° S

Ekliptik

BEOBACHTUNGSZEITEN

Datum	MEZ	MESZ
15. August	Mitternacht	1 Uhr
1. September	23 Uhr	Mitternacht
15. September	22 Uhr	23 Uhr
1. Oktober	21 Uhr	22 Uhr
15. Oktober	20 Uhr	21 Uhr

WEST

NORDWEST

NORD

NORDOST

OST

OST (ISO)

SERPENS CAPUT
HERCULES
OPHIUCHUS
M13
M92
DRACO
LYRA
Wega
M57
Albireo
VULPECULA
SAGITTA
M27
SERPENS CAUDA
SCUTUM
M11
M26
CYGNUS
M29
Deneb
AQUILA
Altair
DELPHINUS
M15
EQUULEUS
CAPRICORNUS
M39
CEPHEUS
LACERTA
M2
PEGASUS
ANDROMEDA
M31
M103
CASSIOPEIA
M52
NGC 869
NGC 884
PERSEUS
M34
TRIANGULUM
M33
ARIES
PISCES
AQUARIUS
Ekliptik
NGC 7293
CETUS
Mira

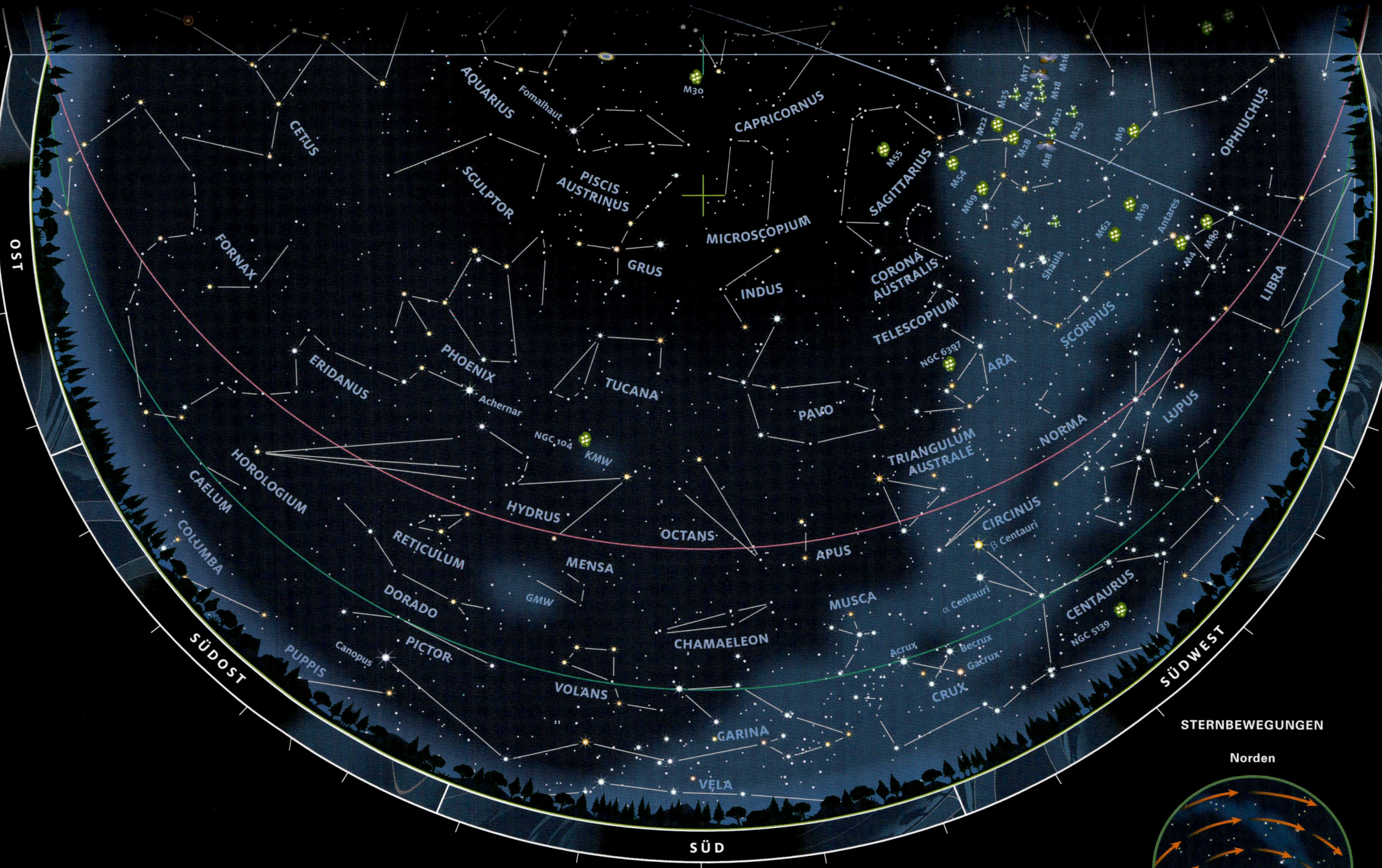

WEST

OPHIUCHUS

LIBRA

M80
M4
Antares
M19
M9
M62
SCORPIUS
M23
Shaula
M6
M7
M28
M21 M20
M8
M25
M24
M17
M22
M18
M16
M54
M69
M55

SAGITTARIUS

LUPUS

NORMA

TRIANGULUM AUSTRALE

ARA

TELESCOPIUM

CORONA AUSTRALIS

NGC 6752

CAPRICORNUS

MICROSCOPIUM

INDUS

PAVO

OCTANS

APUS

CIRCINUS

CENTAURUS

NGC 5139

β Centauri
α Centauri
Acrux
Becrux
Gacrux
CRUX

MUSCA

M30

GRUS

PISCIS AUSTRINUS

AQUARIUS

Fomalhaut

SCULPTOR

CETUS

FORNAX

ERIDANUS

TUCANA

PHOENIX

Achernar

NGC 104

HYDRUS

KMW

MENSA

GMW

CHAMAELEON

CARINA

VELA

VOLANS

DORADO

RETICULUM

PICTOR

HOROLOGIUM

CAELUM

COLUMBA

Canopus

PUPPIS

SÜDOST

SÜDWEST

WEST

SÜD

RICHTUNG SÜDEN

OST

SÜDLICHE BREITEN

SEPTEMBER

STERNBEWEGUNGEN

Norden

Süden

GRÖSSENKLASSEN
-1 · 0 · 1 · 2 · 3 · 4 · 5
Veränderliche

HIMMELSOBJEKTE
Galaxie
Kugelsternhaufen
Offener Sternhaufen
Diffuser Nebel
Planetarischer Nebel

REFERENZPUNKTE
Horizont
0°
20° S
40° S
Zenit
+ 0°
+ 20° S
+ 40° S
Ekliptik

OKTOBER

Auf der Nordhalbkugel sind in diesem Monat Pegasus und Andromeda die Hauptattraktion. Für Beobachter auf der Südhalbkugel liegen diese Sternbilder im Norden, die Kleine Magellansche Wolke hingegen im Süden.

NÖRDLICHE BREITEN

STERNE

Im Süden steht das Pegasusquadrat hoch am Himmel. Dicht daneben liegt das Sternbild Andromeda, während ein Kreis aus Sternen, den man Circlet nennt, direkt unterhalb des Quadrats liegt. In der Nähe, nur etwas südlich, liegen die Sternbilder Aquarius (Wassermann), Pisces (Fische) und Cetus (Walfisch).

Blickt man nach Norden, findet man die Sternbilder Cepheus (Kepheus), Cassiopeia und Perseus. Cygnus (Schwan) und Lyra (Leier) sind im Westen zu sehen. Obwohl Lyra nur ein kleines Sternbild ist, kann man es leicht mithilfe seines hellsten Sterns Wega (Größenklasse 0,0) finden.

INTERESSANTE OBJEKTE

Für Beobachter, die den Himmel per kleinem Teleskop oder Fernglas beobachten, ist der Andromedanebel (M31) in Andromeda ein wunderbares Ziel. An dunklen Standorten kann man M31 sogar mit bloßem Auge sehen. Ferngläser zeigen zudem den Offenen Sternhaufen M52 in Cassiopeia.

METEORSCHAUER

Um den 21. Oktober erreichen die Orioniden ihr Maximum. Bei guten Sichtverhältnissen kann man an diesem Tag ungefähr 25 Meteore pro Stunde beobachten, die scheinbar aus einem Himmelsabschnitt zwischen dem Kopf des Jägers Orion und den Füßen der Zwillinge (Gemini) stammen. Die beste Beobachtungszeit ist nach Mitternacht, wenn dieser Abschnitt höher über dem Horizont aufgestiegen ist.

PERSEUS

Größe (Rang)	Hellster Stern	Genitiv	Abkürzung	Höchststand um 22 Uhr
24	Alpha (α) Persei oder Mirphak, 1,8	Persei	Per	November–Dezember

Das Sternbild Perseus liegt inmitten der schönen Sternfelder der Milchstraße, zwischen Andromeda und Auriga (Fuhrmann). Das Sternbild Perseus beherbergt so wunderbare Himmelsobjekte wie den Offenen Sternhaufen M34 und den Doppelsternhaufen NGC 884 und NGC 869, die per Teleskop oder Fernglas zu erkennen sind.

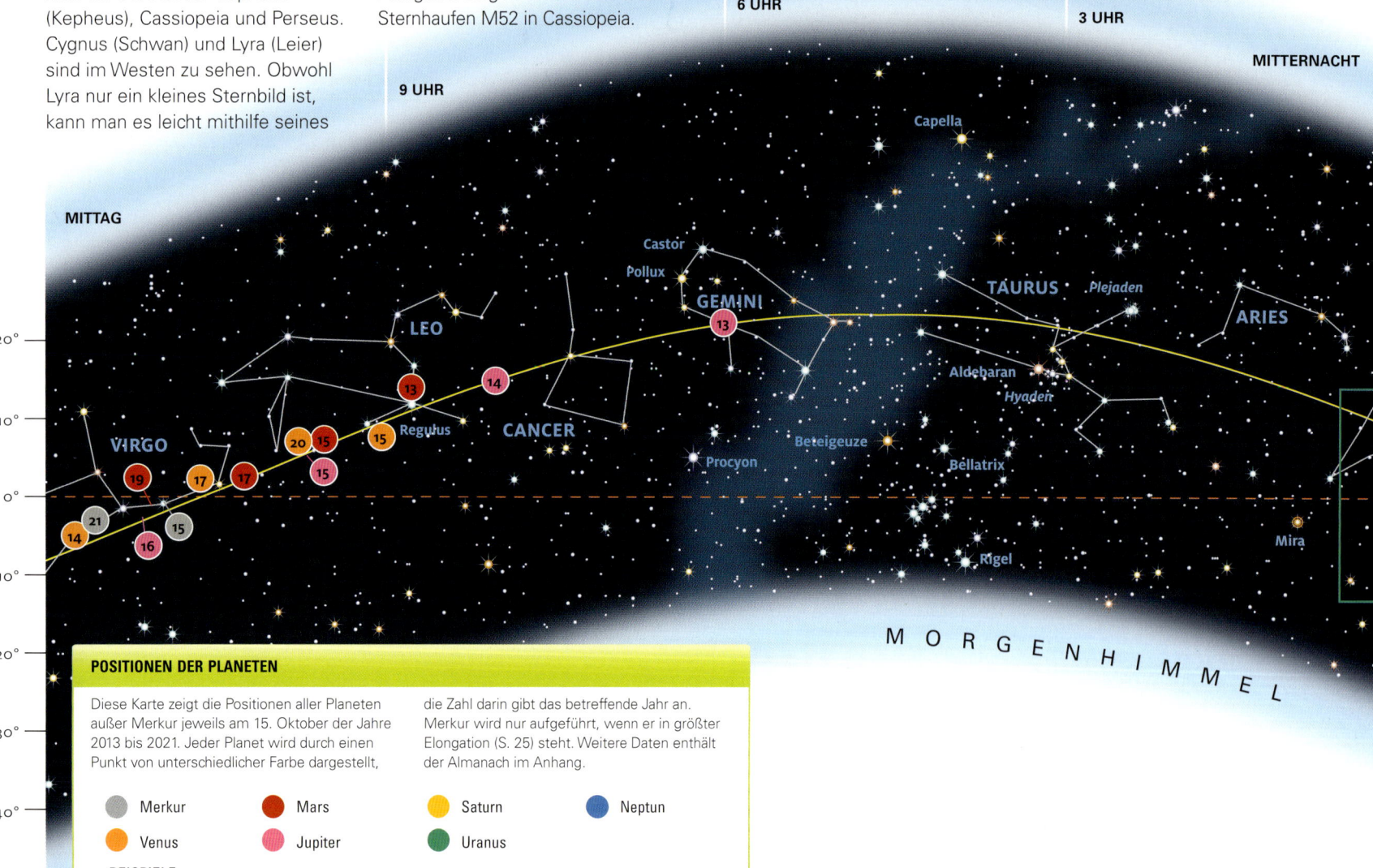

POSITIONEN DER PLANETEN

Diese Karte zeigt die Positionen aller Planeten außer Merkur jeweils am 15. Oktober der Jahre 2013 bis 2021. Jeder Planet wird durch einen Punkt von unterschiedlicher Farbe dargestellt, die Zahl darin gibt das betreffende Jahr an. Merkur wird nur aufgeführt, wenn er in größter Elongation (S. 25) steht. Weitere Daten enthält der Almanach im Anhang.

- ⬤ Merkur
- ⬤ Mars
- ⬤ Saturn
- ⬤ Neptun
- ⬤ Venus
- ⬤ Jupiter
- ⬤ Uranus

BEISPIELE

(13) Position von Mars am 15. Oktober 2013

(21) Position von Saturn am 15. Oktober 2021. Der Pfeil zeigt die retrograde Bewegung des Planeten an (S. 125)

SÜDLICHE BREITEN

STERNE

Nach den wunderschönen Anblicken, die sich im Südwinter boten, erscheint der Himmel im Oktober eher leer. Dennoch bietet er Beobachtungsmöglichkeiten: im Süden die Sternbilder Phoenix, Grus (Kranich), Tucana (Tukan), Pavo (Pfau) und den langen und sich windenden Eridanus (Fluss) und tief im Westen das Sternbild Sagittarius (Schütze).

Mehrere helle Sterne erleichtern die Orientierung am Nachthimmel. Im Süden liegt der Stern Fomalhaut

Circlet
Diesen ringförmigen Asterismus bilden die sieben Sterne, die im Sternbild Pisces (Fische) den Kopf eines der Fische darstellen.

mit der Größenklasse 1,2 nahezu direkt über dem Beobachter im Sternbild Piscis Austrinus (südlicher Fisch). Etwas tiefer im Süden, an einem Ende von Eridanus, leuchtet Achernar oder Alpha (α) Eridani, während der helle Stern Altair in Aquila im Westen funkelt. Und Aquarius (Wassermann) steht hoch im Norden über dem Pegasusquadrat.

INTERESSANTE OBJEKTE

Am Nachthimmel der Südhalbkugel sind einige Himmelsobjekte zu sehen, die für Betrachter mit mittelgroßer Amateurausrüstung gute Ziele sind. Im Süden liegt das Sternbild Tucana. Innerhalb der Grenzen des Sternbilds kann man 47 Tucanae oder NGC 104 beobachten, der zu den schönsten Kugelsternhaufen des Nachthimmels zählt. Dem bloßen Auge erscheint er als verschwommener Stern. In der Nähe von 47 Tucanae liegt eine Galaxie, die man Kleine Magellansche Wolke (KMW) nennt. Sie ist durch kleine Teleskope oder Ferngläser deutlich

zu erkennen, aber auch bereits mit bloßem Auge zu sehen.

Ein Sprung über Hydrus (Kleine Wasserschlange) führt zu den Sternbildern Dorado (Goldfisch) und Mensa (Tafelberg), in deren Nähe die Große Magellansche Wolke (GMW) liegt. Man sieht sie zwar bereits mit bloßem Auge, doch durch ein Teleskop betrachtet, ist sie besonders schön anzusehen. Wendet man sich dem nördlichen Himmel zu, findet

man den Andromedanebel (M31) im Sternbild Andromeda sowie die Spiralgalaxie M33 im Sternbild Triangulum (Dreieck), die mit einem Fernglas oder kleinen Teleskop zu erkennen ist. Der Andromedanebel ist die Nachbargalaxie der Milchstraße und etwa doppelt so groß wie sie.

ERIDANUS

Größe (Rang)	Hellster Stern	Genitiv	Abkürzung	Höchststand um 22 Uhr
6	Alpha (α) Eridani oder Achernar, 0,5	Eridani	Eri	November–Januar

Das Sternbild Eridanus, der Fluss, mäandriert über den Nachthimmel. Er entspringt an den Füßen von Orion, windet sich an Cetus (Walfisch) vorbei, um dann die Sternbilder Horologium (Pendeluhr) und Caelum (Grabstichel) zu erreichen. Sein hellster Stern Achernar, Alpha (α) Eridani, hat die Größenklasse 0,5 und markiert das Ende des himmlischen Flusses. Eridanus besitzt zwar nur wenige Sternhaufen oder Nebel, dafür aber so interessante Doppelsterne wie 32 Eridani und Theta (θ) Eridani.

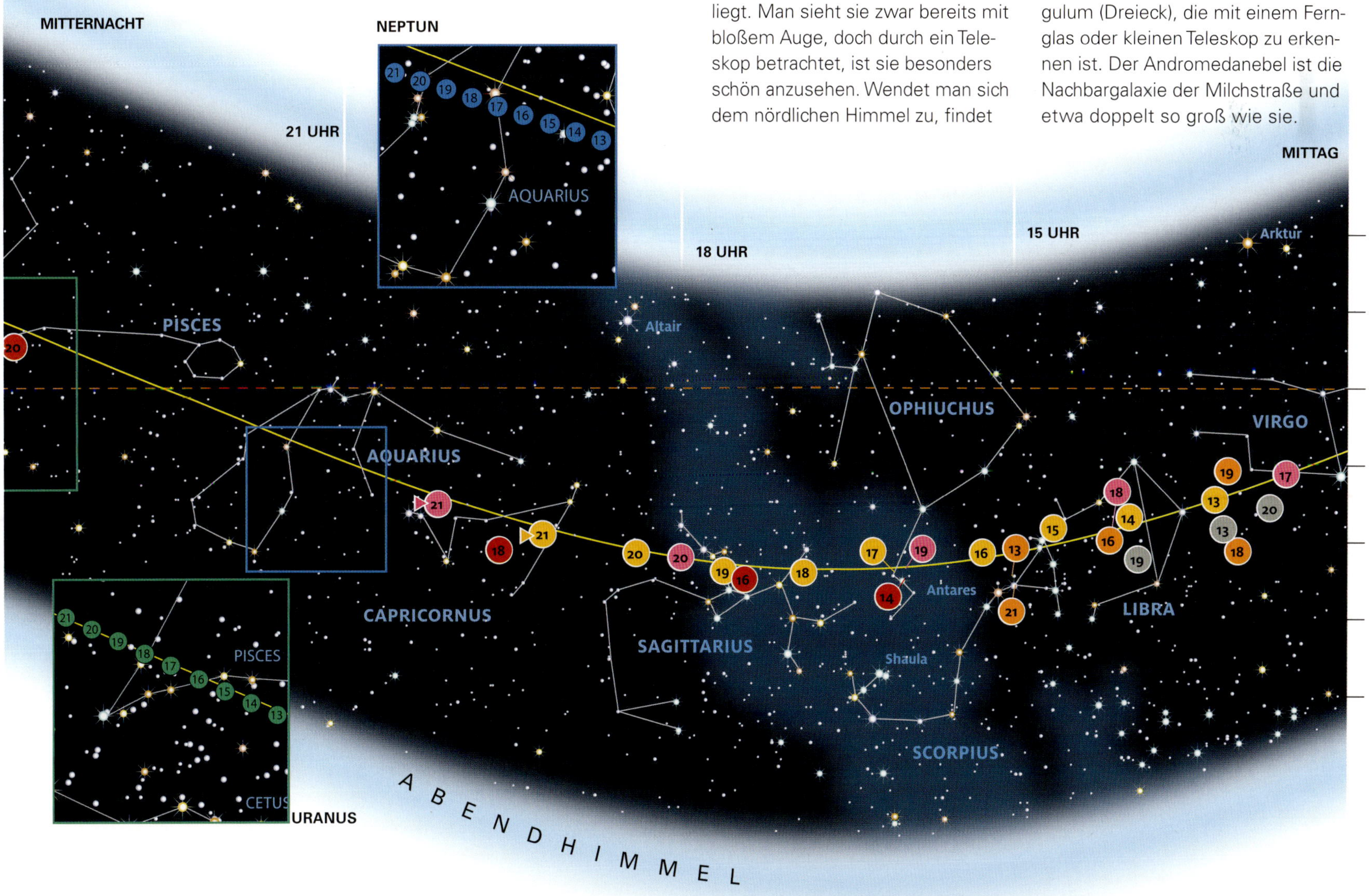

OKTOBER
NÖRDLICHE BREITEN

RICHTUNG **NORDEN**

Während das Sommerdreieck (Wega, Deneb und Altair) nach Westen wandert, gehen in der Milchstraße einige Wintersternbilder über dem Horizont auf. In Perseus ist der Doppelstern-haufen (S. 22) zu sehen, während im Osten die Offenen Sternhaufen M36, M37 und M38 in Auriga (Fuhrmann) aufsteigen. Zudem zeigen sich in Taurus (Stier) die Hyaden und Pleja-den und auch die Offenen Sternhaufen M52, NGC 457 und M103 im Sternbild Cassiopeia lassen sich mit dem Fernglas gut beobachten.

Sternhaufen in Auriga
Die Offenen Sternhaufen M36, M37 und M38 kann man per Fern-glas beobachten. Mit Teleskopen ist auch der nahe gelegene Offene Sternhaufen NGC 2281, der etwa 30 Sterne enthält, zu erkennen.

RICHTUNG **SÜDEN**

In diesem Monat steht der Andromedanebel (M31) noch hoch am Himmel. In seiner Nähe liegt – direkt oberhalb des Sternbilds Aries (Wid-der) – eine weitere interessante Galaxie, der Triangulumnebel (M33). Von dunklen Standorten aus sieht man ihn bereits mit bloßem Auge, durch ein Fernglas oder ein kleines Teleskop zeigt sich auch die schöne ovale, dunstige Form der Spiralgalaxie. Per Teleskop kann man zudem den herrlichen Doppelstern Gamma (γ) Arietis in dem benachbarten Sternbild Aries beobachten.

Andromedanebel
M31 im Sternbild Andromeda erscheint durch ein kleines Teleskop als verschwommene, graue Ellipse mit einem helleren Kerngebiet. Größere Teleskope offenbaren ihre dunklen Staubfahnen.

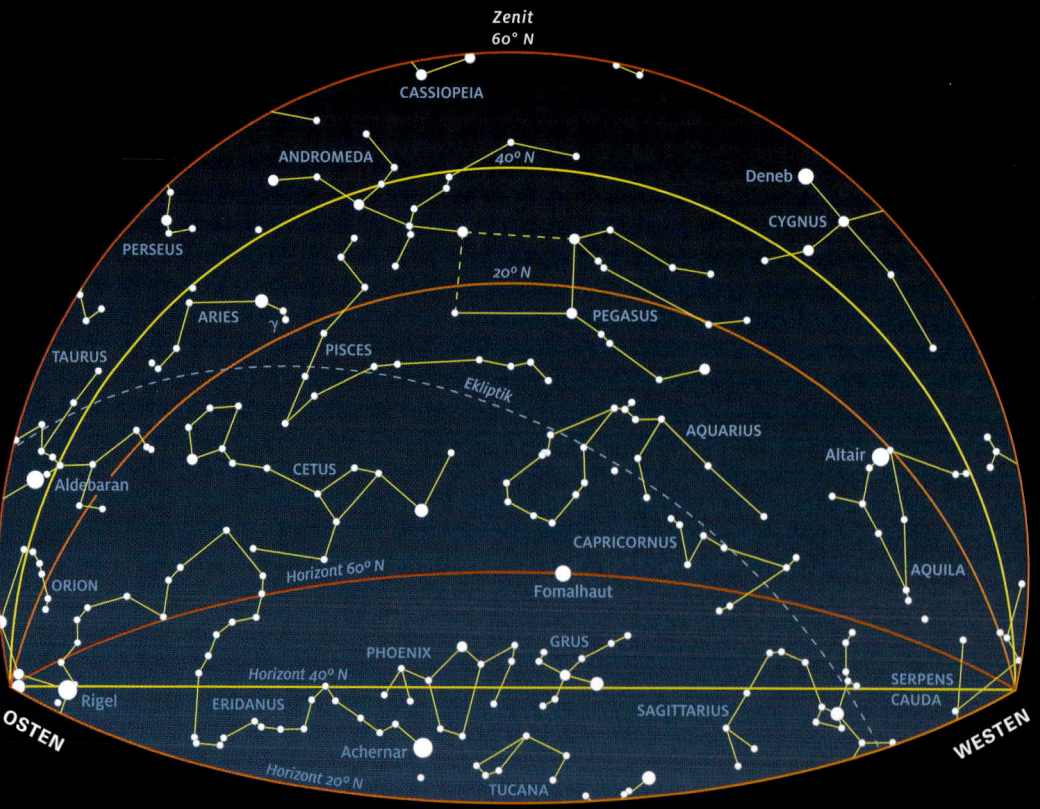

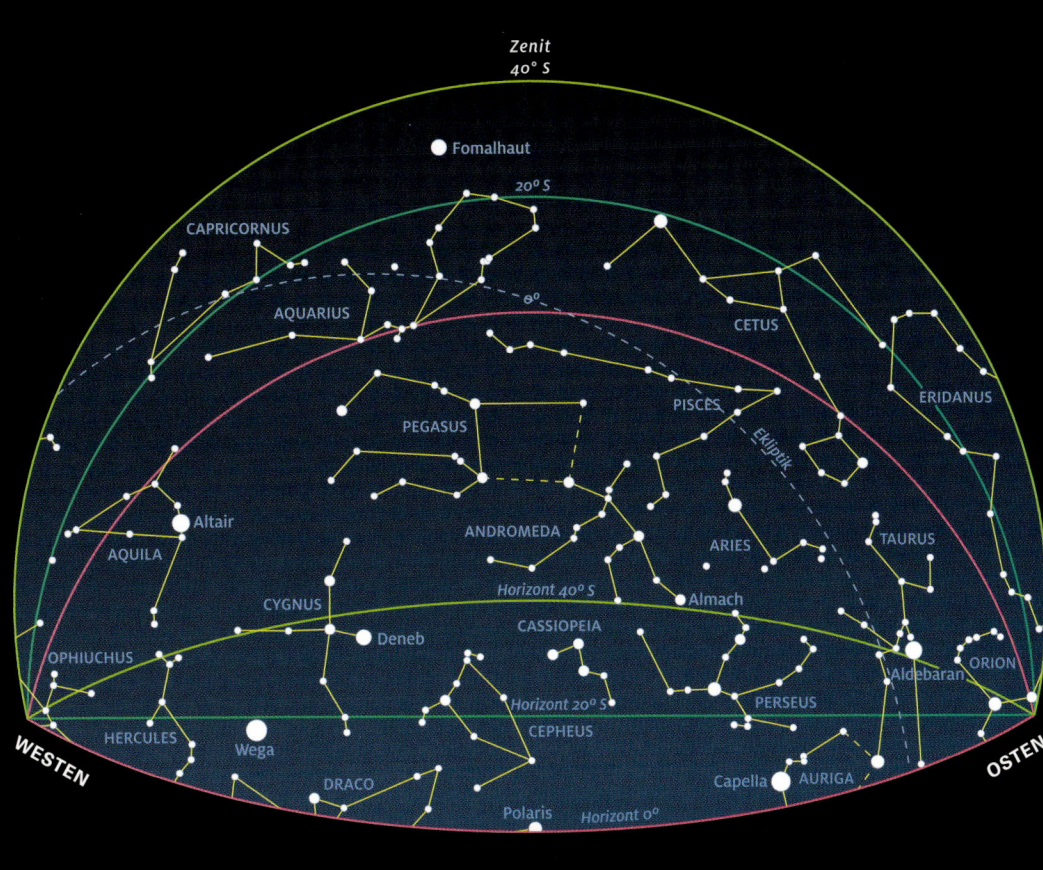

OKTOBER
SÜDLICHE BREITEN

RICHTUNG **NORDEN**

Der Doppelstern Almach, Gamma (γ) Andromedae, im Sternbild Andromeda ist für kleine Teleskope ein lohnendes Ziel. Einer der Sterne leuchtet orange, während der andere eine schöne blaue Farbe hat. In demselben Sternbild liegt dicht neben Almach der Offene Sternhaufen NGC 752 mit der Größenklasse 5,5. Im Fernglas oder in kleinen Teleskopen zeigt sich, dass er eine Fläche bedeckt, die etwas größer als der Vollmond ist. Sehenswert sind auch M31 in Andromeda und M33 über Aries (Widder).

NGC 752
Der lockere Offene Sternhaufen NGC 752 besteht aus etwa 70 Sternen und bietet in kleinen Teleskopen bei niedriger Vergrößerung einen schönen Anblick. Er liegt nördlich von Almach im Osten.

RICHTUNG **SÜDEN**

Im Oktober präsentieren sich am südlichen Himmel zwei Schmuckstücke: die Große Magellansche Wolke (GMW) und die Kleine Magellansche Wolke (KMW). Diese Galaxien liegen relativ eng beieinander und nahe der Milchstraße. Die KMW in Tucana (Tukan) sieht man mit bloßem Auge, ebenso die GMW, die an der Dorado-Mensa-Grenze einen großartigen Anblick bietet. Mit einem Fernglas oder einem kleinen Teleskop sind innerhalb der GMW viele Sternhaufen und Nebelgebiete zu erkennen.

Kleine Magellansche Wolke (KMW)
Die irreguläre Galaxie KMW liegt im Sternbild Tucana. Sie ist mit bloßem Auge zu sehen und erstreckt sich über eine Fläche, die ungefähr dem 7-Fachen der Mondscheibe entspricht.

GRÖSSENKLASSE
● -1 ● 0 ● 1 ● 2 • 3 und höher

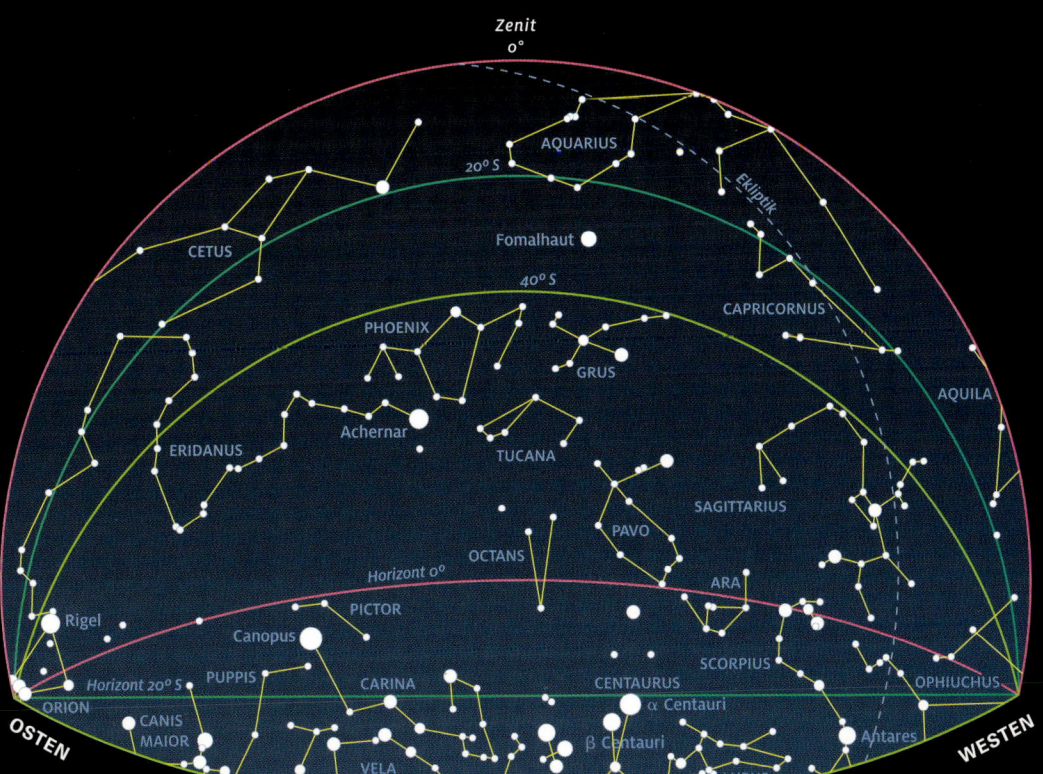

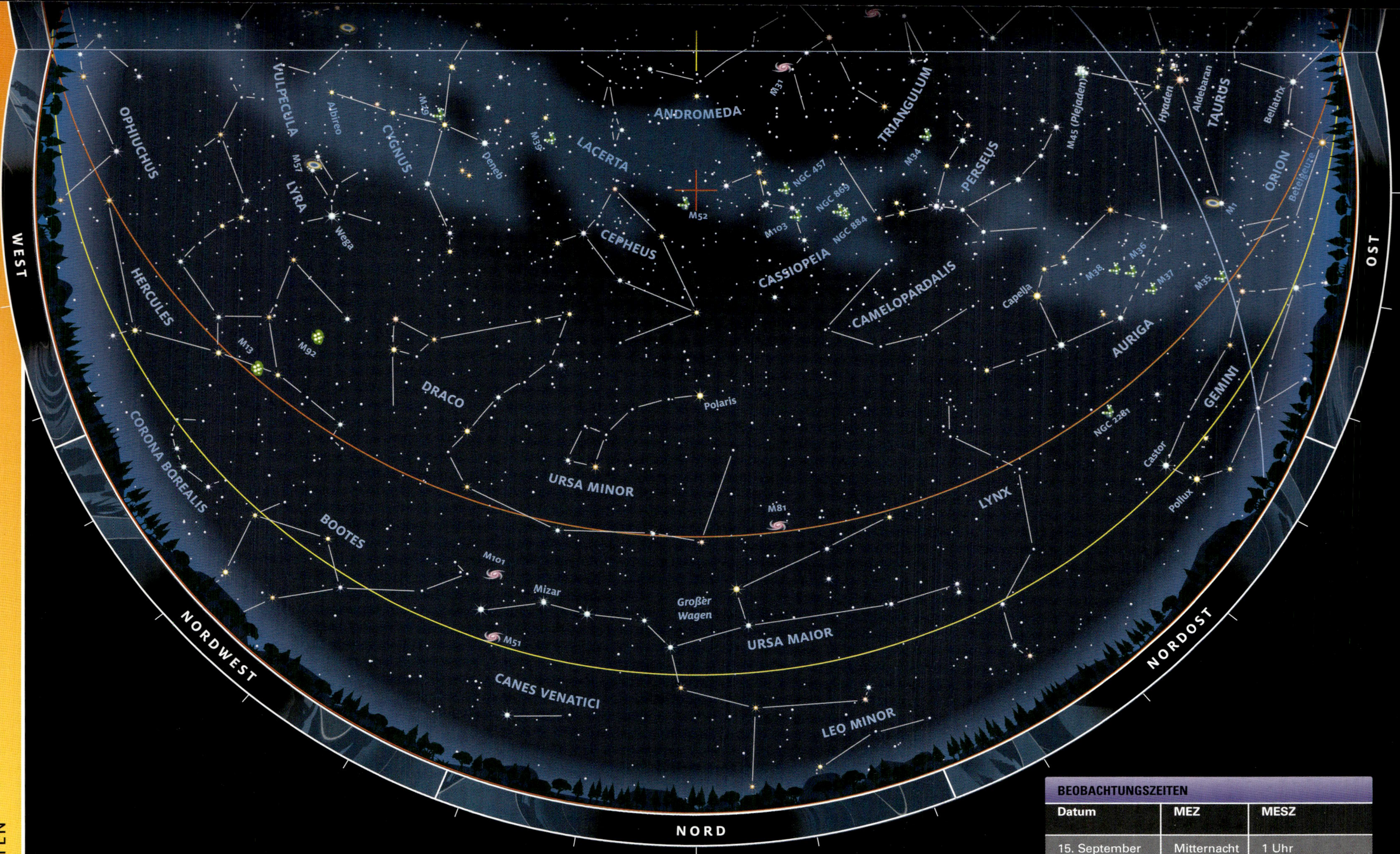

OKTOBER | NÖRDLICHE BREITEN

GRÖSSENKLASSEN

- −1
- 0
- 1
- 2
- 3
- 4
- 5
- Veränderliche

HIMMELSOBJEKTE

- Galaxie
- Kugelsternhaufen
- Offener Sternhaufen
- Diffuser Nebel
- Planetarischer Nebel

REFERENZPUNKTE

Horizont	
60° N	
40° N	
20° N	
Zenit	
60° N	
40° N	
20° N	
Ekliptik	

BEOBACHTUNGSZEITEN

Datum	MEZ	MESZ
15. September	Mitternacht	1 Uhr
1. Oktober	23 Uhr	Mitternacht
15. Oktober	22 Uhr	23 Uhr
1. November	21 Uhr	22 Uhr
15. November	20 Uhr	21 Uhr

RICHTUNG NORDEN

WEST · NORDWEST · NORD · NORDOST · OST · WEST

Constellations and objects labeled: CORONA BOREALIS, HERCULES, OPHIUCHUS, M13, M92, BOOTES, LYRA, M57, Wega, VULPECULA, Albireo, CYGNUS, M39, Deneb, DRACO, CANES VENATICI, M51, Mizar, M101, URSA MINOR, LACERTA, CEPHEUS, M52, ANDROMEDA, M31, Polaris, Großer Wagen, URSA MAIOR, M81, CASSIOPEIA, M103, NGC 457, NGC 869, NGC 884, M33, TRIANGULUM, M34, LEO MINOR, CAMELOPARDALIS, PERSEUS, LYNX, Capella, M45 (Plejaden), AURIGA, M38, M36, M37, NGC 2281, Castor, Pollux, GEMINI, M35, Hyaden, Aldebaran, TAURUS, M1, ORION, Bellatrix, Betelgeuse

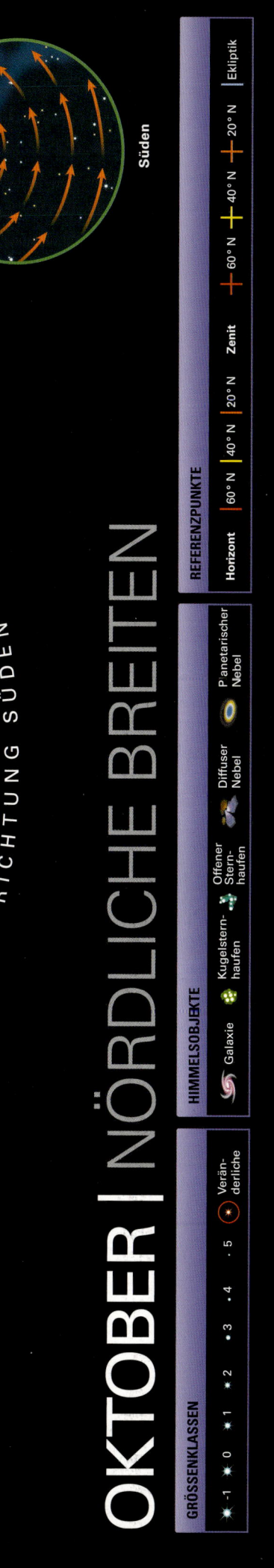

OKTOBER | NÖRDLICHE BREITEN

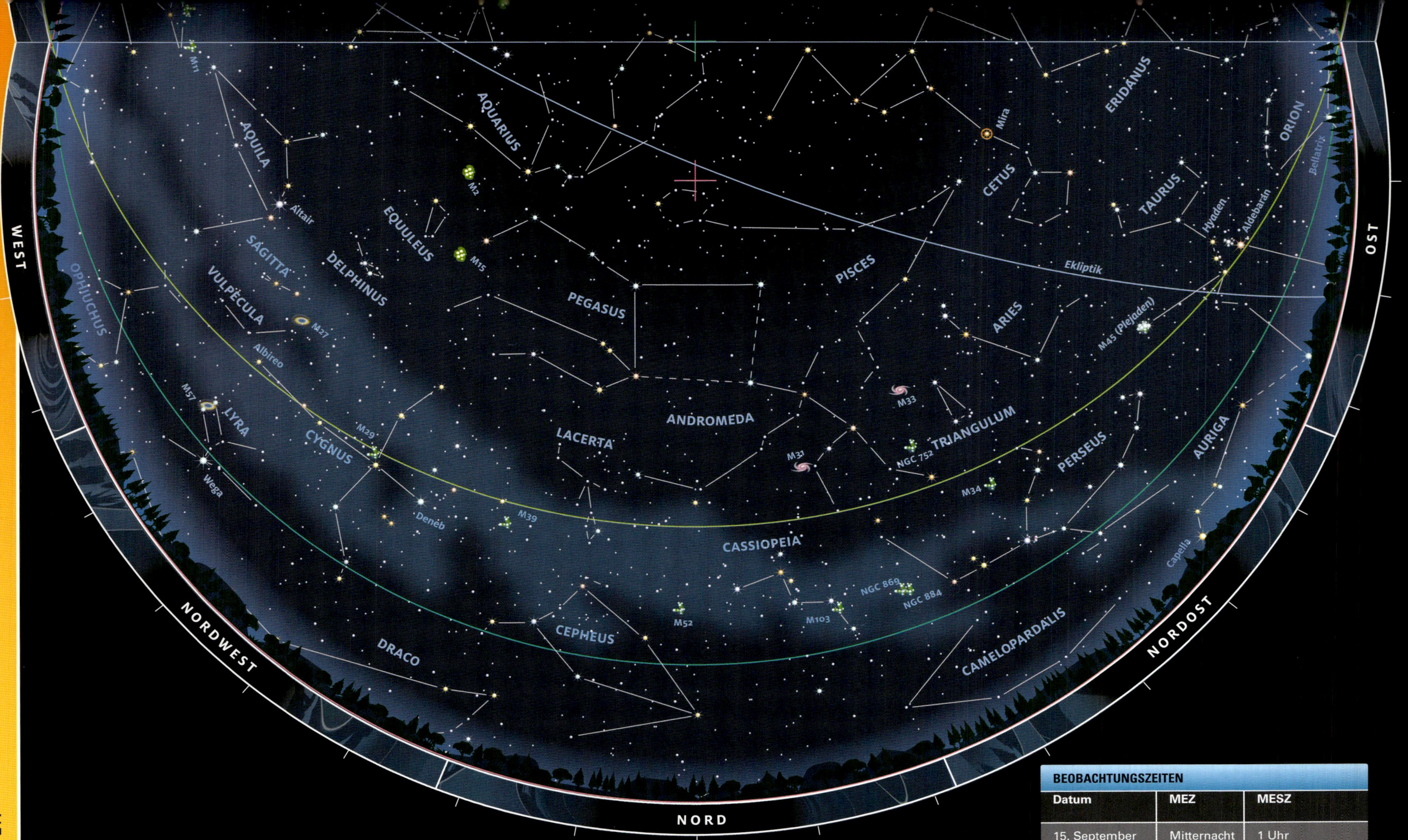

OKTOBER | SÜDLICHE BREITEN

GRÖSSENKLASSEN

- -1
- 0
- 1
- 2
- 3
- 4
- 5
- Veränderliche

HIMMELSOBJEKTE

- Galaxie
- Kugelsternhaufen
- Offener Sternhaufen
- Diffuser Nebel
- Planetarischer Nebel

REFERENZPUNKTE

Horizont
- 0°
- 20° S
- 40° S

Zenit
- 0°
- 20° S
- 40° S

Ekliptik

BEOBACHTUNGSZEITEN		
Datum	MEZ	MESZ
15. September	Mitternacht	1 Uhr
1. Oktober	23 Uhr	Mitternacht
15. Oktober	22 Uhr	23 Uhr
1. November	21 Uhr	22 Uhr
15. November	20 Uhr	21 Uhr

RICHTUNG NORDEN

WEST

NORDWEST

NORD

NORDOST

OST

OPHIUCHUS

LYRA
Wega
M57
M56
CYGNUS
Deneb
Albireo
M29
M27
VULPECULA
SAGITTA
AQUILA
Altair
M71
DELPHINUS
EQUULEUS
AQUARIUS
M15
M2
M39
DRACO
CEPHEUS
LACERTA
PEGASUS
M52
ANDROMEDA
M31
CASSIOPEIA
M103
NGC 869
NGC 884
NGC 752
M33
TRIANGULUM
PISCES
CETUS
Mira
Ekliptik
CAMELOPARDALIS
M34
ARIES
PERSEUS
M45 (Plejaden)
TAURUS
ERIDANUS
Hyaden
Aldebaran
AURIGA
Capella
ORION
Bellatrix

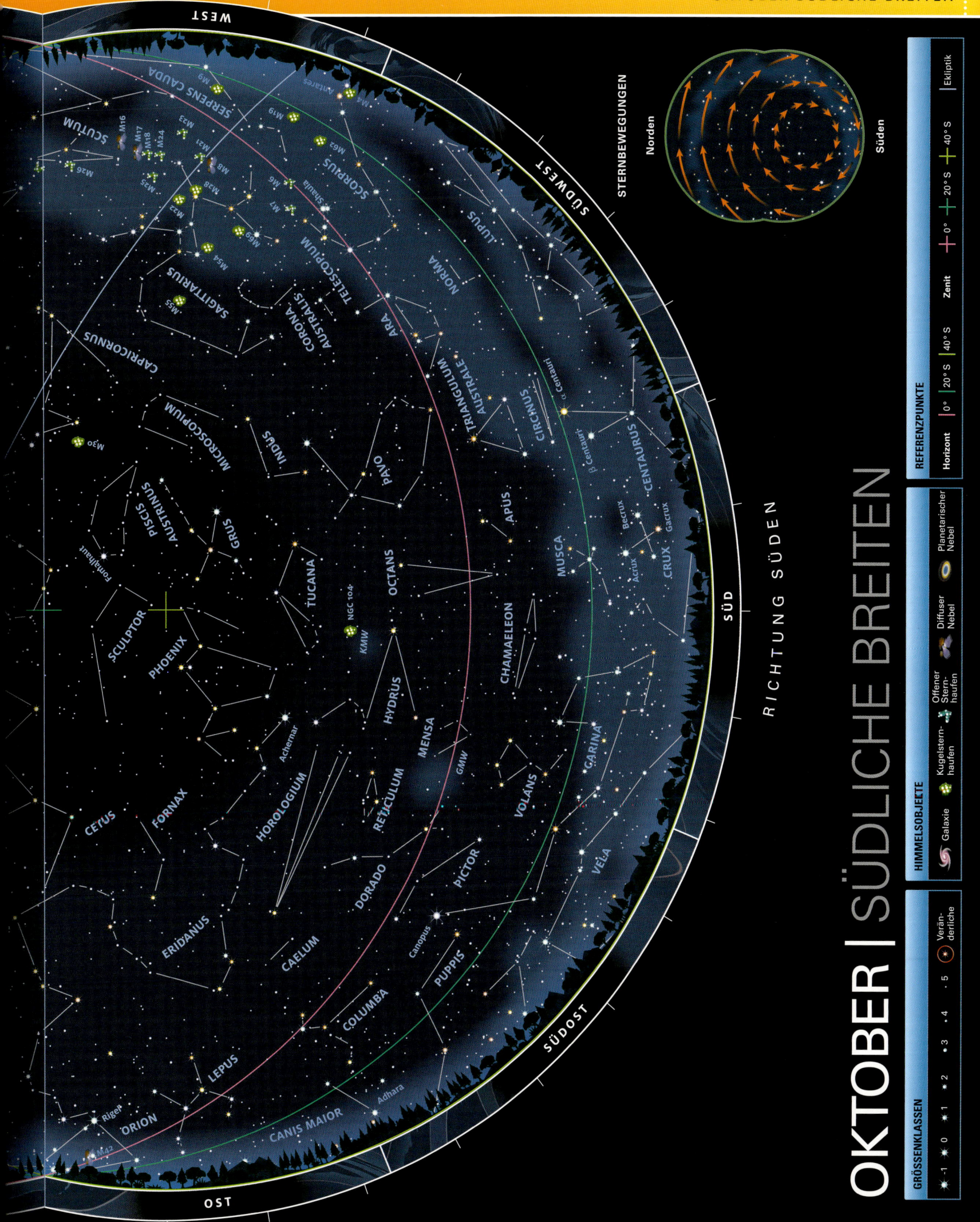

NOVEMBER

In den dunklen Herbstnächten präsentieren sich auf der Nordhalbkugel die Sternbilder Orion, Taurus (Stier), Auriga (Fuhrmann) und Gemini (Zwillinge). Auf der Südhalbkugel stehen Cetus (Walfisch), Eridanus (Fluss) und Aquarius (Wassermann) hoch am Himmel.

NÖRDLICHE BREITEN

STERNE

Im November stehen die beiden Sternbilder Perseus und Cassiopeia fast direkt über dem Kopf des Beobachters. Blickt man weiter nach Süden, sieht man – ebenfalls hoch am Himmel – Pegasus und Andromeda. Im Osten zeigen sich Orion, Taurus (Stier) und Auriga (Fuhrmann).

INTERESSANTE OBJEKTE

Auf der Nordhalbkugel sind im November noch die letzten Zeichen des Sommers zu sehen, wie M31 und M33. Aber auch neue Himmelsobjekte wie die Offenen Sternhaufen NGC 457 und NGC 663 in dem w-förmigen Sternbild Cassiopeia sind mit einem Fernglas gut zu erkennen. Kleine Teleskope zeigen in Perseus die funkelnden Sternhaufen NGC 869 und NGC 884, die man zusammen auch als Doppelsternhaufen bezeichnet. Auch das Sternbild Auriga bietet mehrere schöne Offene Sternhaufen.

METEORSCHAUER

In den ersten Novemberwochen erreichen die Tauriden ihr Maximum. In klaren dunklen Nächten sieht man bis zu 10 Meteore pro Stunde, die von einem Punkt südlich von M45 ausgehen. Ein weiterer Meteorschauer, die Leoniden, erreicht um den 17. November sein Maximum. Auch dann sind bis zu 10 Meteore pro Stunde zu sehen, die vom Kopf des Löwen (Leo) stammen.

TAURUS

Größe (Rang)	Hellster Stern	Genitiv	Abkürzung	Höchststand um 22 Uhr
17	Alpha (α) Tauri oder Aldebaran, 0,85	Tauri	Tau	Dezember–Januar

Das Sternbild Taurus (Stier) zeigt nur den vorderen Teil des Stiers und ist am Nachthimmel leicht zu finden, da sich seine Sterne um das helle »V« der Hyaden und den hellen Stern Aldebaran gruppieren. Die Sternhaufen der Hyaden und der Plejaden kann man mit bloßem Auge sehen. Zudem ist in Taurus M1, der Krebsnebel, sehr sehenswert.

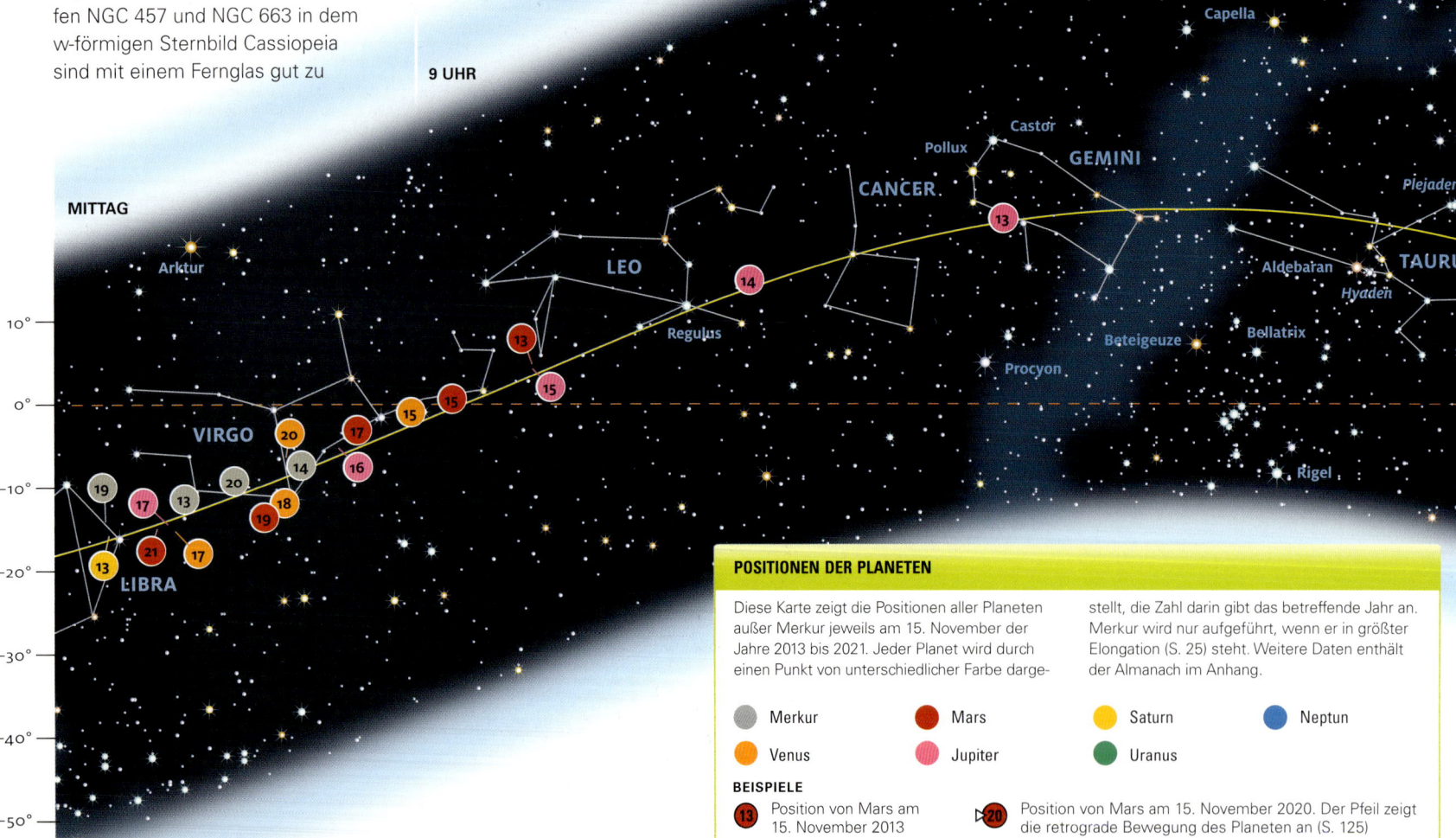

POSITIONEN DER PLANETEN

Diese Karte zeigt die Positionen aller Planeten außer Merkur jeweils am 15. November der Jahre 2013 bis 2021. Jeder Planet wird durch einen Punkt von unterschiedlicher Farbe dargestellt, die Zahl darin gibt das betreffende Jahr an. Merkur wird nur aufgeführt, wenn er in größter Elongation (S. 25) steht. Weitere Daten enthält der Almanach im Anhang.

- ⚪ Merkur
- 🔴 Mars
- 🟡 Saturn
- 🔵 Neptun
- 🟠 Venus
- 🟣 Jupiter
- 🟢 Uranus

BEISPIELE

🔴13 Position von Mars am 15. November 2013

🔴▷20 Position von Mars am 15. November 2020. Der Pfeil zeigt die retrograde Bewegung des Planeten an (S. 125)

SÜDLICHE BREITEN

STERNE

Die Sternbilder Eridanus (Fluss) und Cetus (Walfisch) stehen in diesem Monat hoch am Himmel. Das Ende des langen und gewundenen Eridanus markiert der helle Stern Achernar, der im Süden hoch am Himmel steht. Das Sternbild Phoenix liegt dicht neben Eridanus und darunter, in Richtung des südlichen Himmelspols, sind die Sternbilder Reticulum (Netz), Hydrus (Kleine Wasserschlange), Tucana (Tukan) und Octans (Oktant) zu sehen.

Im Osten liegt Canis Maior, den man wegen seines hellen Sterns Sirius kaum verfehlen kann. Ebenfalls im Osten gehen Orion und Taurus (Stier) auf. Orion ist leicht an

seinen hellen Sternen Beteigeuze, Alpha (α) Orionis, und Rigel, Beta (β) Orionis, zu erkennen. Im Norden liegen die Sternbilder Andromeda, Pisces (Fische) und Aries (Widder).

INTERESSANTE OBJEKTE

Während Cetus hoch am Himmel steht, zeigt ein großes Teleskop die interessante Spiralgalaxie M77, die dicht neben dem Stern Delta (δ) Ceti liegt. Auch die beiden Magellanschen Wolken sind ein lohnendes Ziel. Die Große Magellansche Wolke (GMW) befindet sich an der Grenze zwischen den Sternbildern Dorado (Goldfisch) und Mensa (Tafelberg) und man braucht ein kleines Teleskop, um die funkelnden Sternhaufen wie auch den Tarantelnebel (NGC 2070) in dieser Galaxie beobachten zu können. Nur etwas weiter entfernt liegen im Sternbild Tucana die Kleine Magellansche Wolke und der Kugelsternhaufen

Der Veränderliche Mira
Omicron (o) Ceti, den man auch Mira nennt, ist ein pulsierender Stern im Sternbild Cetus. Die scheinbare Helligkeit dieses Veränderlichen schwankt mit einer Periode von etwa 330 Tagen.

CETUS				
Größe (Rang)	Hellster Stern	Genitiv	Abkürzung	Höchststand um 22 Uhr
4	Beta (β) Ceti oder Diphda, 2,0	Ceti	Cet	Oktober–Dezember

Cetus (Walfisch) liegt zwischen den Sternbildern Pisces (Fische) und Eridanus (Fluss). Der hellste Stern von Cetus, Beta (β) Ceti, den man auch Diphda nennt, hat die Größenklasse 2,0. Den »Rücken« von Cetus markiert der bekannte Veränderliche Mira. Cetus beherbergt auch die Spiralgalaxie M77, die die hellste der Seyfert-Galaxien ist.

NGC 104 oder 47 Tucanae, die jeweils mit einem Fernglas oder einem kleinen Teleskop betrachtet werden können. Beide Magellanschen Wolken sind aber auch mit bloßem Auge zu sehen. Um die zwei im Nordosten liegenden Offenen Sternhaufen der

Hyaden und der Plejaden zu bewundern, reicht ein Fernglas aus. Außerdem kann man mit einem Teleskop die erstaunliche Spiralgalaxie M33 oder Triangulumnebel sowie die glühende Ellipse des Andromedanebels (M31) erkennen.

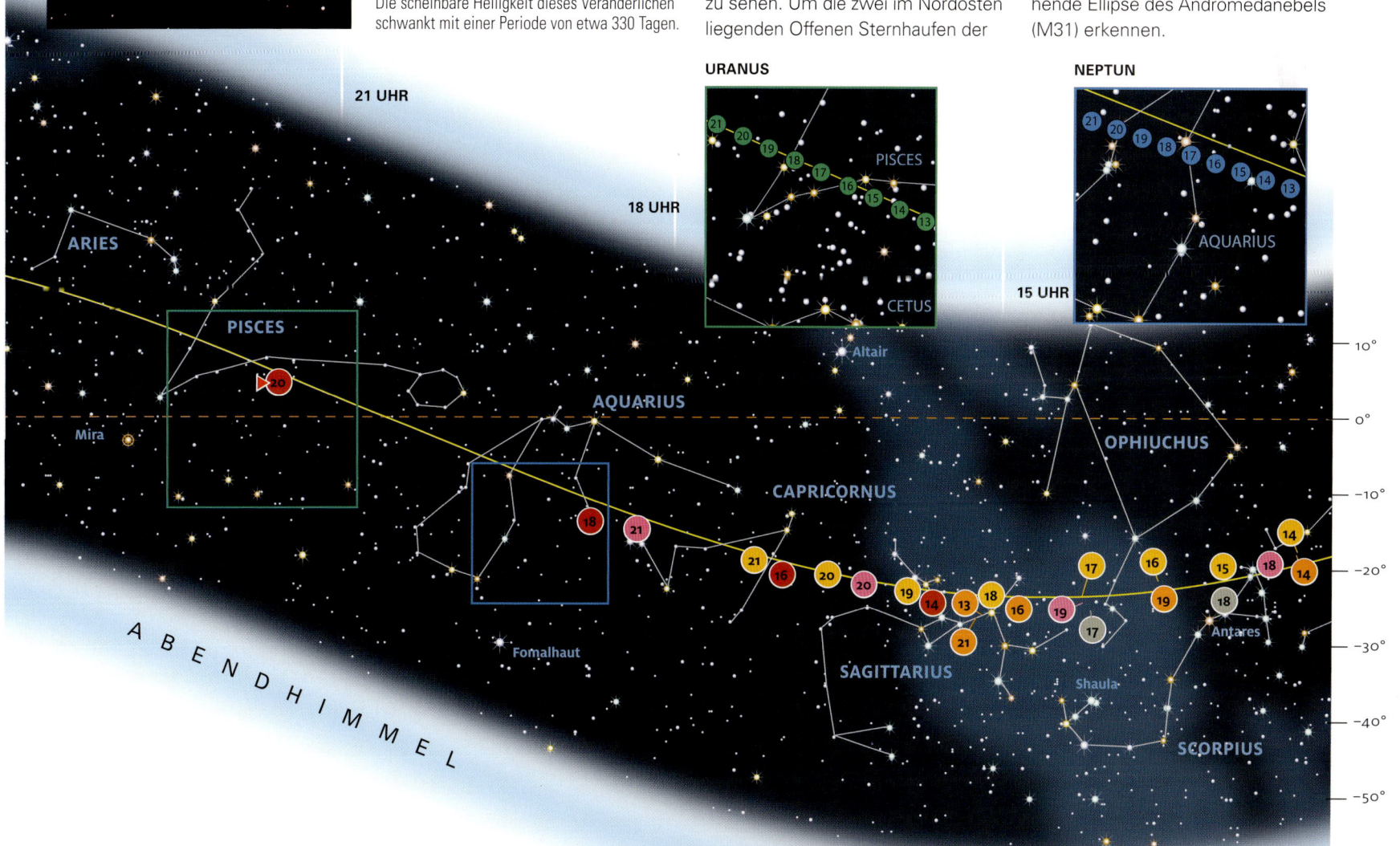

NOVEMBER
NÖRDLICHE BREITEN

RICHTUNG **NORDEN**

Im November sinkt im Westen das Sternbild Cygnus (Schwan) langsam unter den Horizont. Mit einem kleinen Teleskop sind die drei Doppelsterne Omicron-1 (o¹) Cygni, 61 Cygni und Albireo (S. 62), der den Schnabel des Schwans markiert, zu erkennen. Im Fernglas sieht man zudem die Offenen Sternhaufen M29 und M39.

Hoch oben, in Cassiopeia, steht der Offene Sternhaufen M52 (Größenklasse 7,3), während die Offenen Sternhaufen M36, M37 und M38 in Auriga (S. 46) und M35 in Gemini liegen.

M29 in Cygnus
Dieser Offene Sternhaufen liegt vor den Sternfeldern der Milchstraße. Er befindet sich in der Nähe des Sterns Sadr und ist am besten durch ein kleines Teleskop zu beobachten.

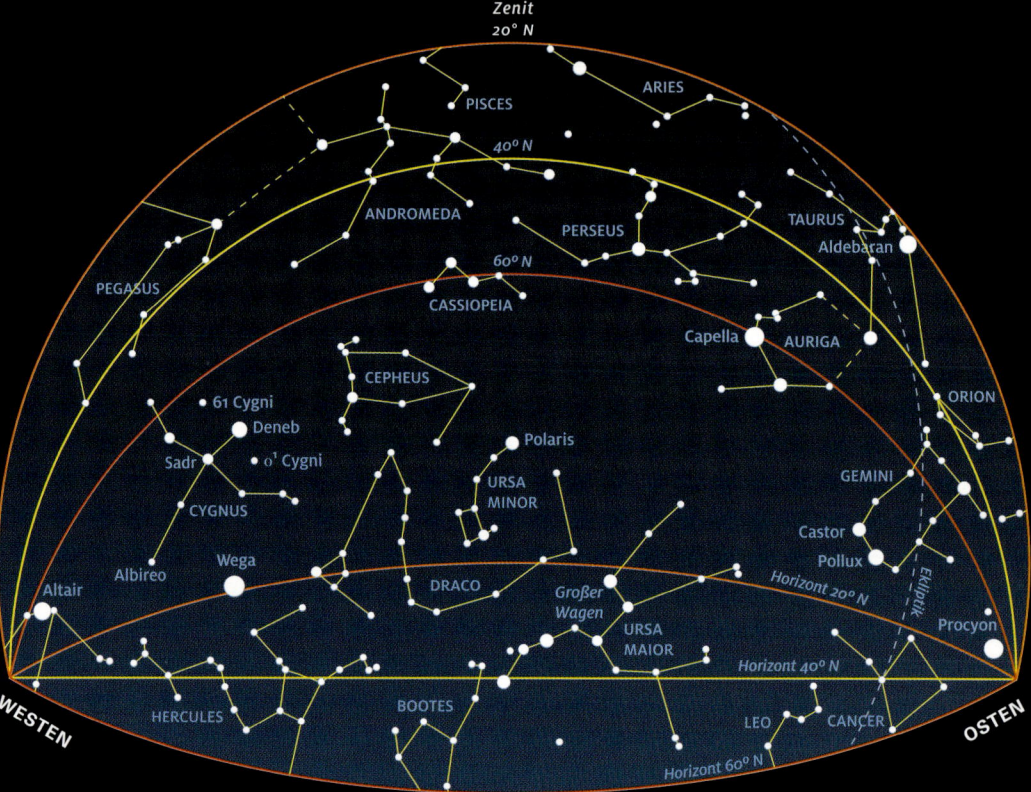

RICHTUNG **SÜDEN**

Die Offenen Sternhaufen der Hyaden (S. 23) und der Plejaden (S. 38), die im Osten im Sternbild Taurus (Stier) liegen, kündigen den aufziehenden Winter an. Die beiden Offenen Sternhaufen sind schon mit bloßem Auge zu sehen, aber erst durch ein Fernglas betrachtet, kann man ihre vielen funkelnden Sterne erkennen.

Andere interessante Objekte sind der Andromedanebel (M31) und der Triangulumnebel (M33), die beide hoch am Himmel stehen.

Orionnebel (M42)
Der Orionnebel zählt zu den schönsten Nebeln am Nachthimmel. Mit einem kleinen Teleskop sieht man seine glühenden, ausgehöhlten Gaswolken und die darin eingebetteten Sterne.

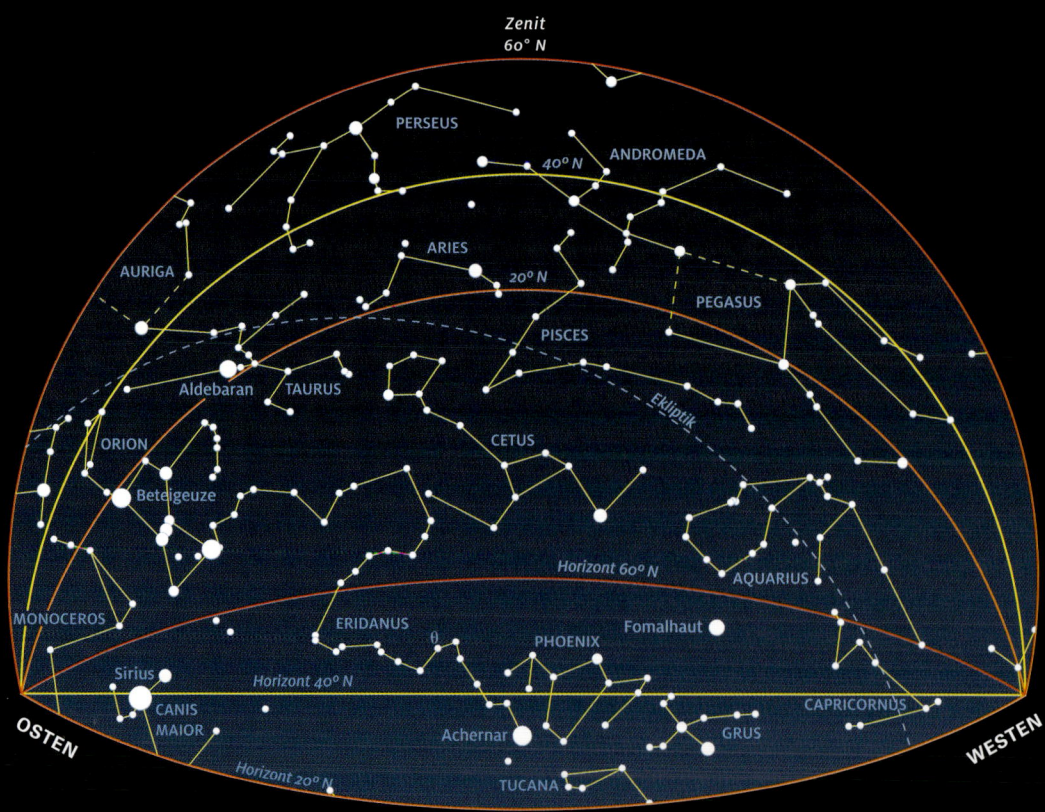

NOVEMBER
SÜDLICHE BREITEN

GRÖSSENKLASSE

● -1 ● 0 ● 1 ● 2 • 3 und höher

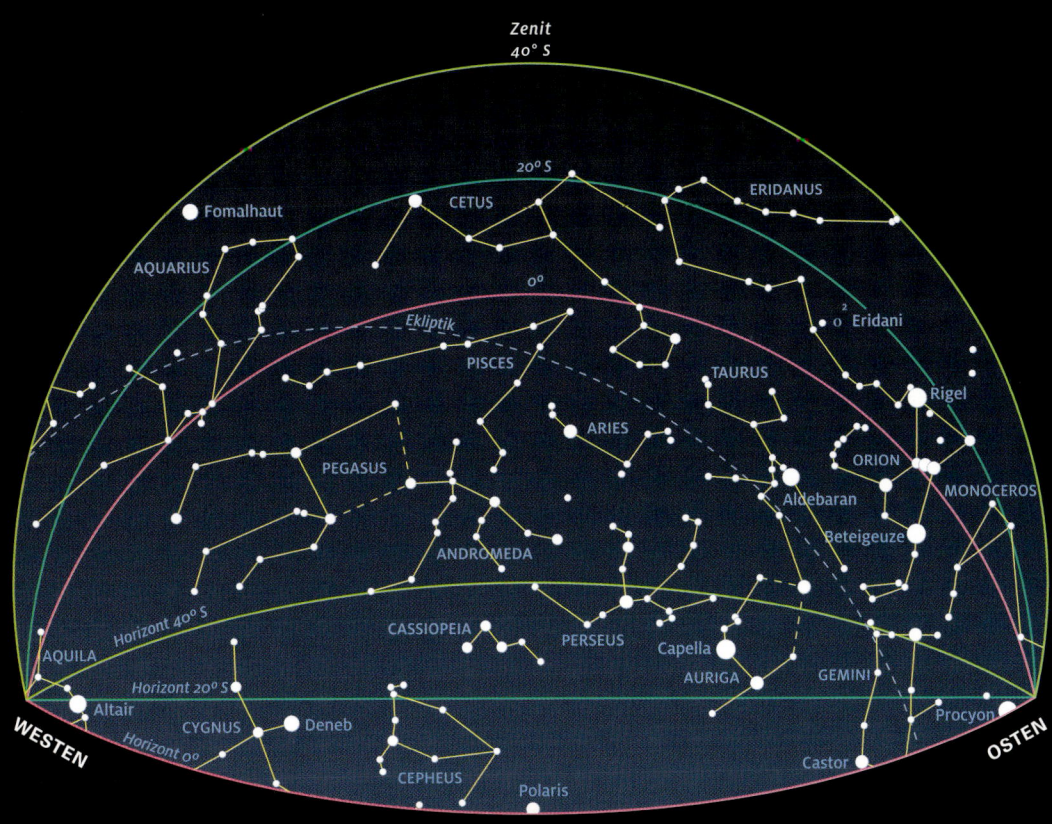

RICHTUNG **NORDEN**

Im Osten, unterhalb der Füße von Orion, dem Jäger, liegt der Kugelsternhaufen M79. Er ist mit kleinen Teleskopen zu sehen. Im Sternbild Eridanus (Fluss), oberhalb von Orion, findet man ein Mehrfachsternsystem, bestehend aus Omicron-2 (o²) Eridani mit drei Sternen und dem Doppelstern Theta (θ) Eridani. Beide Sternsysteme sieht man mit kleinen Teleskopen. Im selben Sternbild erkennt man in klaren dunklen Nächten die Galaxie NGC 1300, zu deren Erkundung man jedoch ein großes Teleskop benötigt.

NGC 1300
Die Balkenspiralgalaxie NGC 1300 liegt etwa 69 Mio. Lichtjahre von der Erde entfernt. Sie ist ziemlich dunkel, sodass man sie nur mit sehr großen Amateurteleskopen beoachten kann.

RICHTUNG **SÜDEN**

Im November hat der Südhimmel dem bloßem Auge viel zu bieten. Westlich des Sternbilds Pictor (Maler) liegen die Große (GMW) und in Tucana (Tukan) die Kleine Magellansche Wolke (KMW). Diese irregulären Galaxien befinden sich nahe der Milchstraße. Direkt neben der Kleinen Magellanschen Wolke sieht man – ebenfalls mit bloßem Auge – den Kugelsternhaufen 47 Tucanae als vernebelten Stern. Die Offenen Sternhaufen NGC 2362 und M41 in Canis Maior im Osten sind per kleinem Teleskop zu erkennen.

47 Tucanae
Dieser Kugelsternhaufen in Tucana ist durch ein kleines Teleskop prächtig anzusehen. Ein Teleskop mit einer größeren Öffnung zeigt seine einzelnen Sterne, die eng gepackt eine dichte Kugel bilden.

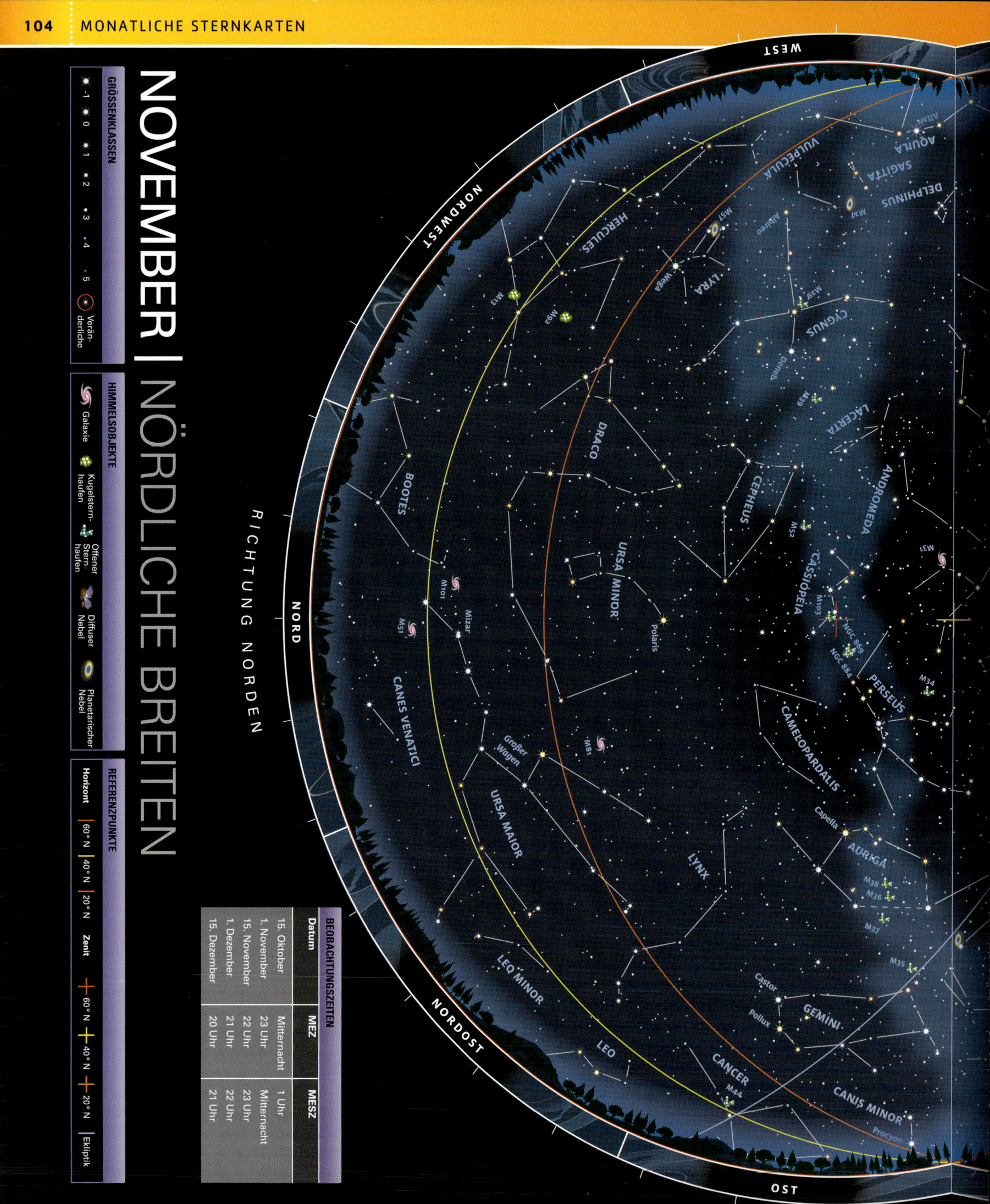

NOVEMBER | NÖRDLICHE BREITEN

RICHTUNG NORDEN

GRÖSSENKLASSEN

-1
0
1
2
3
4
5
Veränderliche

HIMMELSOBJEKTE

Galaxie
Kugelsternhaufen
Offener Sternhaufen
Diffuser Nebel
Planetarischer Nebel

REFERENZPUNKTE

Horizont
60° N
40° N
20° N
Zenit
60° N
40° N
20° N
Ekliptik

BEOBACHTUNGSZEITEN		
Datum	MEZ	MESZ
15. Oktober	Mitternacht	1 Uhr
1. November	23 Uhr	Mitternacht
15. November	22 Uhr	23 Uhr
1. Dezember	21 Uhr	22 Uhr
15. Dezember	20 Uhr	21 Uhr

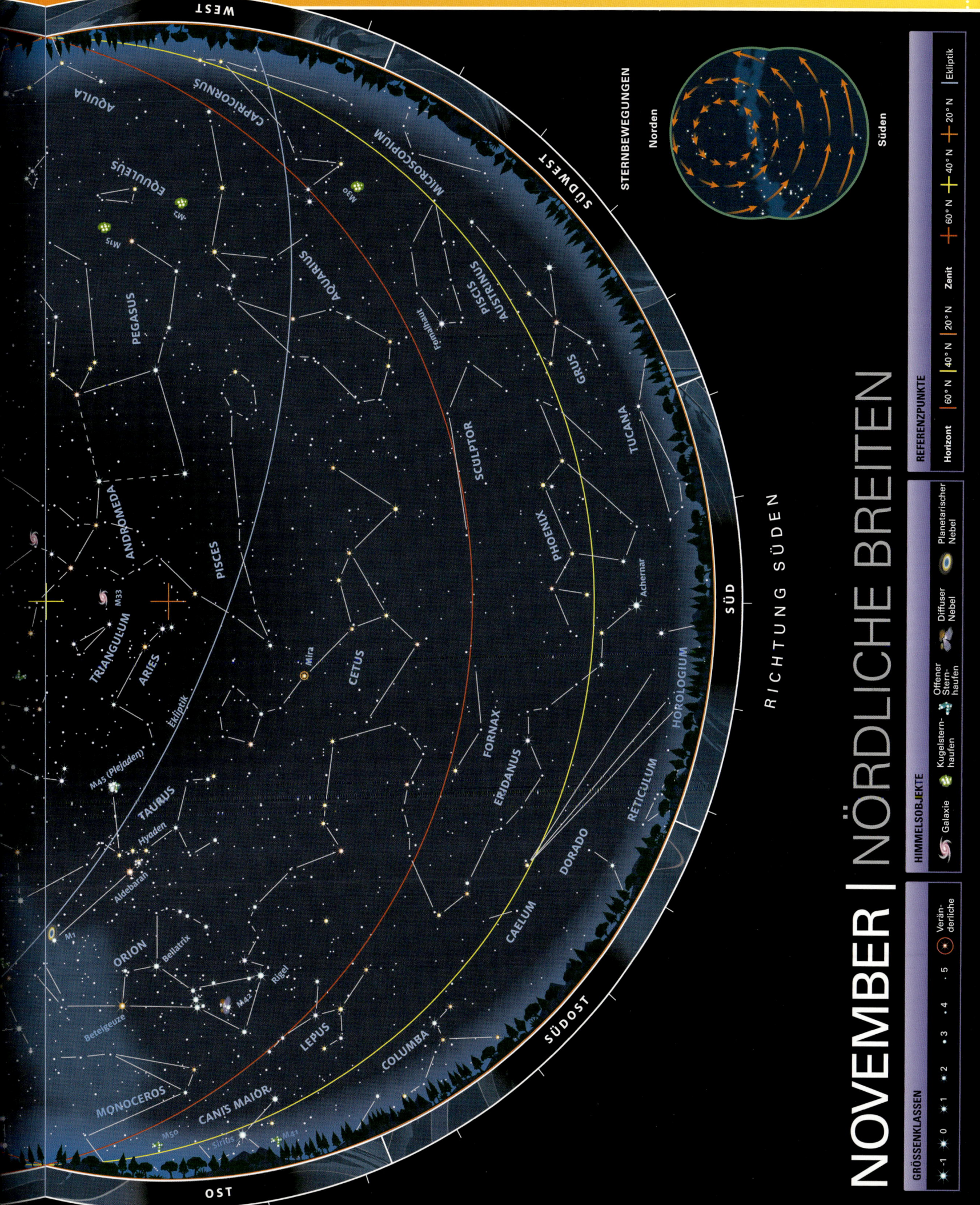

WEST

WEST

AQUILA

EQUULEUS

CAPRICORNUS

M15

M2

M30

MICROSCOPIUM

PEGASUS

AQUARIUS

PISCIS AUSTRINUS

SÜDWEST

Fomalhaut

ANDROMEDA

PISCES

GRUS

SCULPTOR

TUCANA

M33

TRIANGULUM

ARIES

Ekliptik

CETUS

Mira

PHOENIX

Achernar

FORNAX

SÜD

M45 (Plejaden)

ERIDANUS

TAURUS

Hyaden

HOROLOGIUM

RICHTUNG SÜDEN

Aldebaran

RETICULUM

DORADO

M1

ORION

Bellatrix

CAELUM

Rigel

M42

Betelgeuze

COLUMBA

LEPUS

SÜDOST

MONOCEROS

CANIS MAIOR

M50

Sirius

M41

OST

STERNBEWEGUNGEN

Norden

Süden

NOVEMBER | NÖRDLICHE BREITEN

GRÖSSENKLASSEN

-1 ★ 0 ★ 1 ★ 2 • 3 • 4 · 5 ·   Veränderliche ⊙

HIMMELSOBJEKTE

Galaxie · Kugelstern-haufen · Offener Stern-haufen · Diffuser Nebel · Planetarischer Nebel

REFERENZPUNKTE

Horizont · 60° N · 40° N · 20° N · Zenit · 20° N · 40° N · 60° N · Ekliptik

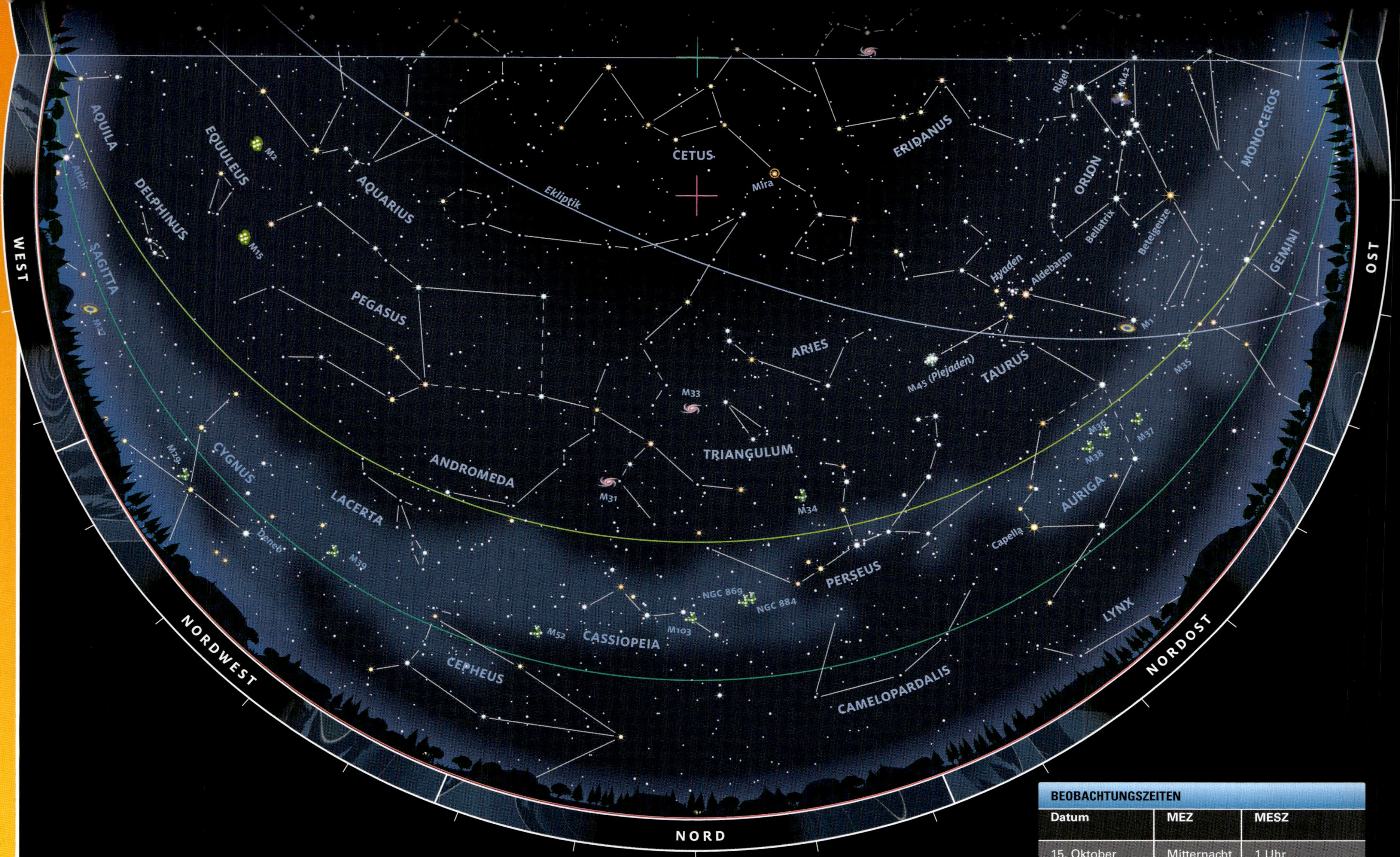

NOVEMBER | SÜDLICHE BREITEN

RICHTUNG NORDEN

GRÖSSENKLASSEN

- ✦ -1
- ✦ 0
- ✦ 1
- • 2
- · 3
- · 4
- · 5
- ⊙ Veränderliche

HIMMELSOBJEKTE

- 🌀 Galaxie
- 🟢 Kugelsternhaufen
- 🦋 Offener Sternhaufen
- Diffuser Nebel
- ⊙ Planetarischer Nebel

REFERENZPUNKTE

Horizont	
—	0°
—	20° S
—	40° S
Zenit	
+	0°
+	20° S
+	40° S
—	Ekliptik

BEOBACHTUNGSZEITEN

Datum	MEZ	MESZ
15. Oktober	Mitternacht	1 Uhr
1. November	23 Uhr	Mitternacht
15. November	22 Uhr	23 Uhr
1. Dezember	21 Uhr	22 Uhr
15. Dezember	20 Uhr	21 Uhr

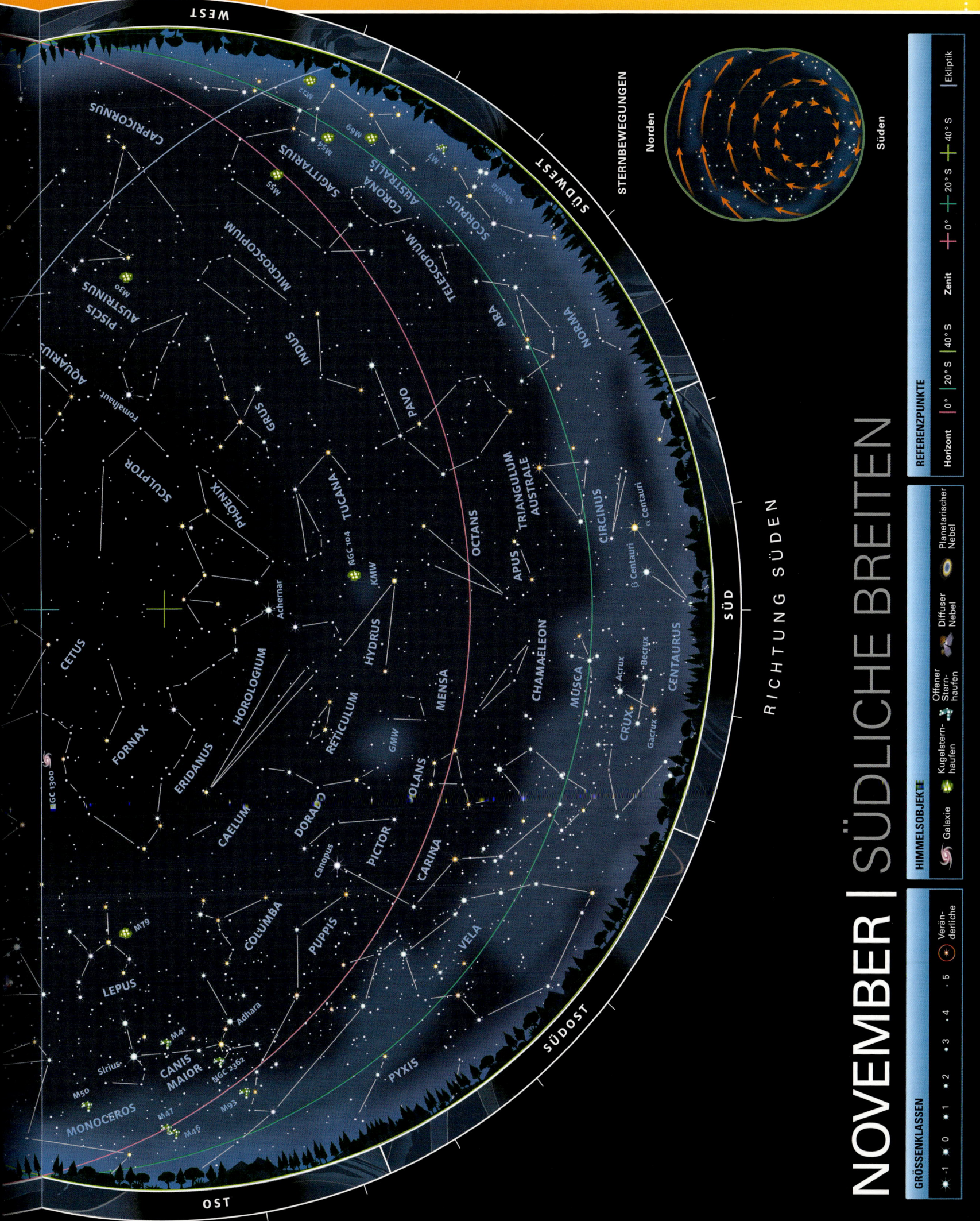

WEST

CAPRICORNUS

M22

SAGITTARIUS

M54 M69

M55

CORONA AUSTRALIS

M7 Shaula

SCORPIUS

MICROSCOPIUM

M30

PISCIS AUSTRINUS

TELESCOPIUM

ARA

NORMA

STERNBEWEGUNGEN

Norden

Süden

SÜDWEST

AQUARIUS

Fomalhaut

INDUS

GRUS

PAVO

OCTANS

APUS

TRIANGULUM AUSTRALE

CIRCINUS

α Centauri

β Centauri

SCULPTOR

PHOENIX

TUCANA

NGC 104

KMW

Achernar

HYDRUS

CHAMAELEON

MUSCA

Acrux

Becrux

CENTAURUS

SÜD

RICHTUNG SÜDEN

CETUS

FORNAX

HOROLOGIUM

ERIDANUS

RETICULUM

GMW

MENSA

DORADO

VOLANS

CRUX

Gacrux

NGC 1300

CAELUM

PICTOR

CARINA

Canopus

COLUMBA

PUPPIS

VELA

SÜDOST

M79

LEPUS

Adhara

CANIS MAIOR

NGC 2362

PYXIS

Sirius

M41

M50

M47

M93

MONOCEROS

M48

OST

WEST

REFERENZPUNKTE

Horizont | Zenit | Ekliptik

+ 0° | + 20° S | + 40° S

NOVEMBER | SÜDLICHE BREITEN

HIMMELSOBJEKTE

Galaxie | Kugelstern-haufen | Offener Stern-haufen | Diffuser Nebel | Planetarischer Nebel

GRÖSSENKLASSEN

-1 | 0 | 1 | 2 | 3 | 4 | 5 | Verän-derliche

DEZEMBER

Zum Jahresende stehen die prächtigen Sternbilder Orion, Taurus (Stier), Gemini (Zwillinge)
und Auriga (Fuhrmann) am Nordhimmel. Man
sieht sie sogar auf der Südhalbkugel, zusammen mit Vela (Segel) und Carina (Schiffskiel).

NÖRDLICHE BREITEN

STERNE

Im Norden stehen die Sternbilder
Perseus, Auriga (Fuhrmann) und
Andromeda hoch am Himmel und
im Südosten ist der prächtige Orion
nicht zu übersehen. Er führt die
Wintersternbilder an, zu denen auch
Taurus (Stier) im Süden und Gemini
(Zwillinge) im Osten gehören. Das

Winterdreieck, das durch die Sterne
Beteigeuze, Sirius und Procyon gebildet wird, ist im Südosten zu sehen.

INTERESSANTE OBJEKTE

Beobachter auf der Nordhalbkugel
werden im Dezember ziemlich ver-
wöhnt. In Orion liegt der Orionnebel
(M42), der in kleinen Teleskopen oder
Ferngläsern prächtig anzusehen ist,
und in Taurus (Stier) sind zwei funkelnde Sternhaufen zu sehen. Einer
davon sind die v-förmigen Hyaden, die
den Kopf des Stiers markieren, beim
anderen handelt es sich um die Plejaden, die zu den schönsten Offenen
Sternhaufen zählen. Auch in Auriga
liegen beeindruckende Sternhaufen.

Geminiden
Wer die Geminiden beobachtet, wird eventuell
einen sehr hellen Meteor sehen. Beim Anblick
dieser Feuerkugeln steigt automatisch die
Begeisterung für Meteorschauer.

ORION

Größe (Rang)	Hellster Stern	Genitiv	Abkürzung	Höchststand um 22 Uhr
26	Beta (β) Orionis oder Rigel, 0,2	Orionis	Ori	Dezember–Januar

Der Jäger Orion zählt zu den groß-
artigsten Sternbildern am gesamten Nachthimmel. Man findet ihn
einfach, denn die Reihe aus drei
Sternen, die seinen Gürtel bilden,
und auch die verschiedenfarbigen
Sterne Rigel und Beteigeuze fallen
einem ins Auge.
In Orion liegt auch
einer der beeindruck-
kendsten Nebel am
Himmel, der Orion-
nebel (M42).

METEORSCHAUER

Die Geminiden erreichen ihr Maximum um den 13./14. Dezember. Zu
dieser Zeit kann man einen Meteor
pro Minute sehen, die alle aus der
Richtung des Sternbilds Gemini zu
kommen scheinen.

POSITIONEN DER PLANETEN

Diese Karte zeigt die Positionen aller Planeten
außer Merkur jeweils am 15. Dezember der
Jahre 2013 bis 2021. Jeder Planet wird durch
einen Punkt von unterschiedlicher Farbe darge-

stellt, die Zahl darin gibt das betreffende Jahr an.
Merkur wird nur aufgeführt, wenn er in größter
Elongation (S. 25) steht. Weitere Daten enthält
der Almanach im Anhang.

- Merkur
- Venus
- Mars
- Jupiter
- Saturn
- Uranus
- Neptun

BEISPIELE

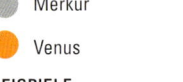 Position von Mars am 15. Dezember 2013

Position von Jupiter am 15. Dezember 2013. Der Pfeil zeigt die retrograde Bewegung des Planeten an (S. 125).

SÜDLICHE BREITEN

STERNE

Die Sternbilder Taurus (Stier), Gemini (Zwillinge), Orion und Auriga (Fuhrmann) sind in diesem Monat sichtbar. Im Norden findet man den auffälligen v-förmgen Sternhaufen der Hyaden, der den Kopf des Stiers markiert. Sein nordöstlicher Nachbar ist Orion, der mit seinen hellen Sternen Rigel und Beteigeuze einen großartigen Anblick bietet. Am Fuß von Orion entspringt Eridanus (Fluss) und schlängelt sich am Himmel entlang. Im Norden liegen unterhalb von Taurus die Sternbilder

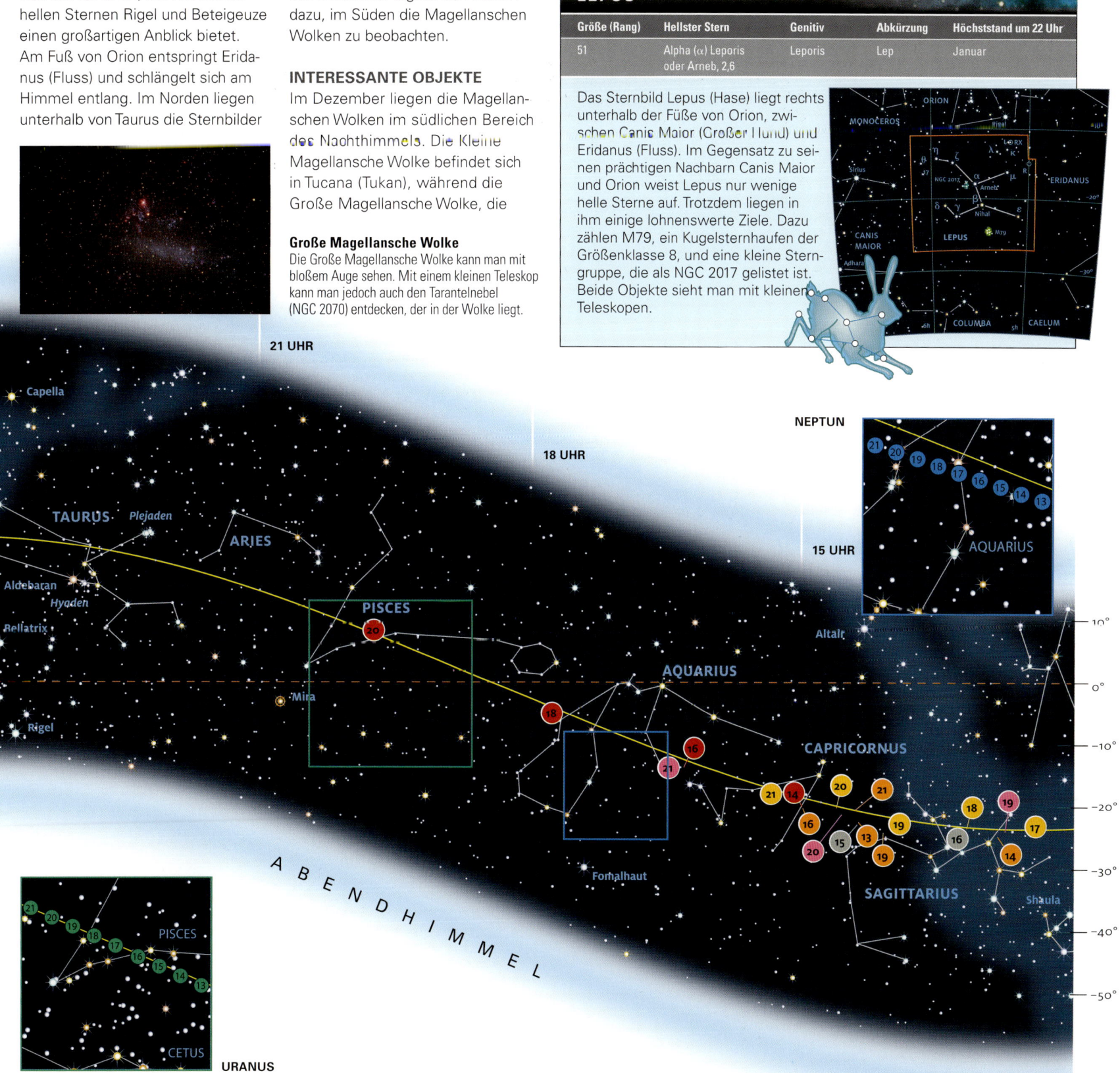

Perseus und Auriga. Letzteres findet man anhand seines hellen Sterns Capella, der in diesem Monat tief am Himmel steht. Ebenfalls tief über dem Horizont liegt im Nordosten Gemini. Dagegen sieht man im Südosten Canis Maior (Großer Hund), Vela (Segel) und Carina (Schiffskiel). Der Dezember eignet sich zudem dazu, im Süden die Magellanschen Wolken zu beobachten.

INTERESSANTE OBJEKTE

Im Dezember liegen die Magellanschen Wolken im südlichen Bereich des Nachthimmels. Die Kleine Magellansche Wolke befindet sich in Tucana (Tukan), während die Große Magellansche Wolke, die

Große Magellansche Wolke
Die Große Magellansche Wolke kann man mit bloßem Auge sehen. Mit einem kleinen Teleskop kann man jedoch auch den Tarantelnebel (NGC 2070) entdecken, der in der Wolke liegt.

auch den Tarantelnebel (NGC 2070) enthält, an der Grenze zwischen den Sternbildern Dorado (Goldfisch) und Mensa (Tafelberg) liegt. Hoch im Nordosten liegt der fantastische Orionnebel (M42) in Orion. Im benachbarten Sternbild Taurus

kann man zwei Offene Sternhaufen beobachten, die Hyaden und die Plejaden. Die Plejaden (M45) kann man zwar bereits mit bloßem Auge sehen, aber in kleinen Teleskopen eröffnet sich ein viel schönerer Anblick.

LEPUS

Größe (Rang)	Hellster Stern	Genitiv	Abkürzung	Höchststand um 22 Uhr
51	Alpha (α) Leporis oder Arneb, 2,6	Leporis	Lep	Januar

Das Sternbild Lepus (Hase) liegt rechts unterhalb der Füße von Orion, zwischen Canis Maior (Großer Hund) und Eridanus (Fluss). Im Gegensatz zu seinen prächtigen Nachbarn Canis Maior und Orion weist Lepus nur wenige helle Sterne auf. Trotzdem liegen in ihm einige lohnenswerte Ziele. Dazu zählen M79, ein Kugelsternhaufen der Größenklasse 8, und eine kleine Sterngruppe, die als NGC 2017 gelistet ist. Beide Objekte sieht man mit kleinen Teleskopen.

DEZEMBER
NÖRDLICHE BREITEN

BEOBACHTUNGSZEITEN		
Datum	MEZ	MESZ
15. November	Mitternacht	1 Uhr
1. Dezember	23 Uhr	Mitternacht
15. Dezember	22 Uhr	23 Uhr
1. Januar	21 Uhr	22 Uhr
15. Januar	20 Uhr	21 Uhr

RICHTUNG **NORDEN**

Im Osten liegen im Sternbild Gemini (Zwillinge) mehrere interessante Objekte, die es sich lohnt zu beobachten. Geminis zweithellster Stern, Castor, ist ein Mehrfachstern, während der Offene Sternhaufen M35, der an den Füßen von einem der Zwillinge liegt, ein gutes Ziel für Ferngläser oder kleine Teleskope ist.

Weitere Beobachtungsziele sind der Doppelsternhaufen (S. 22) in Perseus, der hoch am Himmel stehende Andromedanebel (S. 94) und die Milchstraße, die Cygnus durchquert.

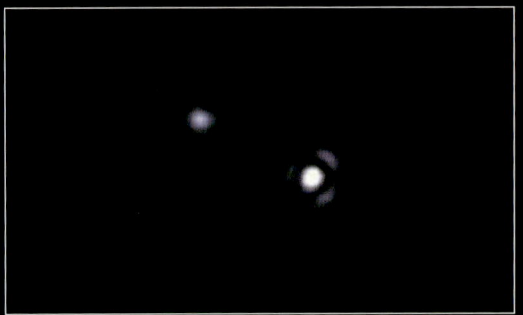

Castor
Das Mehrfachsternsystem Castor oder Alpha (α) Geminorum wird von kleinen Teleskopen aufgelöst. Die beiden Hauptsterne umkreisen sich gegenseitig ungefähr alle 468 Jahre einmal.

RICHTUNG **SÜDEN**

Der Orionnebel ist zweifellos das wichtigste Ziel in diesem Bereich des nördlichen Himmels (S. 102). Man findet ihn im Schwertgehänge des Orion, das sich mittig unterhalb der drei Gürtelsterne befindet. In einem kleinen Teleskop ähnelt der Nebel einer himmlischen Höhle, in deren Herz Sterne sitzen. Größere Teleskope offenbaren seine Gaswirbel, die ihn zu einem der schönsten Himmelsobjekte machen. Hoch am Himmel stehen auch die Hyaden und die Plejaden – zwei Offene Sternhaufen in Taurus (Stier).

Orion
Das Sternbild Orion ist am nächtlichen Winterhimmel ein großartiger Anblick. Der Stern Beteigeuze markiert die Schulter des Jägers, während Rigel seinen Fuß darstellt.

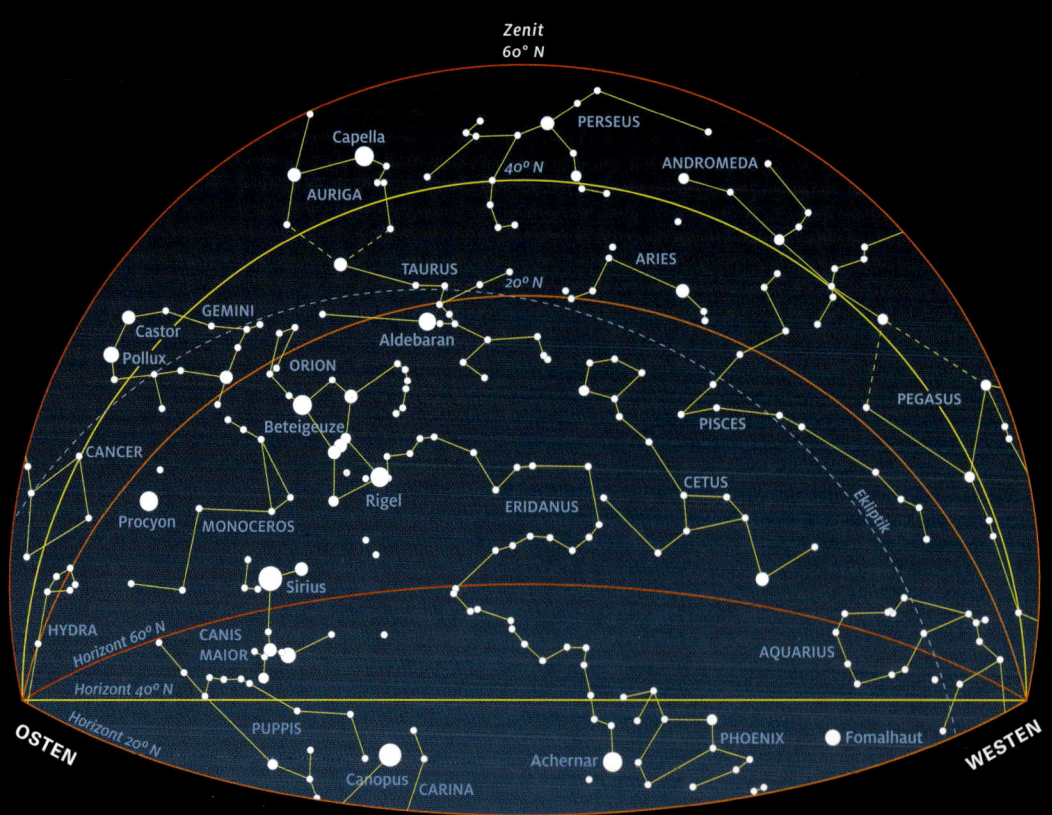

GRÖSSENKLASSE
-1 0 1 2 • 3 und höher

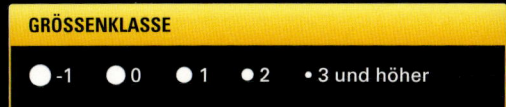

DEZEMBER
SÜDLICHE BREITEN

RICHTUNG **NORDEN**

In und um das Sternbild Orion können Stern-
beobachter auf der Südhalbkugel viele interessante Objekte entdecken. Insbesonders der
Orionnebel (S. 102) ist ein schönes Ziel für Ferngläser oder kleine Teleskope. Die Sternhaufen
der Plejaden und der Hyaden sind mit bloßem
Auge zu erkennen. Darüber hinaus bieten die
benachbarten Sternbilder Auriga (Fuhrmann),
Monoceros (Einhorn) und Puppis (Achterschiff)
mehrere Offene Sternhaufen wie M36, M37,
M38, M50, M46 und M47.

M38 in Auriga
Von den drei bekannten Messier-Sternhaufen ist der Offene Sternhaufen M38 (Größenklasse 6,4) in Auriga, etwa 4200 Lichtjahre
von uns entfernt, jener, dessen Sterne am verstreutesten liegen.

RICHTUNG **SÜDEN**

Mit dem Fernglas erblickt man im Süden viele
interessante Objekte: In Carina (Schiffskiel) im
Südosten sind mit NGC 3114 und NGC 2516
zwei bekannte Offene Sternhaufen zu sehen,
der Carinanebel (NGC 3372) zeigt sich in Ferngläsern oder kleinen Teleskopen als diffuser
Nebel und auch der helle Offene Sternhaufen
IC 2602 (Südliche Plejaden) sind ein gutes Ziel
für Ferngläser. Die Kleine Magellansche Wolke
ist in Tucana zu sehen und die Große Magellansche Wolke westlich von Pictor.

Große Magellansche Wolke (GMW)
Schon für das bloße Auge auffällig, liegt auf der Grenze der Sternbilder Mensa und Dorado die Große Magellansche Wolke. Ein
kleines Teleskop zeigt in ihr Sternhaufen und helle Nebelflecken.

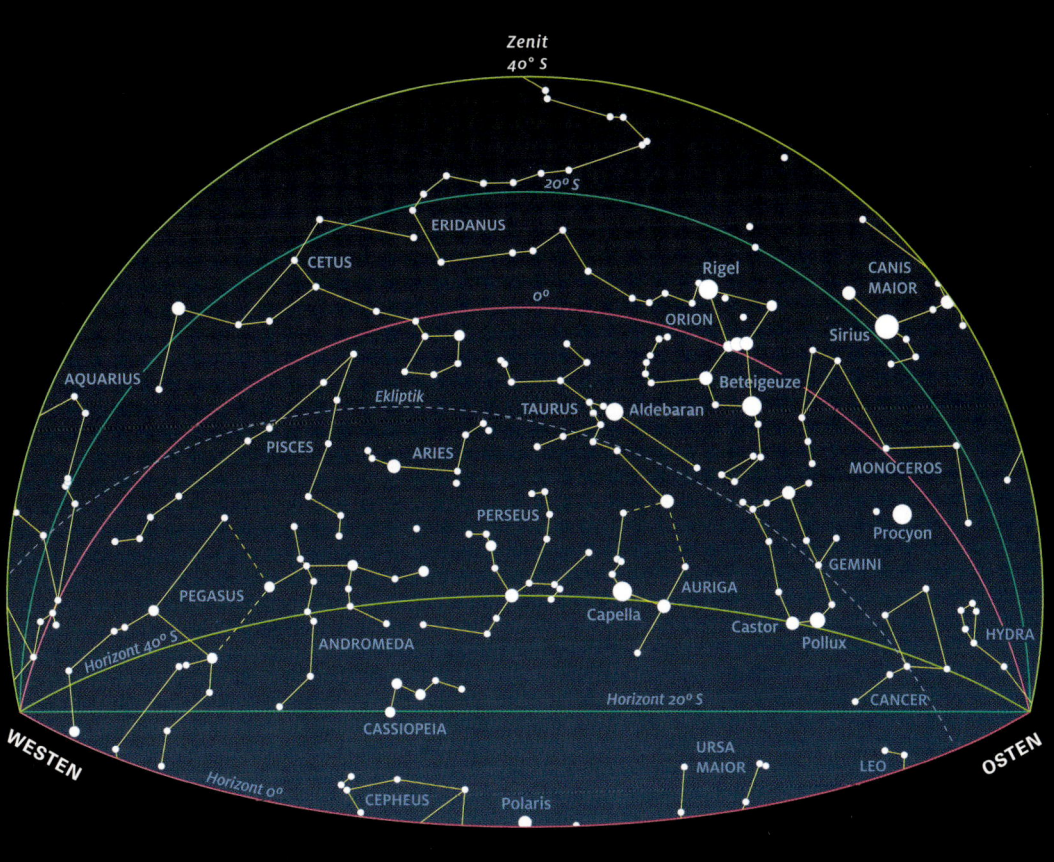

Zenit
40° S

20° S

ERIDANUS
CETUS
Rigel
CANIS MAIOR
0°
ORION
Sirius
Beteigeuze
AQUARIUS
Ekliptik
TAURUS Aldebaran
PISCES ARIES
MONOCEROS
PERSEUS
Procyon
GEMINI
AURIGA
Capella
Castor
Pollux
HYDRA
PEGASUS
ANDROMEDA
Horizont 40° S
Horizont 20° S
CANCER
CASSIOPEIA
WESTEN
URSA MAIOR
LEO
OSTEN
Horizont 0°
CEPHEUS Polaris

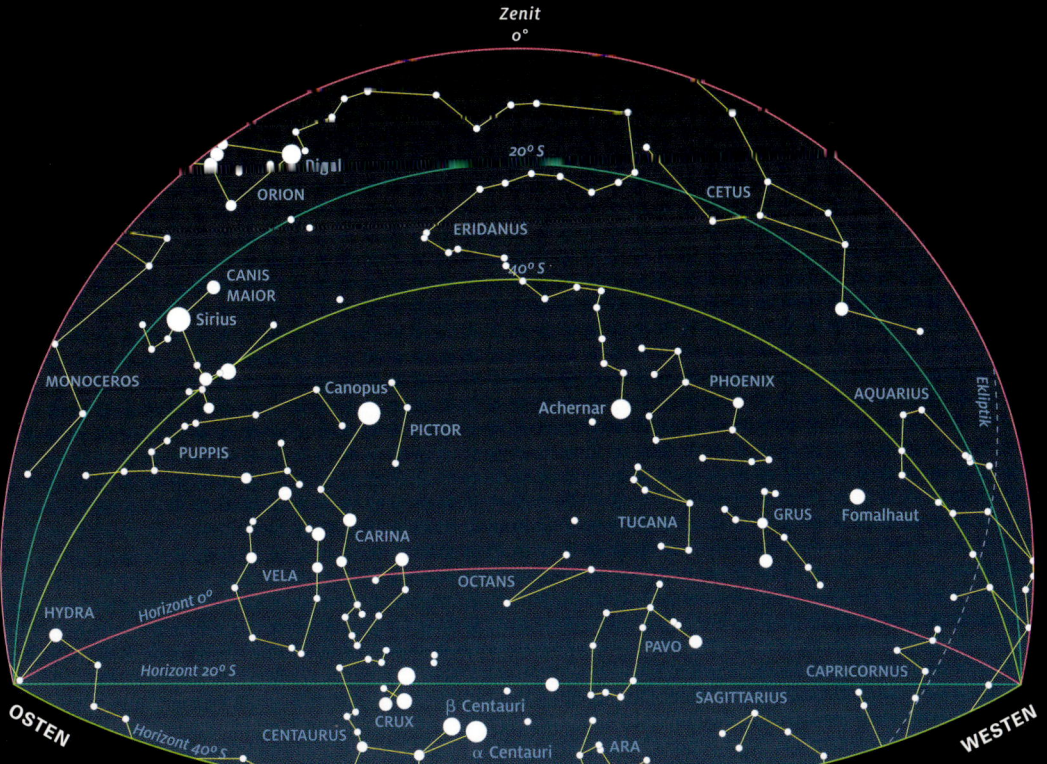

Zenit
0°

20° S
ORION
CETUS
Rigel
ERIDANUS
40° S
CANIS MAIOR
Sirius
MONOCEROS
Canopus
PHOENIX
AQUARIUS
PICTOR
Achernar
Ekliptik
PUPPIS
TUCANA
GRUS
Fomalhaut
CARINA
VELA
OCTANS
HYDRA
Horizont 0°
PAVO
Horizont 20° S
CAPRICORNUS
OSTEN
SAGITTARIUS
β Centauri
CENTAURUS
CRUX
α Centauri
ARA
WESTEN
Horizont 40° S

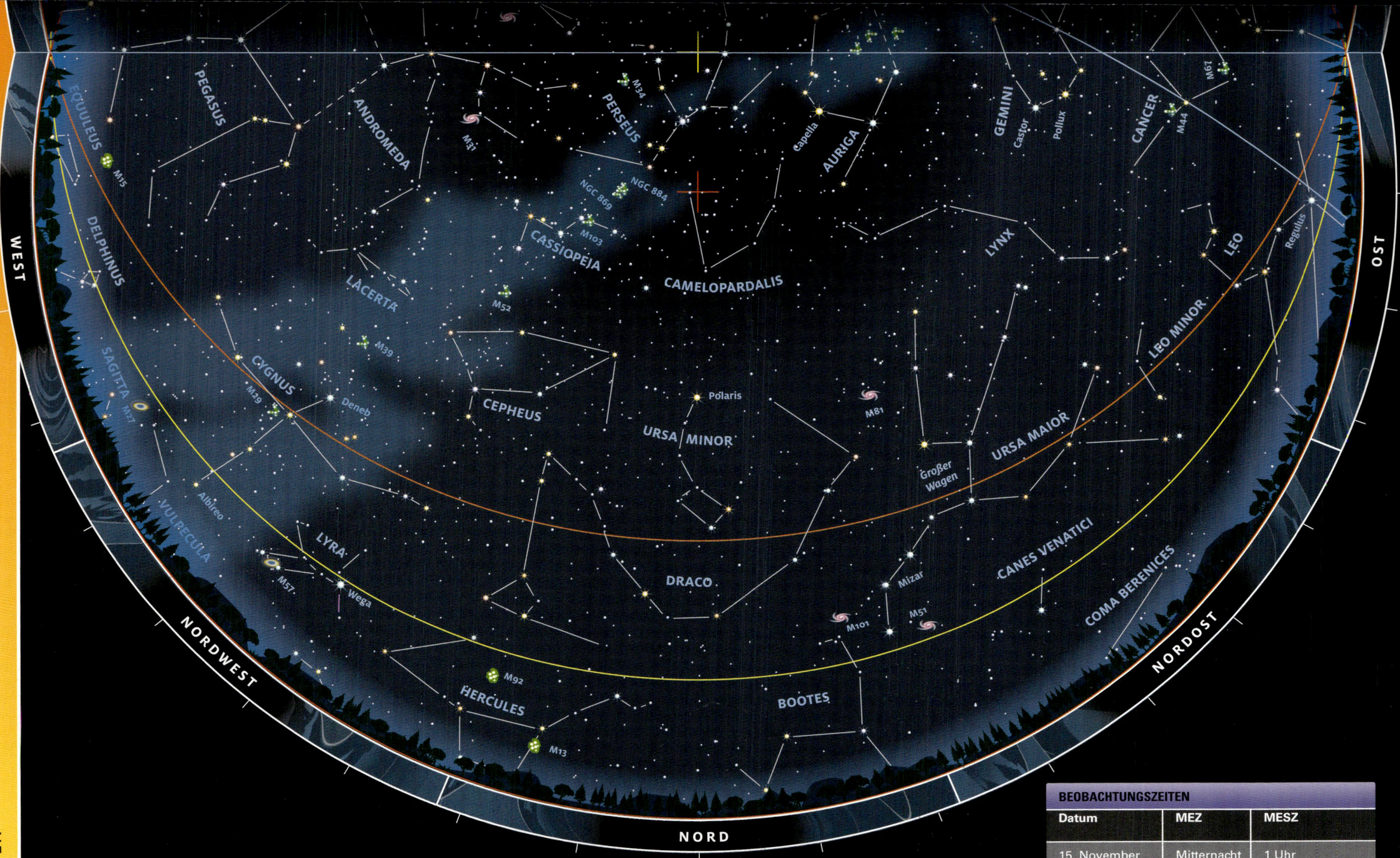

DEZEMBER | NÖRDLICHE BREITEN

RICHTUNG NORDEN

GRÖSSENKLASSEN

- ★ -1
- ★ 0
- ★ 1
- ★ 2
- • 3
- • 4
- · 5
- ⊛ Veränderliche

HIMMELSOBJEKTE

- Galaxie
- Kugelsternhaufen
- Offener Sternhaufen
- Diffuser Nebel
- Planetarischer Nebel

REFERENZPUNKTE

- Horizont
- 60° N
- 40° N
- 20° N
- Zenit
- + 60° N
- + 40° N
- + 20° N
- Ekliptik

BEOBACHTUNGSZEITEN

Datum	MEZ	MESZ
15. November	Mitternacht	1 Uhr
1. Dezember	23 Uhr	Mitternacht
15. Dezember	22 Uhr	23 Uhr
1. Januar	21 Uhr	22 Uhr
15. Januar	20 Uhr	21 Uhr

WEST

NORDWEST

NORD

NORDOST

OST

SAGITTA
VULPECULA
DELPHINUS
EQUULEUS
M15
Albireo
M27
M71
CYGNUS
M29
LYRA
Wega
Deneb
65 W
59 W
PEGASUS
LACERTA
ANDROMEDA
M31
M52
NGC 869
NGC 884
CASSIOPEIA
M103
CEPHEUS
M34
PERSEUS
HERCULES
M92
M13
DRACO
URSA MINOR
Polaris
CAMELOPARDALIS
Capella
AURIGA
BOÖTES
M101
M81
Mizar
M51
Großer Wagen
URSA MAIOR
LYNX
GEMINI
Castor
Pollux
CANES VENATICI
LEO MINOR
CANCER
M44
COMA BERENICES
LEO
M67
Regulus

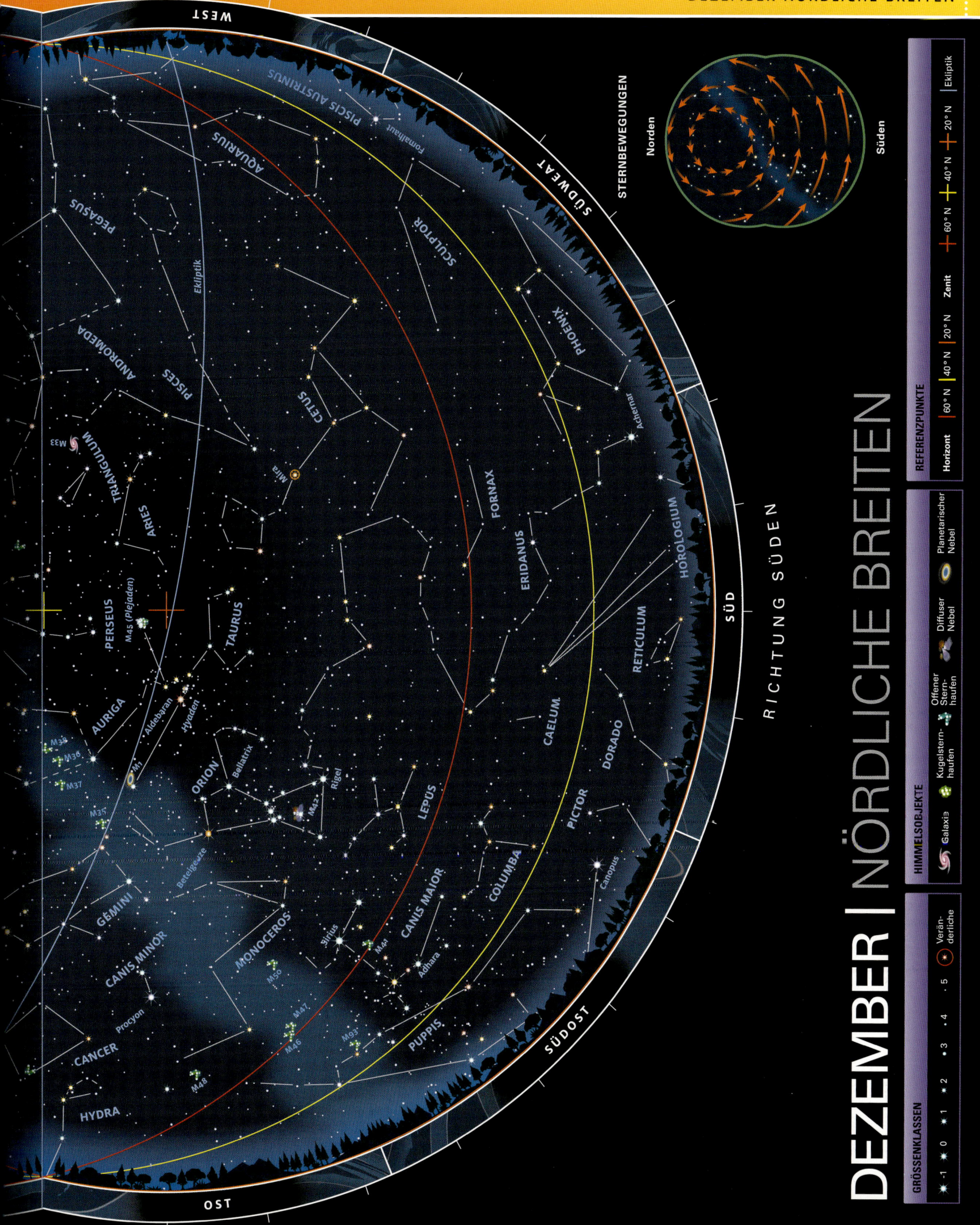

DEZEMBER | NÖRDLICHE BREITEN

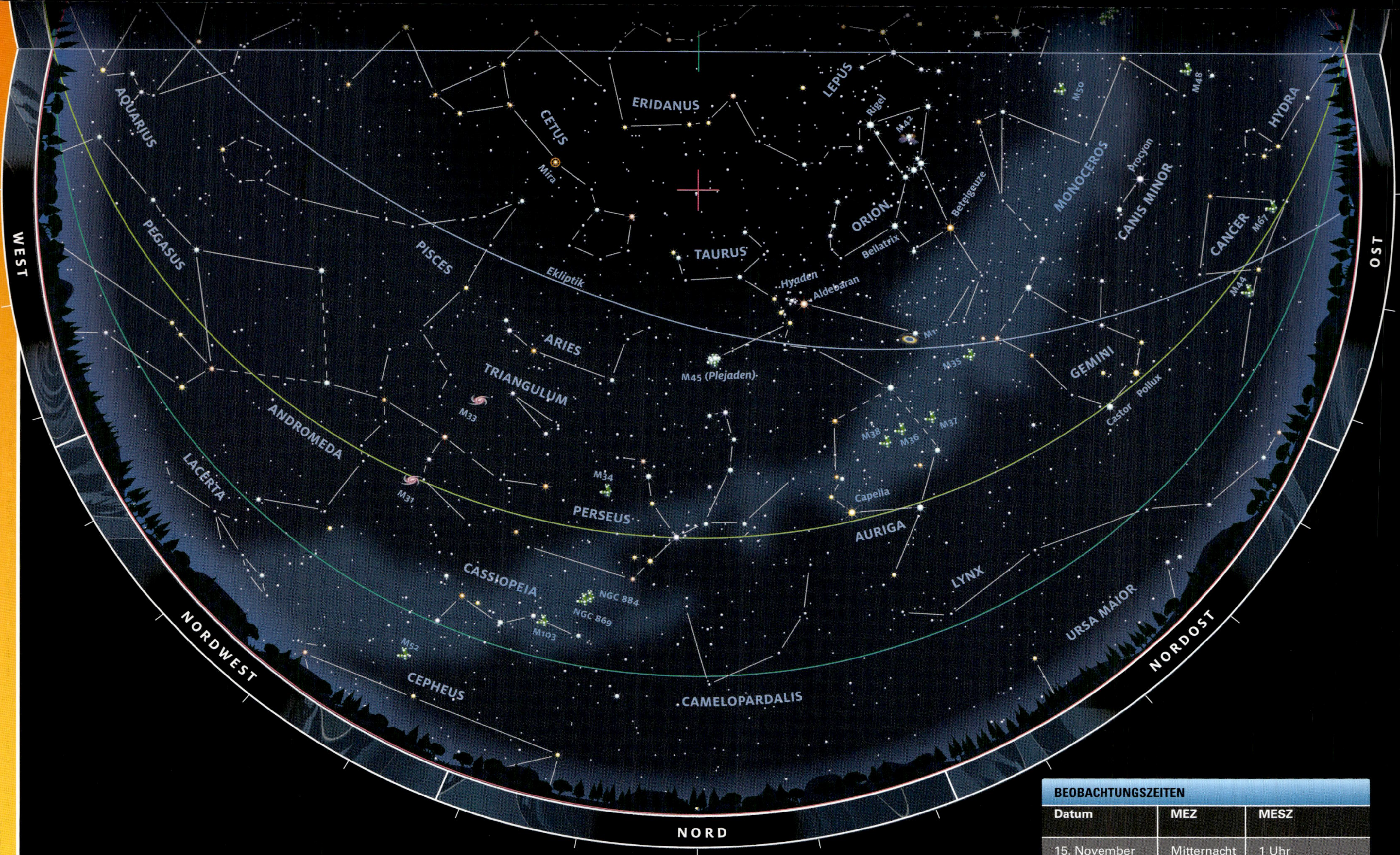

DEZEMBER | SÜDLICHE BREITEN

GRÖSSENKLASSEN

- ★ -1
- ○ 0
- ☆ 1
- ★ 2
- • 3
- • 4
- • 5
- ⊛ Veränderliche

HIMMELSOBJEKTE

- 🌀 Galaxie
- ⬡ Kugelsternhaufen
- ✦ Offener Sternhaufen
- ⬮ Diffuser Nebel
- ◉ Planetarischer Nebel

REFERENZPUNKTE

Horizont
- | 0°
- | 20° S
- | 40° S

Zenit
- ✛ 0°
- ✚ 20° S
- ✚ 40° S

- | Ekliptik

RICHTUNG NORDEN

NORDWEST
WEST
NORD
NORDOST
OST

Datum	MEZ	MESZ
15. November	Mitternacht	1 Uhr
1. Dezember	23 Uhr	Mitternacht
15. Dezember	22 Uhr	23 Uhr
1. Januar	21 Uhr	22 Uhr
15. Januar	20 Uhr	21 Uhr

BEOBACHTUNGSZEITEN

Sternbilder und Objekte

CEPHEUS, CASSIOPEIA, LACERTA, ANDROMEDA, PEGASUS, AQUARIUS, PISCES, TRIANGULUM, ARIES, PERSEUS, CETUS, Mira, ERIDANUS, TAURUS, Hyaden, Aldebaran, LEPUS, ORION, Bellatrix, Rigel, Betelgeuze, M42, MONOCEROS, CANIS MINOR, Procyon, GEMINI, Castor, Pollux, CANCER, HYDRA, AURIGA, Capella, LYNX, URSA MAIOR, CAMELOPARDALIS

M52, M103, NGC 869, NGC 884, M31, M33, M34, M45 (Plejaden), M38, M36, M37, M35, M1, M50, M48, M44, M67

Ekliptik

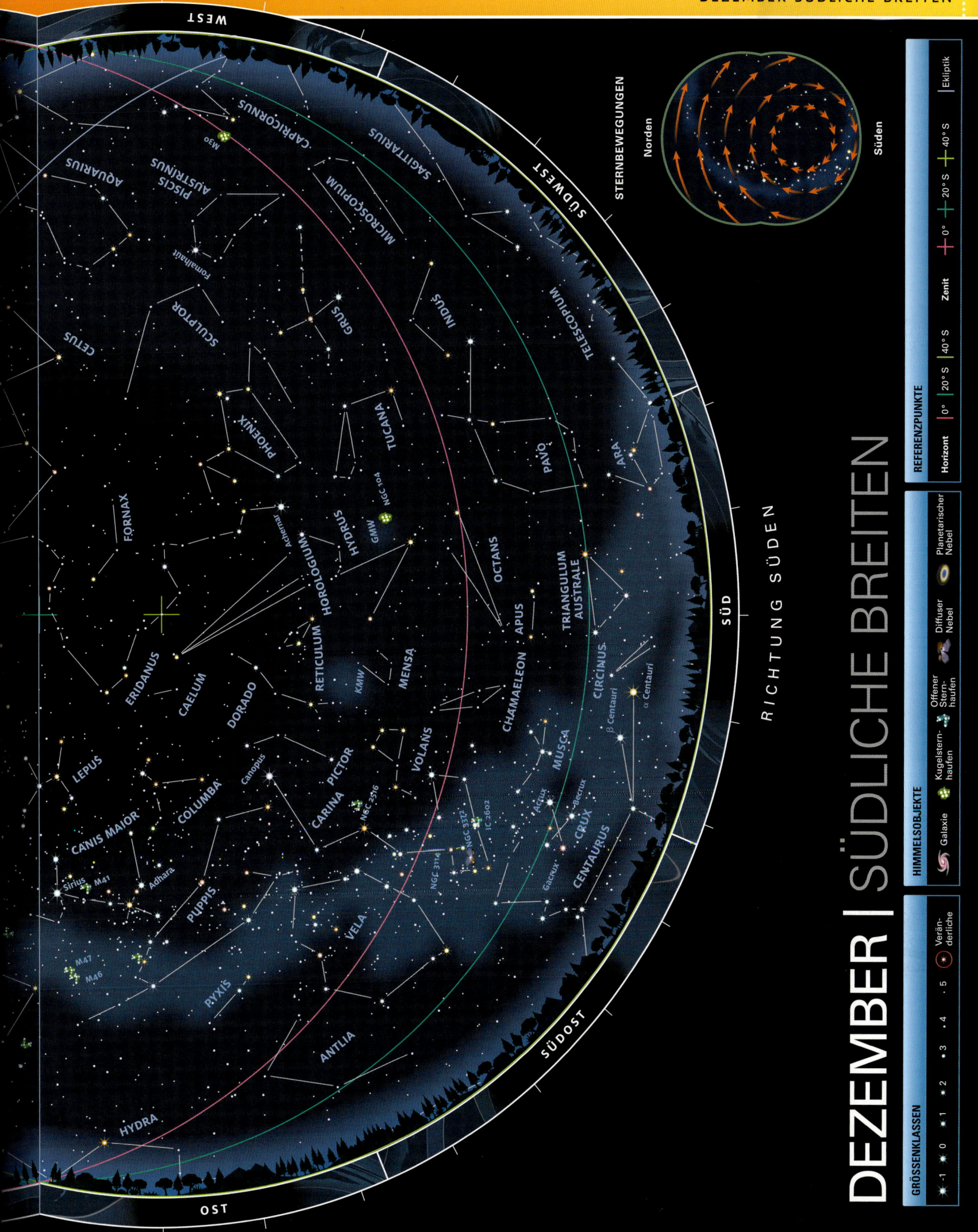

STERNBEWEGUNGEN

Norden

Süden

RICHTUNG SÜDEN

SÜD

SÜDOST

OST

WEST

SÜDWEST

DEZEMBER | SÜDLICHE BREITEN

GRÖSSENKLASSEN

-1   0   1   2   3   4   5   Veränderliche

HIMMELSOBJEKTE

Galaxie   Kugelstern-haufen   Offener Stern-haufen   Diffuser Nebel   Planetarischer Nebel

REFERENZPUNKTE

Horizont   Ekliptik   0°   20° S   40° S   Zenit   0°   20° S   40° S

CETUS
AQUARIUS
PISCIS AUSTRINUS
Fomalhaut
CAPRICORNUS
M30
SCULPTOR
SAGITTARIUS
MICROSCOPIUM
GRUS
INDUS
TELESCOPIUM
PHOENIX
TUCANA
NGC 104
PAVO
FORNAX
GMW
HYDRUS
ARA
Achernar
HOROLOGIUM
RETICULUM
OCTANS
KMW
MENSA
APUS
TRIANGULUM AUSTRALE
CHAMAELEON
ERIDANUS
CAELUM
DORADO
PICTOR
VOLANS
CIRCINUS
β Centauri
α Centauri
LEPUS
Canopus
CARINA
MUSCA
Acrux
CENTAURUS
NGC 2516
Mimosa
CRUX
CANIS MAIOR
COLUMBA
IC 2602
Gacrux
Sirius   M41
Adhara
NGC 3114
NGC 3372
PUPPIS
VELA
M47
M46
PYXIS
ANTLIA
HYDRA

ALMANACH

2013

Der Almanach enthält die wichtigsten astronomischen Ereignisse der Jahre 2013–2021, die am Nachthimmel zu sehen sind. Die Kalender zeigen die Mondphasen, Sonnen- und Mondfinsternisse sowie die Konstellationen der Planeten. Dazu gehören die größten westlichen und östlichen Elongationen (Winkel zwischen der Sonne und einem Planet) von Merkur und Venus sowie die Oppositionsstellungen von Mars, Jupiter und Saturn, also wenn diese Planeten auf der sonnenfernen Seite der Erde stehen und die ganze Nacht am Himmel zu sehen sind.

Dieses Jahr gibt es zwei ringförmige Sonnenfinsternisse, eine von ihnen kann man an bestimmten Standorten als totale Finsternis erleben. Zudem gibt es eine partielle Mondfinsternis, die an vielen Orten zu sehen ist. Des Weiteren ist am Abendhimmel eine seltene, enge Ausrichtung (oder Konjunktion) der beiden inneren Planeten Merkur und Venus zu beobachten.

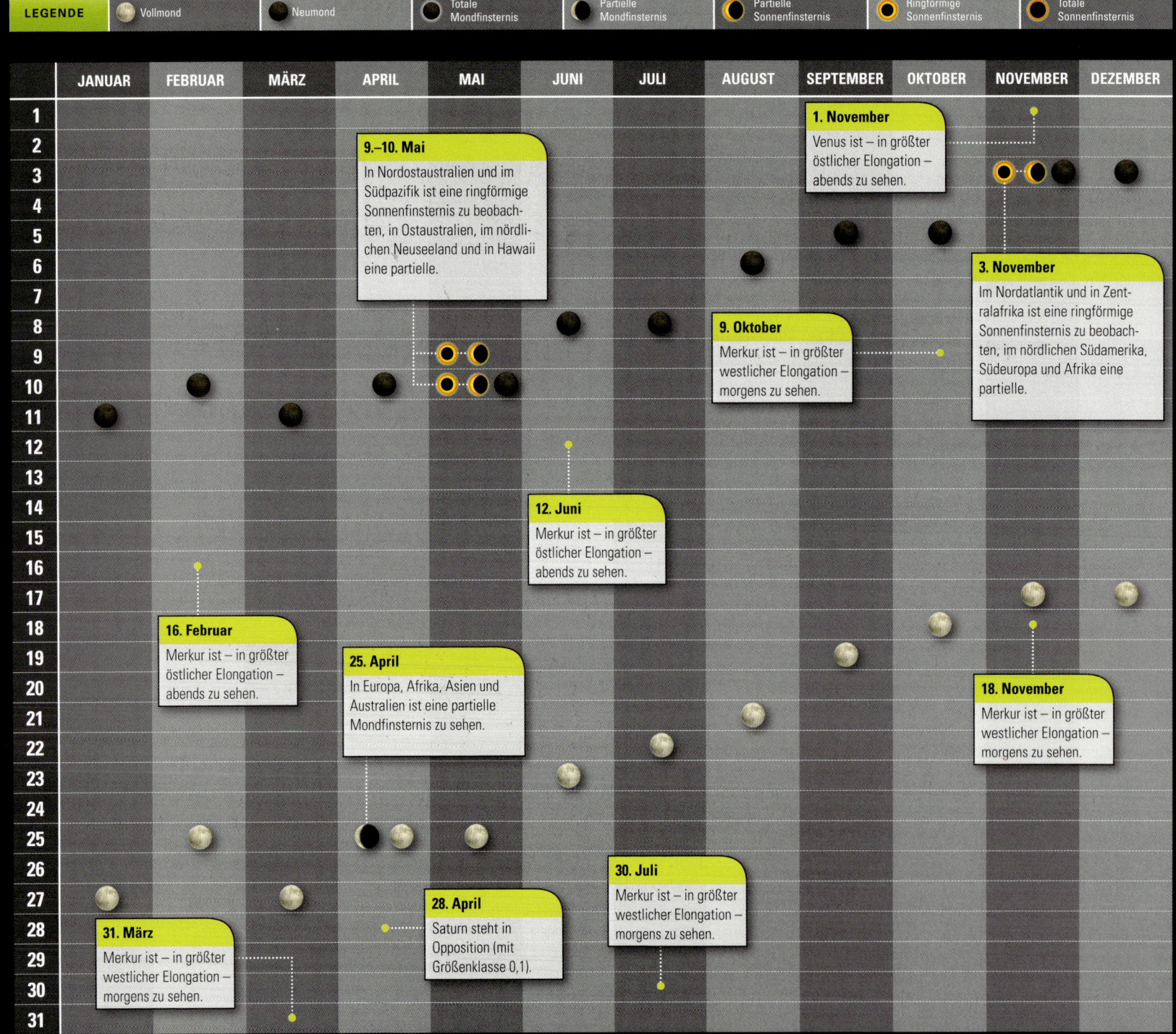

LEGENDE ● Vollmond ● Neumond ● Totale Mondfinsternis ● Partielle Mondfinsternis ◉ Partielle Sonnenfinsternis ◉ Ringförmige Sonnenfinsternis ◉ Totale Sonnenfinsternis

1. November
Venus ist – in größter östlicher Elongation – abends zu sehen.

9.–10. Mai
In Nordostaustralien und im Südpazifik ist eine ringförmige Sonnenfinsternis zu beobachten, in Ostaustralien, im nördlichen Neuseeland und in Hawaii eine partielle.

3. November
Im Nordatlantik und in Zentralafrika ist eine ringförmige Sonnenfinsternis zu beobachten, im nördlichen Südamerika, Südeuropa und Afrika eine partielle.

9. Oktober
Merkur ist – in größter westlicher Elongation – morgens zu sehen.

12. Juni
Merkur ist – in größter östlicher Elongation – abends zu sehen.

16. Februar
Merkur ist – in größter östlicher Elongation – abends zu sehen.

25. April
In Europa, Afrika, Asien und Australien ist eine partielle Mondfinsternis zu sehen.

18. November
Merkur ist – in größter westlicher Elongation – morgens zu sehen.

30. Juli
Merkur ist – in größter westlicher Elongation – morgens zu sehen.

28. April
Saturn steht in Opposition (mit Größenklasse 0,1).

31. März
Merkur ist – in größter westlicher Elongation – morgens zu sehen.

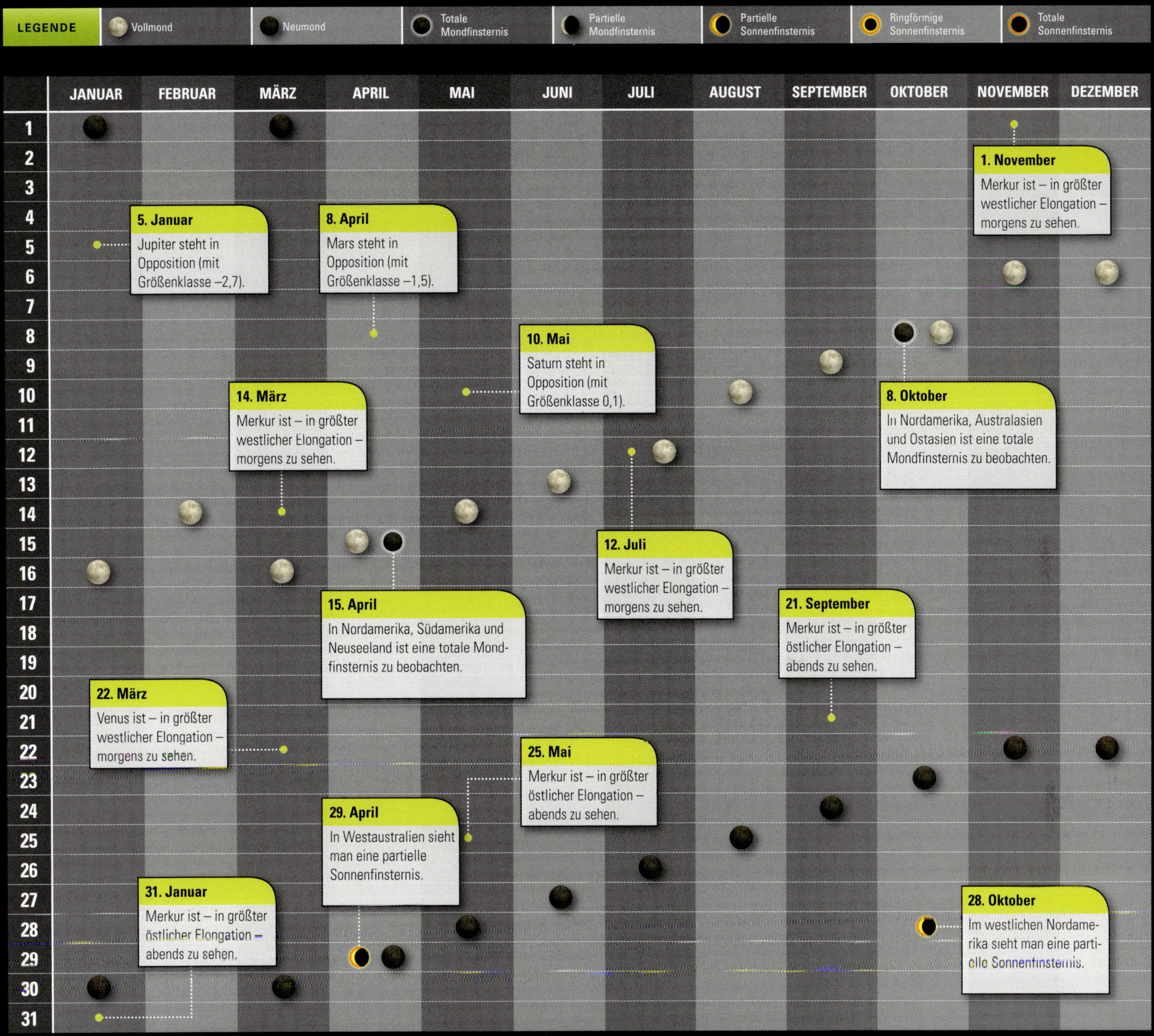

LEGENDE
Vollmond
Neumond
Totale Mondfinsternis
Partielle Mondfinsternis
Partielle Sonnenfinsternis
Ringförmige Sonnenfinsternis
Totale Sonnenfinsternis
JANUAR
FEBRUAR
MÄRZ
APRIL
MAI
JUNI
JULI
AUGUST
SEPTEMBER
OKTOBER
NOVEMBER
DEZEMBER
1
2
3
4
5
6
7
8
9
10
11
12
13
14
15
16
17
18
19
20
21
22
23
24
25
26
27
28
29
30
31
5. Januar
Jupiter steht in Opposition (mit Größenklasse –2,7).
8. April
Mars steht in Opposition (mit Größenklasse –1,5).
1. November
Merkur ist – in größter westlicher Elongation – morgens zu sehen.
10. Mai
Saturn steht in Opposition (mit Größenklasse 0,1).
14. März
Merkur ist – in größter westlicher Elongation – morgens zu sehen.
8. Oktober
In Nordamerika, Australasien und Ostasien ist eine totale Mondfinsternis zu beobachten.
12. Juli
Merkur ist – in größter westlicher Elongation – morgens zu sehen.
15. April
In Nordamerika, Südamerika und Neuseeland ist eine totale Mondfinsternis zu beobachten.
21. September
Merkur ist – in größter östlicher Elongation – abends zu sehen.
22. März
Venus ist – in größter westlicher Elongation – morgens zu sehen.
25. Mai
Merkur ist – in größter östlicher Elongation – abends zu sehen.
29. April
In Westaustralien sieht man eine partielle Sonnenfinsternis.
31. Januar
Merkur ist – in größter östlicher Elongation – abends zu sehen.
28. Oktober
Im westlichen Nordamerika sieht man eine partielle Sonnenfinsternis.

2014

Außer zwei partiellen Sonnen- und zwei totalen Mondfinsternissen ist dieses Jahr zu sehen, wie ein Planetoid einen hellen Stern bedeckt. Zudem sind noch Bedeckungen des Saturn durch den Mond zu beobachten.

Bedeckung in Leo
Am 20. März 2014 verschwindet am nordamerikanischen Himmel Leos hellster Stern Regulus (unten rechts) kurz hinter dem Planetoiden 163 Erigone, der vor ihm vorbeizieht.

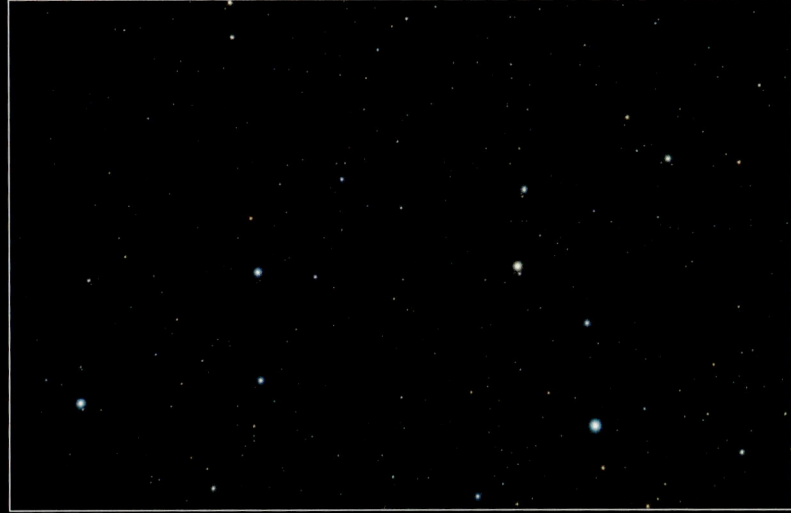

Mond und Saturn
Zwischen März und Mai 2014 wandert der Mond mindestens drei Mal vor dem mit Ringen umgebenen Planeten Saturn vorbei.

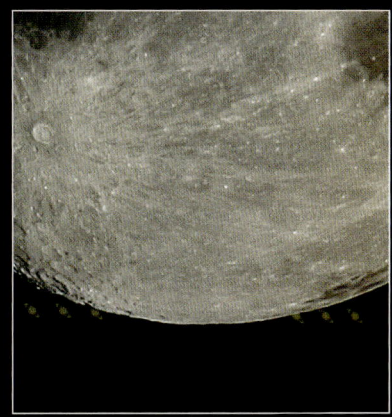

2015

In diesem Jahr kann man zwei Sonnenfinsternisse, eine partielle und eine totale (aber nur in nördlichen, arktischen Breiten) erleben. Des Weiteren gibt es im Frühling und im Herbst zwei totale Mondfinsternisse, die weithin zu sehen sind.

Mondfinsternis
Wenn sich der Vollmond am 28. September in den Erdschatten schiebt, ist die Mondfinsternis auf beiden Seiten des Atlantiks zu sehen.

Venus in Bestform
Der erdnächste Planet, die Venus, wird Mitte des Jahres 2015 zum prominenten Abendstern und später im Jahr zum hellen Morgenstern.

LEGENDE	● Vollmond	● Neumond	● Totale Mondfinsternis	● Partielle Mondfinsternis	◐ Partielle Sonnenfinsternis	◉ Ringförmige Sonnenfinsternis	○ Totale Sonnenfinsternis

	JANUAR	FEBRUAR	MÄRZ	APRIL	MAI	JUNI	JULI	AUGUST	SEPTEMBER	OKTOBER	NOVEMBER	DEZEMBER
1												
2						●	●					
3		●										
4				● ●	●							
5	●			●								
6												
7												
8												
9												
10												
11										●		●
12												
13									◉ ●			
14												
15								●				
16					●							
17												
18		●	●		●	●						
19												
20	●		◉ ◉ ●									
21												
22												
23												
24												
25											●	●
26												
27												
28									● ●			
29										●		
30												
31					●							

6. Juni
Venus ist – in größter östlicher Elongation – abends zu sehen.

4. September
Merkur ist – in größter östlicher Elongation – abends zu sehen.

4. April
Im westlichen Nordamerika, in Australasien und Ostasien ist eine totale Mondfinsternis zu sehen.

6. Februar
Jupiter steht in Opposition (mit Größenklasse –2,6).

7. Mai
Merkur ist – in größter östlicher Elongation – abends zu sehen.

14. Januar
Merkur ist – in größter östlicher Elongation – abends zu sehen.

16. Oktober
Merkur ist – in größter westlicher Elongation – morgens zu sehen.

13. September
In Südostafrika und der Antarktis ist eine partielle Sonnenfinsternis zu beobachten.

24. Juni
Merkur ist – in größter westlicher Elongation – morgens zu sehen.

29. Dezember
Merkur ist – in größter östlicher Elongation – abends zu sehen.

20. März
In der Arktis ist eine totale Sonnenfinsternis zu beobachten, in Europa, Nordafrika und Nordwestasien eine partielle.

28. September
In Europa, Afrika, Nordamerika und Südamerika ist eine totale Mondfinsternis ist zu sehen.

23. Mai
Saturn steht in Opposition (mit Größenklasse 0,0).

24. Februar
Merkur ist – in größter westlicher Elongation – morgens zu sehen.

26. Oktober
Venus ist – in größter westlicher Elongation – morgens zu sehen.

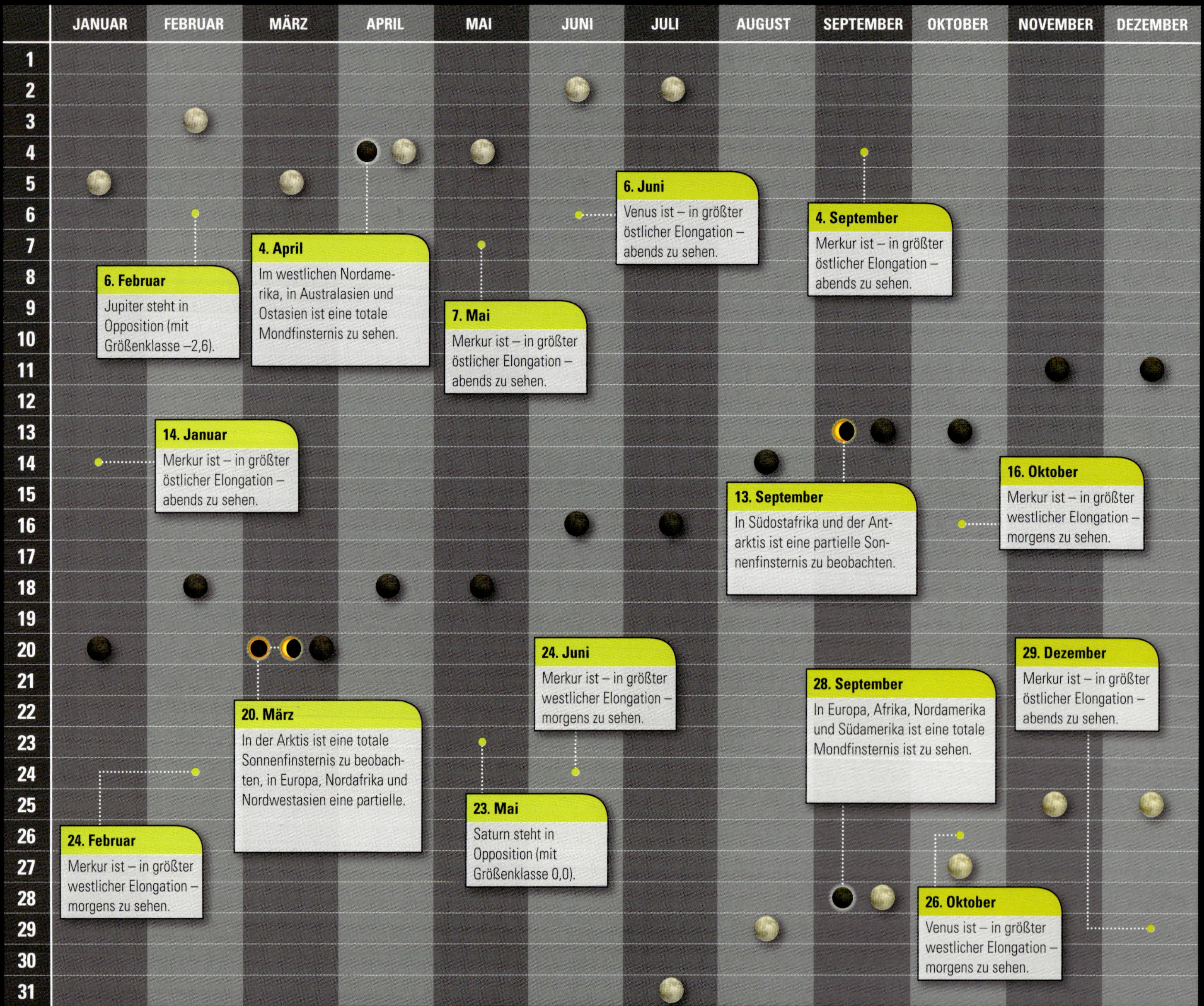

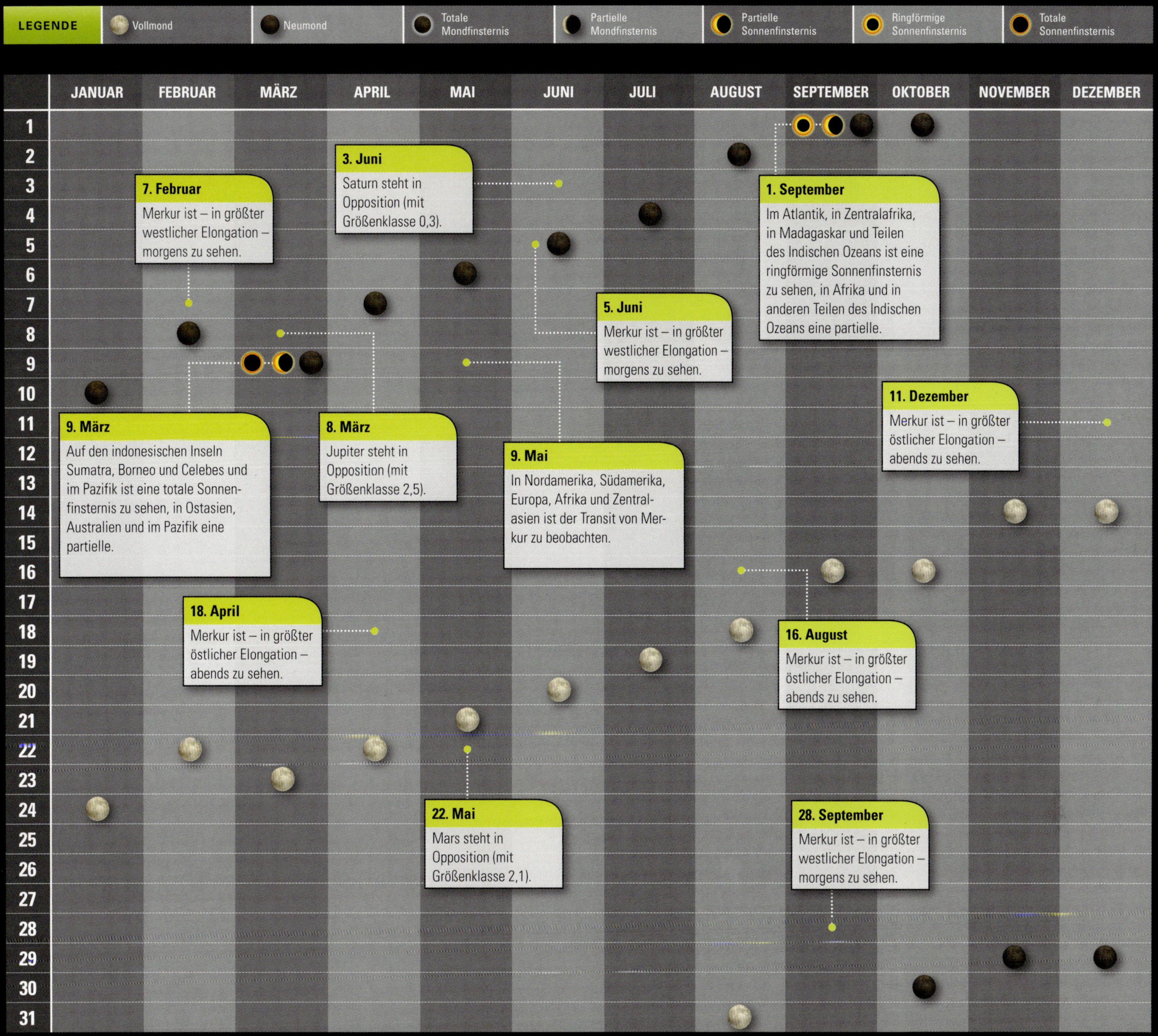
LEGENDE
Vollmond
Neumond
Totale Mondfinsternis
Partielle Mondfinsternis
Partielle Sonnenfinsternis
Ringförmige Sonnenfinsternis
Totale Sonnenfinsternis
JANUAR
FEBRUAR
MÄRZ
APRIL
MAI
JUNI
JULI
AUGUST
SEPTEMBER
OKTOBER
NOVEMBER
DEZEMBER
1
2
3
4
5
6
7
8
9
10
11
12
13
14
15
16
17
18
19
20
21
22
23
24
25
26
27
28
29
30
31
7. Februar
Merkur ist – in größter westlicher Elongation – morgens zu sehen.
3. Juni
Saturn steht in Opposition (mit Größenklasse 0,3).
1. September
Im Atlantik, in Zentralafrika, in Madagaskar und Teilen des Indischen Ozeans ist eine ringförmige Sonnenfinsternis zu sehen, in Afrika und in anderen Teilen des Indischen Ozeans eine partielle.
5. Juni
Merkur ist – in größter westlicher Elongation – morgens zu sehen.
11. Dezember
Merkur ist – in größter östlicher Elongation – abends zu sehen.
9. März
Auf den indonesischen Inseln Sumatra, Borneo und Celebes und im Pazifik ist eine totale Sonnenfinsternis zu sehen, in Ostasien, Australien und im Pazifik eine partielle.
8. März
Jupiter steht in Opposition (mit Größenklasse 2,5).
9. Mai
In Nordamerika, Südamerika, Europa, Afrika und Zentralasien ist der Transit von Merkur zu beobachten.
18. April
Merkur ist – in größter östlicher Elongation – abends zu sehen.
16. August
Merkur ist – in größter östlicher Elongation – abends zu sehen.
22. Mai
Mars steht in Opposition (mit Größenklasse 2,1).
28. September
Merkur ist – in größter westlicher Elongation – morgens zu sehen.

2016

Dieses Jahr sind zwei Sonnenfinsternisse und ein Transit von Merkur interessante astronomische Höhepunkte. Ein weiterer Merkurtransit erfolgt im November 2019 – das ist dann der letzte vor dem Jahr 2032.

Planetarische Konjunktion
Die hellen Planeten Jupiter (rechts) und Saturn (links) stehen das ganze Jahr nah beieinander. Im Januar und August begleitet Venus sie – dann ist eine seltene dreifache Konjunktion zu sehen.

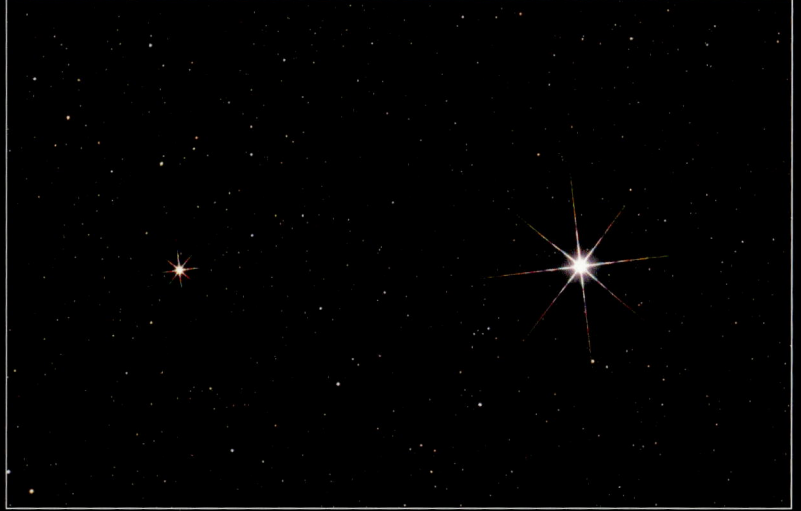

Merkurtransit
Am 9. Mai 2016 zieht der innerste Planet Merkur bei einem seiner seltenen Transits – von der Erde aus gesehen – vor der Sonne vorbei.

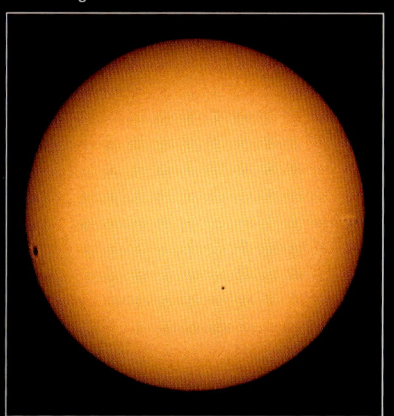

2017

Dieses Jahr sieht man eine totale und eine ringförmige Sonnenfinsternis wie auch eine weithin sichtbare partielle Mondfinsternis. Ein weiteres interessantes Ereignis ist eine ungewöhnlich enge Konjunktion von Venus und Jupiter im November.

Totale Sonnenfinsternis
Am 21. August 2017 kann man in den USA vielerorts mehr als zwei Minuten lang eine beeindruckende totale Sonnenfinsternis sehen.

Blick in Saturns Ringe
Dadurch, dass sich die Anordnung der Planeten allmählich verändert, blickt man im Jahr 2017 von der Erde aus von oben auf die Saturnringe.

LEGENDE	Vollmond	Neumond	Totale Mondfinsternis	Partielle Mondfinsternis	Partielle Sonnenfinsternis	Ringförmige Sonnenfinsternis	Totale Sonnenfinsternis

	JANUAR	FEBRUAR	MÄRZ	APRIL	MAI	JUNI	JULI	AUGUST	SEPTEMBER	OKTOBER	NOVEMBER	DEZEMBER
1												
2												
3												
4												
5												
6												
7												
8												
9												
10												
11												
12												
13												
14												
15												
16												
17												
18												
19												
20												
21												
22												
23												
24												
25												
26												
27												
28												
29												
30												
31												

1. April
Merkur ist – in größter östlicher Elongation – abends zu sehen.

3. Juni
Venus ist – in größter westlicher Elongation – morgens zu sehen.

7. April
Jupiter steht in Opposition (mit Größenklasse −2,5).

7. August
In Nordamerika, Südamerika, Europa, Afrika und Asien ist eine partielle Mondfinsternis zu sehen.

12. Januar
Venus ist – in größter östlicher Elongation – abends zu sehen.

15. Juni
Saturn steht in Opposition (mit Größenklasse −0,3).

12. September
Merkur ist – in größter westlicher Elongation – morgens zu sehen.

19. Januar
Merkur ist – in größter westlicher Elongation – morgens zu sehen.

17. Mai
Merkur ist – in größter westlicher Elongation – morgens zu sehen.

26. Februar
Im Pazifik sowie in Chile, Argentinien, im Atlantik und in Afrika ist eine ringförmige Sonnenfinsternis zu sehen, im südlichen Südamerika, Atlantik, in Afrika und in der Antarktis eine partielle.

21. August
Im Nordpazifik, in den USA und im Südatlantik ist eine totale Sonnenfinsternis zu sehen, in Nordamerika und im nördlichen Südamerika eine partielle.

23. November
Merkur ist – in größter östlicher Elongation – abends zu sehen.

30. Juli
Merkur ist – in größter östlicher Elongation – abends zu sehen.

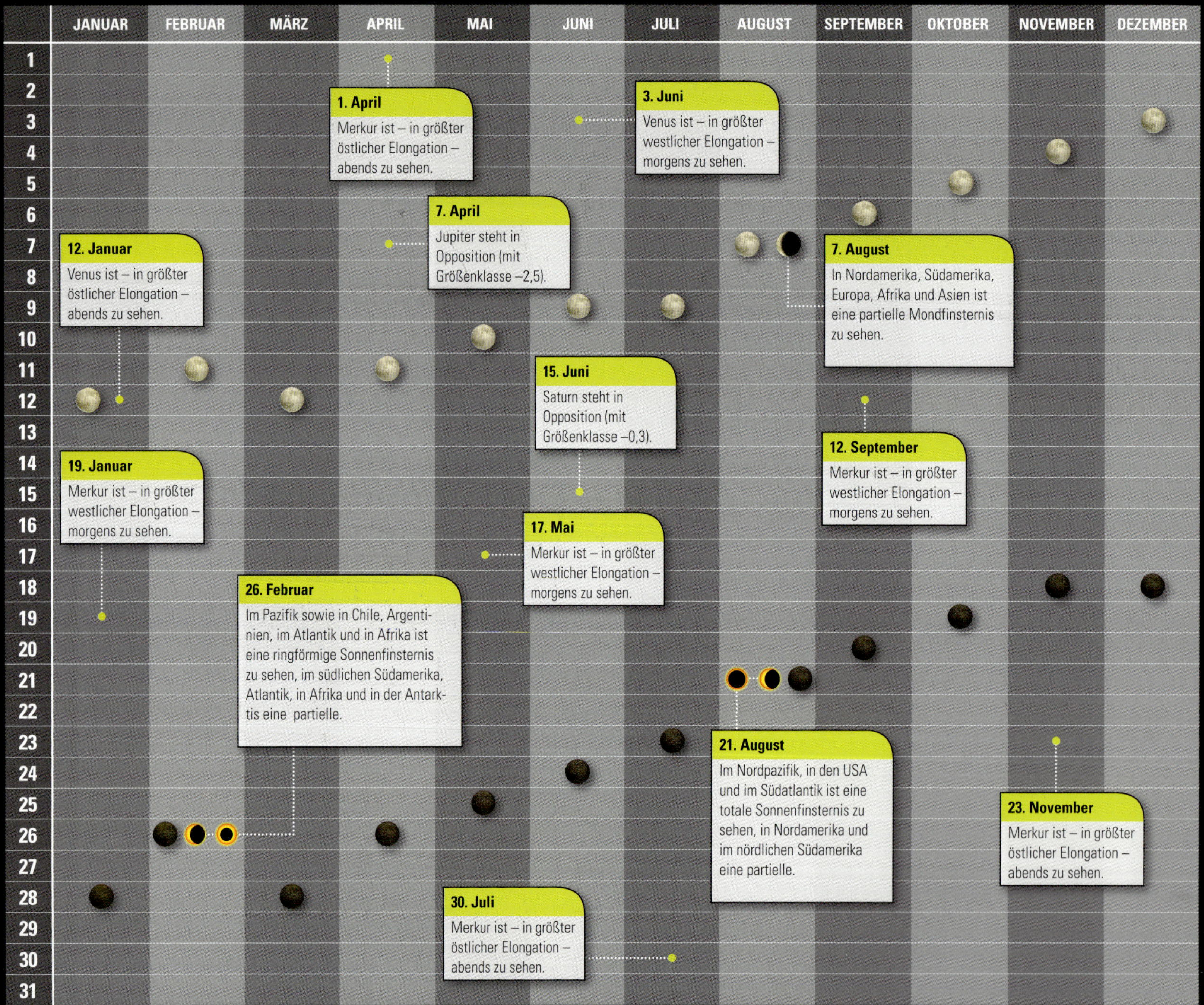

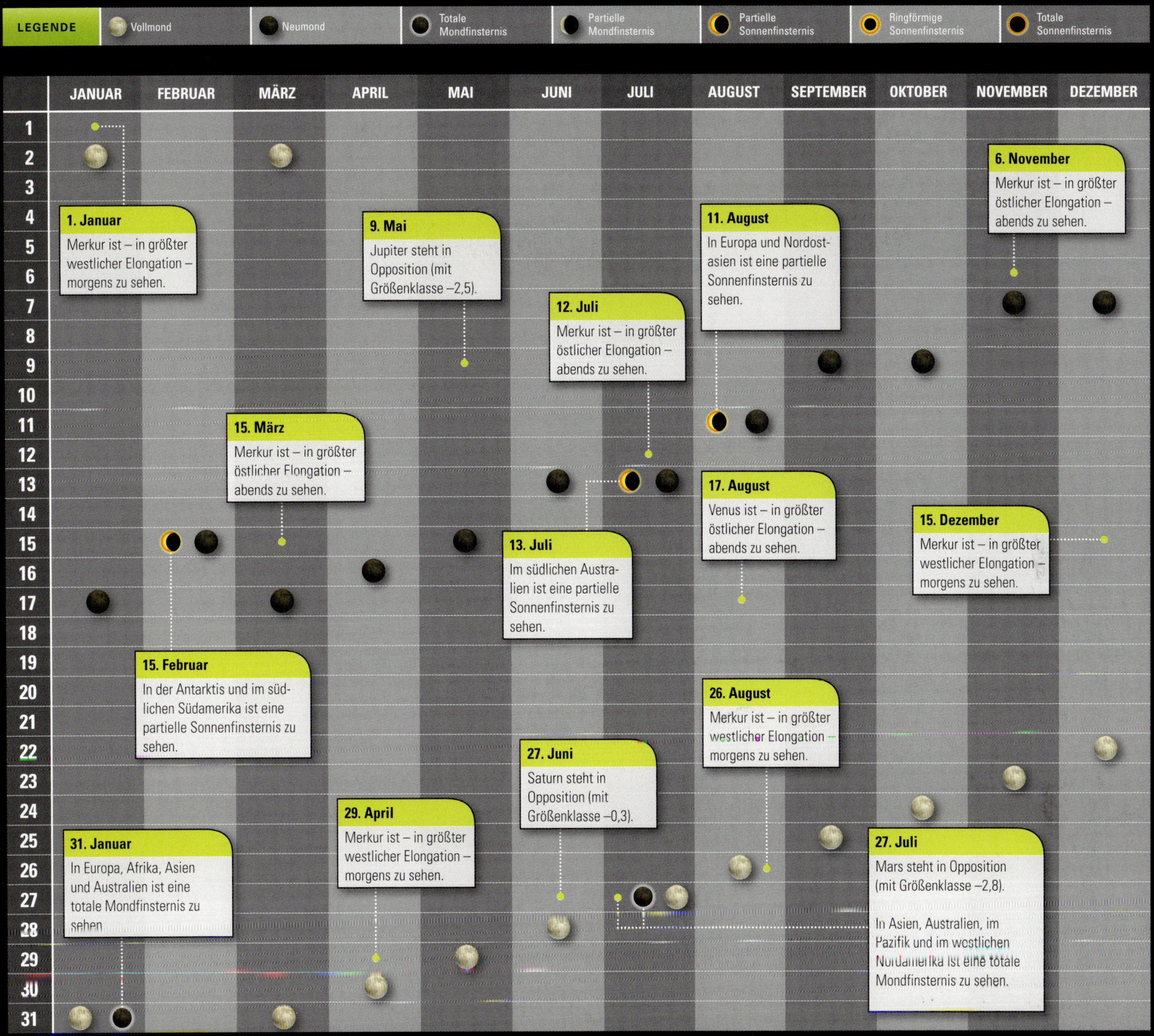

LEGENDE ⬤ Vollmond ⬤ Neumond ⬤ Totale Mondfinsternis ⬤ Partielle Mondfinsternis ⬤ Partielle Sonnenfinsternis ⬤ Ringförmige Sonnenfinsternis ⬤ Totale Sonnenfinsternis

	JANUAR	FEBRUAR	MÄRZ	APRIL	MAI	JUNI	JULI	AUGUST	SEPTEMBER	OKTOBER	NOVEMBER	DEZEMBER

1. Januar
Merkur ist – in größter westlicher Elongation – morgens zu sehen.

9. Mai
Jupiter steht in Opposition (mit Größenklasse –2,5).

12. Juli
Merkur ist – in größter östlicher Elongation – abends zu sehen.

11. August
In Europa und Nordostasien ist eine partielle Sonnenfinsternis zu sehen.

6. November
Merkur ist – in größter östlicher Elongation – abends zu sehen.

15. März
Merkur ist – in größter östlicher Elongation – abends zu sehen.

17. August
Venus ist – in größter östlicher Elongation – abends zu sehen.

13. Juli
Im südlichen Australien ist eine partielle Sonnenfinsternis zu sehen.

15. Dezember
Merkur ist – in größter westlicher Elongation – morgens zu sehen.

15. Februar
In der Antarktis und im südlichen Südamerika ist eine partielle Sonnenfinsternis zu sehen.

26. August
Merkur ist – in größter westlicher Elongation – morgens zu sehen.

27. Juni
Saturn steht in Opposition (mit Größenklasse –0,3).

29. April
Merkur ist – in größter westlicher Elongation – morgens zu sehen.

31. Januar
In Europa, Afrika, Asien und Australien ist eine totale Mondfinsternis zu sehen.

27. Juli
Mars steht in Opposition (mit Größenklasse –2,8).

In Asien, Australien, im Pazifik und im westlichen Nordamerika ist eine totale Mondfinsternis zu sehen.

2018

Alle drei Sonnenfinsternisse, die dieses Jahr auftreten, sind partielle. Dafür zeigt sich im Juli eine totale Mondfinsternis und zeitgleich eine ungewöhnlich enge Annäherung von Mars und Erde. Anfang Januar nähern sich Mars und Jupiter einander an.

Doppelter Vollmond
Sowohl im Januar als auch im März 2018 findet das seltene Ereignis statt, dass es in einem Kalendermonat zwei Vollmonde gibt.

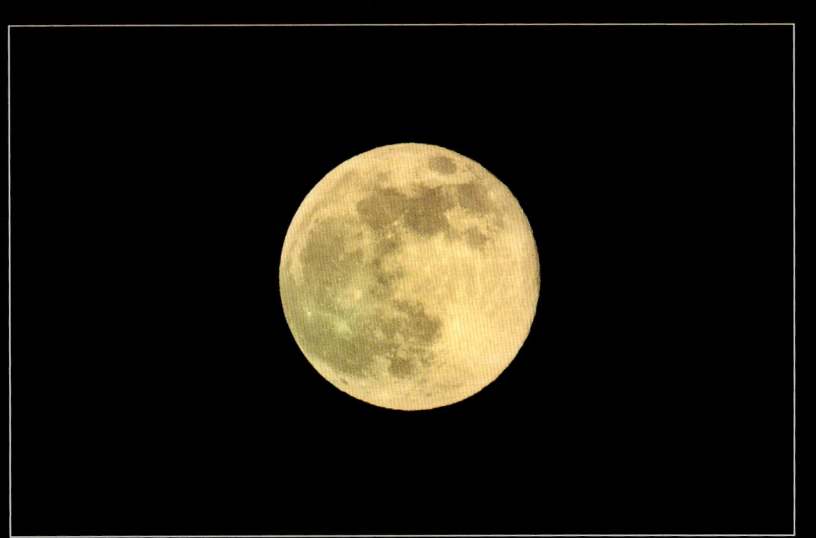

Annäherung an den Mars
Im Juli 2018 nähert sich der Mars der Erde bis auf 58 Mio. km, sodass er am Nachthimmel außergewöhnlich groß und hell erscheint.

2019

Dieses Jahr bietet eine totale, eine ringförmige und eine partielle Sonnenfinsternis sowie eine partielle und eine totale Mondfinsternis. Weitere Höhepunkte sind ein Merkurtransit und eine ungewöhnliche Konstellation der Satelliten von Jupiter.

Der große weiße Fleck auf Saturn
Wie schon im Jahr 1994 ist auch im Laufe des Jahres 2019 auf dem Saturn der weiße Fleck, ein Wirbelsturm, zu sehen.

Einsamer Jupiter
Am 9. November 2019 erscheint Jupiter für kurze Zeit mondlos, da alle vier hellen Satelliten auf ihrer Umlaufbahn hinter dem Gasriesen sind.

LEGENDE ● Vollmond ● Neumond ● Totale Mondfinsternis ● Partielle Mondfinsternis ● Partielle Sonnenfinsternis ● Ringförmige Sonnenfinsternis ● Totale Sonnenfinsternis

	JANUAR	FEBRUAR	MÄRZ	APRIL	MAI	JUNI	JULI	AUGUST	SEPTEMBER	OKTOBER	NOVEMBER	DEZEMBER
1												
2												

2. Juli
Im Südpazifik, Chile und Argentinien ist eine totale Sonnenfinsternis zu sehen, im Südpazifik und in Südamerika eine partielle.

9. Juli
Saturn steht in Opposition (mit Größenklasse −0,3).

6. Januar
Venus ist – in größter westlicher Elongation – morgens zu sehen.

In Nordostasien und im Nordpazifik gibt es eine partielle Sonnenfinsternis.

10. Juni
Jupiter steht in Opposition (mit Größenklasse −2,6).

11. November
In Nordamerika, Südamerika, Europa, Afrika und Zentralasien kann man den Transit von Merkur verfolgen.

9. August
Merkur ist – in größter westlicher Elongation – morgens zu sehen.

11. April
Merkur ist – in größter westlicher Elongation – morgens zu sehen.

20. Oktober
Merkur ist – in größter östlicher Elongation – abends zu sehen.

16. Juli
In Nordamerika, in Südamerika, im Zentralpazifik, in Europa und Afrika ist eine partielle Mondfinsternis zu sehen.

26. Dezember
In Saudi-Arabien, in Indien, auf Sumatra und Borneo ist eine ringförmige Sonnenfinsternis zu sehen, in Asien und Australien eine partielle.

21. Januar
In Südamerika, Europa, Afrika, Asien und Australien ist eine totale Mondfinsternis zu sehen.

28. November
Merkur ist – in größter westlicher Elongation – morgens zu sehen.

23. Juni
Merkur ist – in größter östlicher Elongation – abends zu sehen.

27. Februar
Merkur ist – in größter östlicher Elongation – abends zu sehen.

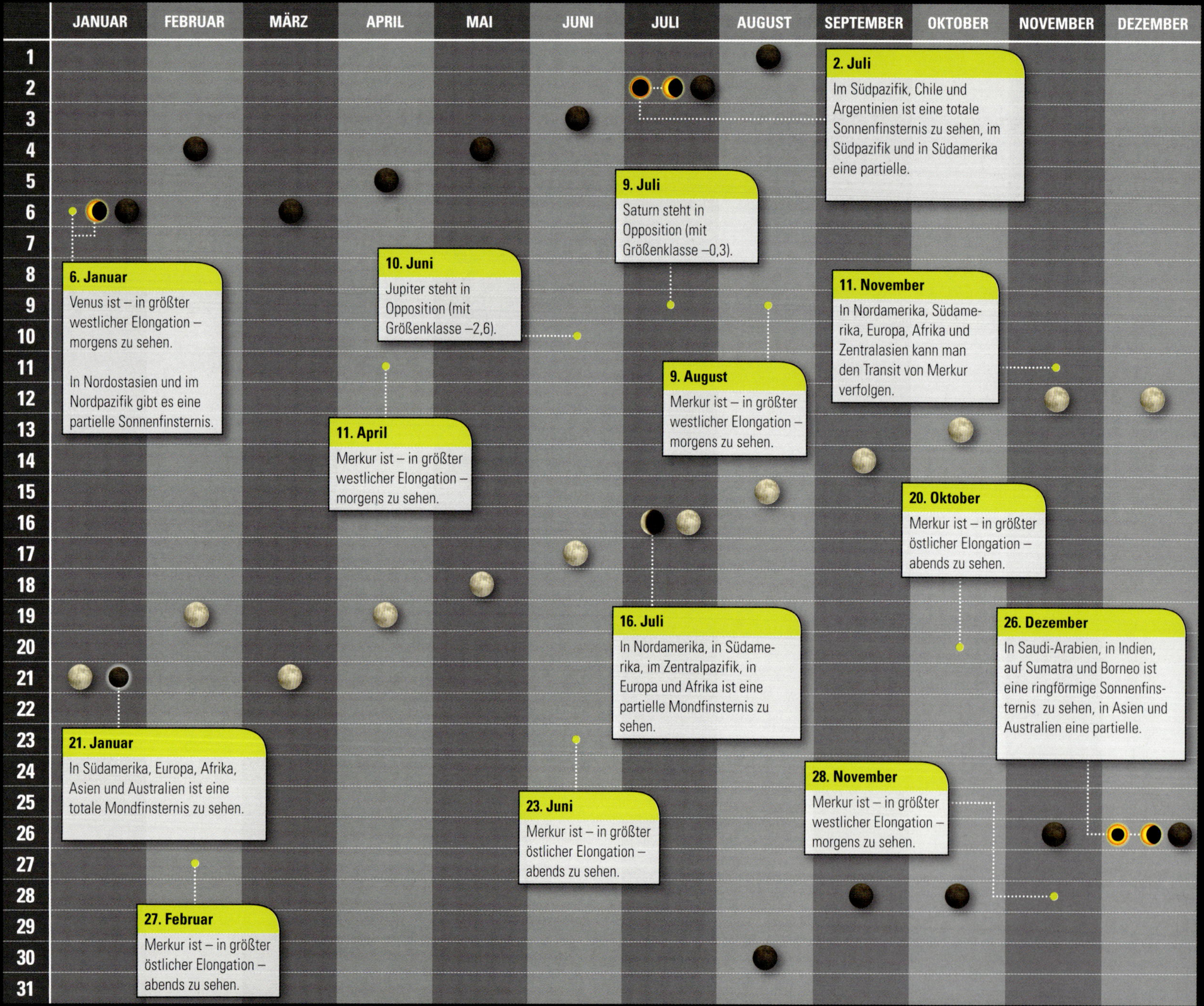

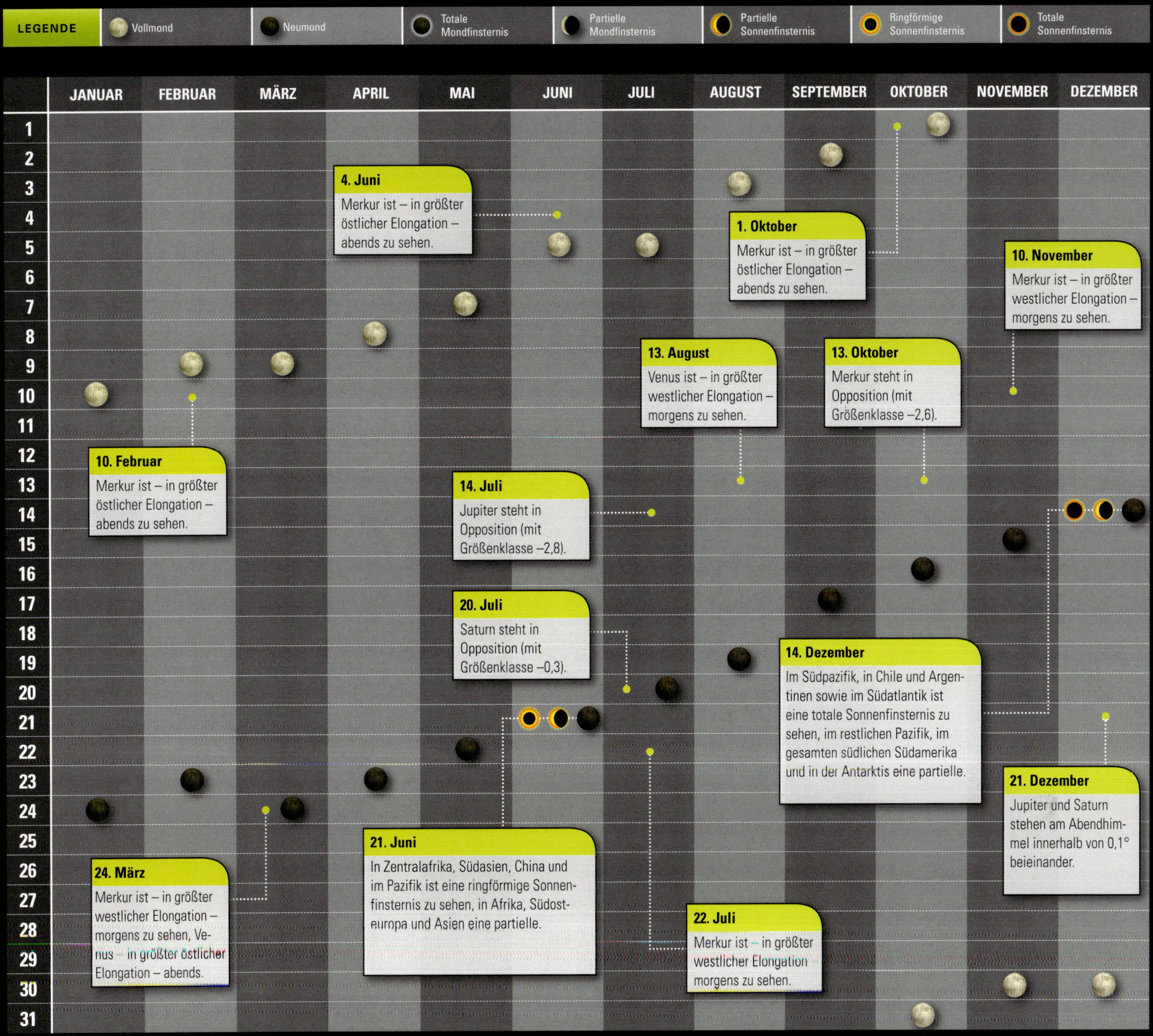

LEGENDE
Vollmond
Neumond
Totale Mondfinsternis
Partielle Mondfinsternis
Partielle Sonnenfinsternis
Ringförmige Sonnenfinsternis
Totale Sonnenfinsternis
JANUAR
FEBRUAR
MÄRZ
APRIL
MAI
JUNI
JULI
AUGUST
SEPTEMBER
OKTOBER
NOVEMBER
DEZEMBER
1 2 3 4 5 6 7 8 9 10 11 12 13 14 15 16 17 18 19 20 21 22 23 24 25 26 27 28 29 30 31
4. Juni
Merkur ist – in größter östlicher Elongation – abends zu sehen.
1. Oktober
Merkur ist – in größter östlicher Elongation – abends zu sehen.
10. November
Merkur ist – in größter westlicher Elongation – morgens zu sehen.
13. August
Venus ist – in größter westlicher Elongation – morgens zu sehen.
13. Oktober
Merkur steht in Opposition (mit Größenklasse –2,6).
10. Februar
Merkur ist – in größter östlicher Elongation – abends zu sehen.
14. Juli
Jupiter steht in Opposition (mit Größenklasse –2,8).
20. Juli
Saturn steht in Opposition (mit Größenklasse –0,3).
14. Dezember
Im Südpazifik, in Chile und Argentinen sowie im Südatlantik ist eine totale Sonnenfinsternis zu sehen, im restlichen Pazifik, im gesamten südlichen Südamerika und in der Antarktis eine partielle.
21. Dezember
Jupiter und Saturn stehen am Abendhimmel innerhalb von 0,1° beieinander.
21. Juni
In Zentralafrika, Südasien, China und im Pazifik ist eine ringförmige Sonnenfinsternis zu sehen, in Afrika, Südosteuropa und Asien eine partielle.
24. März
Merkur ist – in größter westlicher Elongation – morgens zu sehen, Venus – in größter östlicher Elongation – abends.
22. Juli
Merkur ist – in größter westlicher Elongation morgens zu sehen.

2020

Es ist zwar ungewöhnlich, aber in diesem Jahr gibt es keine Mondfinsternis (der Mond passiert den Erdschatten viermal nur unmerklich am Rand), dafür aber eine ringförmige und eine totale Sonnenfinsternis.

Jupiter und Saturn
Am 21. Dezember ist eine seltene Konstellation zu beobachten: eine Konjunktion von Jupiter (rechts vom Mond) und Saturn (über dem Mond). Dann liegen die Planeten nah beieinander.

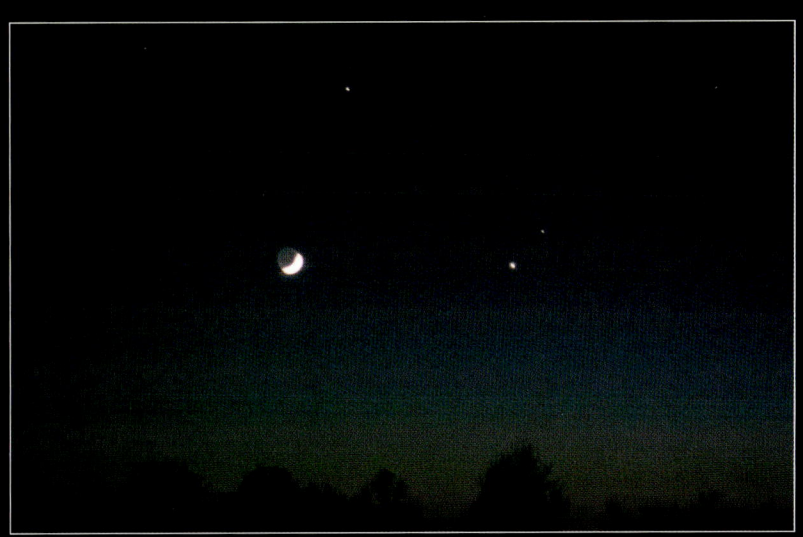

21. Juni: Ringförmige Sonnenfinsternis
Bei dieser Finsternis steht der Mond am erdfernsten Punkt, den er erreichen kann. Dadurch ist die Mondscheibe zu klein, um die Sonne ganz zu verdecken, und ein schmaler Ring bleibt zu sehen.

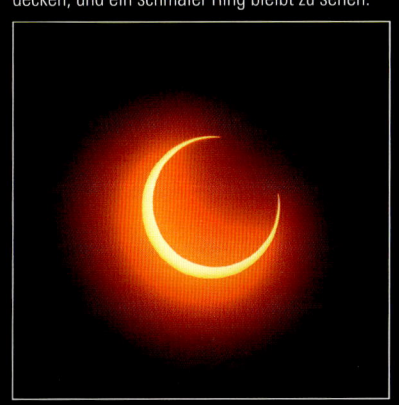

2021

In diesem Jahr sieht man Sonnenfinsternisse nur auf extrem nördlichen und südlichen Breiten, während zwei Mondfinsternisse weithin sichtbar sind. Zu den Höhepunkten zählt eine seltene, enge Begegnung des größten und kleinsten Planeten.

Verdeckter Zwilling
Am 2. November verschwindet der helle Stern Pollux (oben links außen) in Gemini kurzfristig, weil ihn der Planetoid 552 Sigelinde bedeckt.

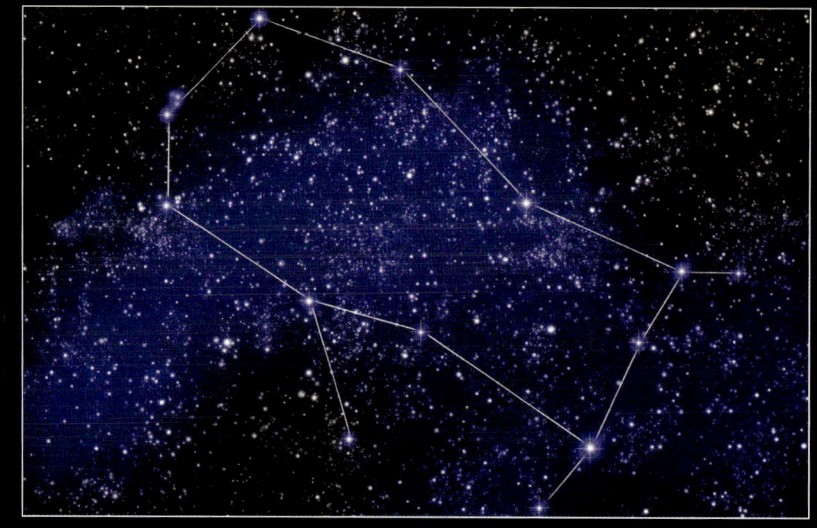

Venus und Merkur
Am 28. Mai stehen Venus und Merkur nach Sonnenuntergang nebeneinander. Die helle Venus ist links und der dunklere Merkur rechts.

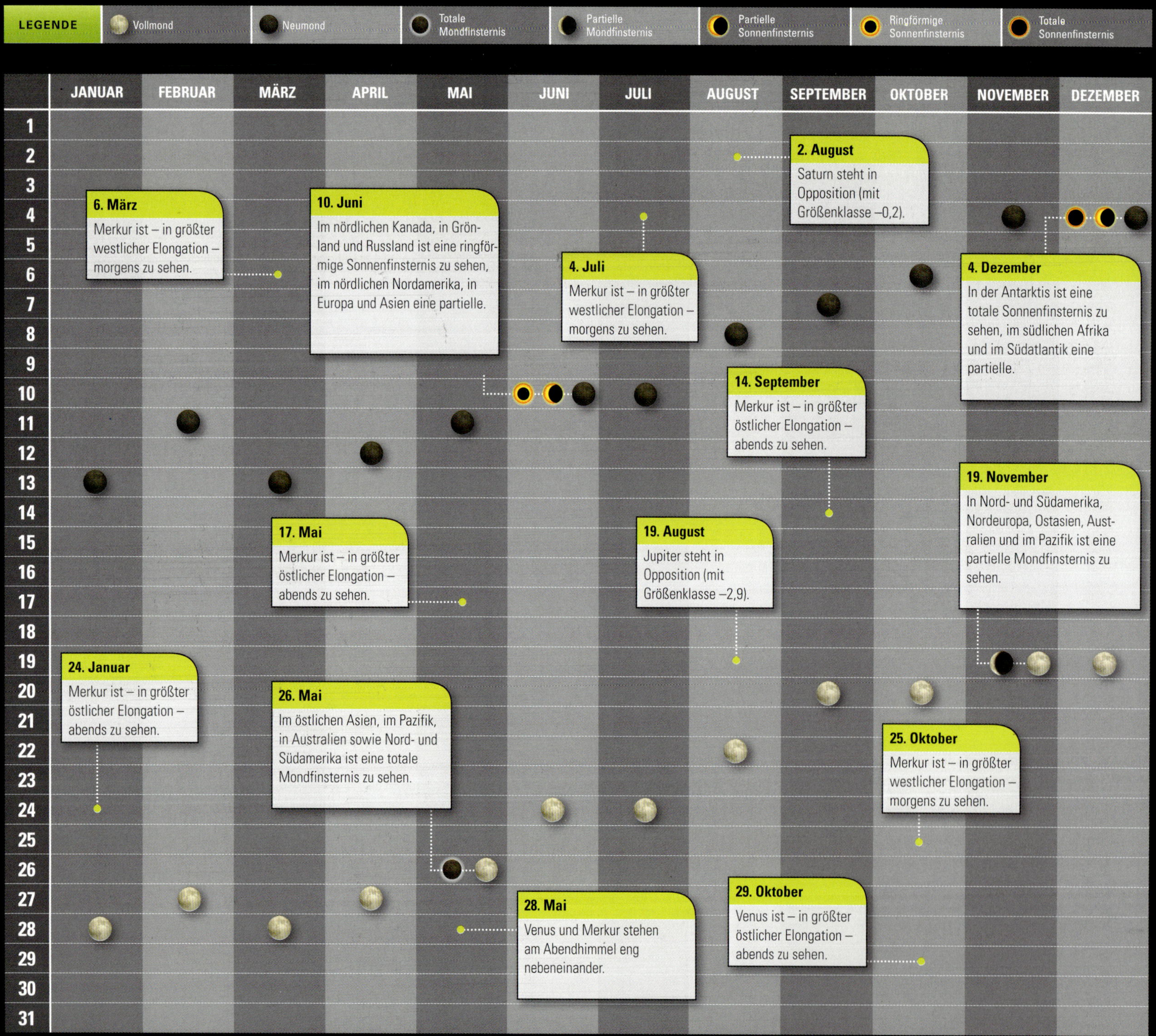

LEGENDE   ● Vollmond   ● Neumond   ● Totale Mondfinsternis   ● Partielle Mondfinsternis   ● Partielle Sonnenfinsternis   ● Ringförmige Sonnenfinsternis   ● Totale Sonnenfinsternis

	JANUAR	FEBRUAR	MÄRZ	APRIL	MAI	JUNI	JULI	AUGUST	SEPTEMBER	OKTOBER	NOVEMBER	DEZEMBER
1												
2												
3												
4												
5												
6												
7												
8												
9												
10												
11												
12												
13												
14												
15												
16												
17												
18												
19												
20												
21												
22												
23												
24												
25												
26												
27												
28												
29												
30												
31												

2. August
Saturn steht in Opposition (mit Größenklasse –0,2).

6. März
Merkur ist – in größter westlicher Elongation – morgens zu sehen.

10. Juni
Im nördlichen Kanada, in Grönland und Russland ist eine ringförmige Sonnenfinsternis zu sehen, im nördlichen Nordamerika, in Europa und Asien eine partielle.

4. Juli
Merkur ist – in größter westlicher Elongation – morgens zu sehen.

4. Dezember
In der Antarktis ist eine totale Sonnenfinsternis zu sehen, im südlichen Afrika und im Südatlantik eine partielle.

14. September
Merkur ist – in größter östlicher Elongation – abends zu sehen.

17. Mai
Merkur ist – in größter östlicher Elongation – abends zu sehen.

19. August
Jupiter steht in Opposition (mit Größenklasse –2,9).

19. November
In Nord- und Südamerika, Nordeuropa, Ostasien, Australien und im Pazifik ist eine partielle Mondfinsternis zu sehen.

24. Januar
Merkur ist – in größter östlicher Elongation – abends zu sehen.

26. Mai
Im östlichen Asien, im Pazifik, in Australien sowie Nord- und Südamerika ist eine totale Mondfinsternis zu sehen.

25. Oktober
Merkur ist – in größter westlicher Elongation – morgens zu sehen.

28. Mai
Venus und Merkur stehen am Abendhimmel eng nebeneinander.

29. Oktober
Venus ist – in größter östlicher Elongation – abends zu sehen.

GLOSSAR

Äquinoktium (Tagundnachtgleiche) Zeitpunkt, an dem die Sonne über dem Erdäquator im Zenit steht und an dem Tag und Nacht gleich lang sind.

Asterismus Ein auffälliges Muster aus Sternen, die entweder zu einem oder zu mehreren Sternbildern gehören. Ein bekanntes Beispiel ist der Große Wagen im Sternbild Ursa Maior.

Astrofotografie Die Fotografie von Himmelsobjekten, inklusive der Sonne und Finsternissen.

äußere Planeten Planeten, die außerhalb der Erdumlaufbahn um die Sonne kreisen, also Mars, Jupiter, Saturn, Uranus und Neptun.

Bedeckung Wandert ein Himmelskörper – von der Erde aus gesehen – vor einen anderen, sodass der entferntere ganz oder teilweise verdeckt wird, spricht man von einer Bedeckung. Dies passiert etwa, wenn sich der Mond vor einen entfernten Stern schiebt, sodass dieser von uns aus nicht mehr zu sehen ist.

Deklination Der Winkelabstand eines Körpers vom Himmelsäquator. Die Deklination entspricht dem Breitengrad auf der Erde und wird in Grad oberhalb oder unterhalb des Himmelsäquators (Deklination 0°) gemessen.

Doppelstern Zwei Sterne, die sich durch ihre Schwerkraft anziehen und die um einen gemeinsamen Schwerpunkt kreisen.

Ekliptik Die Ebene, die die Umlaufbahn der Erde um die Sonne aufspannt oder die Projektion dieser Ebene auf die Himmelskugel.

elliptische Galaxie Eine Galaxie, die eine ovale (elliptische) Form besitzt. Sie enthält nur sehr wenig Gas und Staub, weshalb in ihr normalerweise keine neuen Sterne entstehen.

Elongation Von der Erde aus gesehen der Winkel zwischen der Sonne und einem innneren Planeten. Der Begriff wird vor allem verwendet, um den Zeitpunkt des größten Winkels (größte Elongation) zwischen Merkur oder Venus und der Sonne zu beschreiben.

Finsternis Die lineare Ausrichtung eines Planeten oder Monds mit der Sonne, bei der einer dieser Himmelskörper seinen Schatten auf einen anderen wirft. Bei einer Mondfinsternis wird der Mond durch den Schatten der Erde verdunkelt – bei einer Sonnenfinsternis liegt die Erde im Schatten des Mondes.

Galaxie Eine riesige Ansammlung von Sternen, Gas und Staub, die durch ihre Schwerkraft zusammengehalten wird. Galaxien können zwischen einigen Tausend und Hunderttausenden Lichtjahren groß sein.

Größenklasse Die Einheit für die Helligkeit eines Himmelsobjekts. Sie wird auf einer numerischen Skala gemessen, bei der helle Körper kleine oder negative und dunkle Körper große Werte besitzen.

Himmelsäquator Der Himmelsäquator ist der Kreis, in dem die Ebene, auf dem der Erdäquator liegt, die Himmelskugel schneidet.

Himmelskugel Die virtuelle Kugel um die Erde, auf der scheinbar alle Himmelsobjekte liegen.

Himmelspole Die Punkte an denen die verlängerte Erdachse die Himmelskugel schneidet und um die die Sterne scheinbar kreisen.

innere Planeten Planeten, die innerhalb der Erdumlaufbahn um die Sonne kreisen. Die beiden inneren Planeten sind Merkur und Venus.

Konjunktion Eine lineare Anordnung mehrerer Himmelsobjekte, also wenn eines vor dem anderen vorbeiwandert – etwa, wenn ein Planet von der Erde aus gesehen auf einer Linie vor oder hinter der Sonne liegt.

Kugelsternhaufen Eine kugelförmige Ansammlung von Sternen, die durch Schwerkraft zusammenhalten.

Lichtjahr Die Strecke, die Licht im Vakuum in einem Jahr zurücklegt – 9460 Milliarden Kilometer.

Lokale Gruppe Ein kleiner Haufen aus mehr als 30 Galaxien, zu der auch die Milchstraße gehört.

Mehrfachstern Ein System, das aus drei bis mehreren Dutzend Sternen besteht, die durch Schwerkraft zusammengehalten werden und sich gegenseitig umkreisen.

Meteorschauer Eine beachtliche Anzahl Meteore, die scheinbar von einem gemeinsamen Punkt am Himmel ausgehen.

Nebel Eine Wolke aus Gas und Staub, die häufig aufgrund des Lichts ihrer Nachbarsterne sichtbar wird.

Offener Sternhaufen Eine Gruppe aus bis zu wenigen Hundert Sternen, die durch Schwerkraft zusammenhalten und häufig in den Armen einer Spiralgalaxie auftreten.

Öffnung Der Durchmesser des Hauptspiegels oder der Linse von Teleskopen oder Ferngläsern. Ein Teleskop mit großer Öffnung sammelt mehr Licht und zeigt dunklere Objekte als eines mit kleiner Öffnung.

Opposition Der Zeitpunkt, an dem ein äußerer Planet auf der sonnenabgewandten Seite der Erde steht. An diesem Punkt ist dieser Planet am erdnächsten und erscheint deshalb sehr hell.

Planet Ein Himmelskörper, der seine Umlaufbahn um die Sonne von planetarischen Trümmern befreit hat und aufgrund seiner Schwerkraft nahezu kugelförmig ist.

Planetarischer Nebel Eine glühende Hülle aus Gas und Staub, die ein sterbender Stern abgestoßen hat und die wie ein Planet erscheint.

Radiant Punkt am Himmel, von dem die Spuren von Mitgliedern eines Meteorschauers auszugehen scheinen.

Rektaszension (RA) An der Himmelskugel das Äquivalent zu den Längengraden auf der Erde. Sie entspricht dem Winkelabstand in Stunden, Minuten und Sekunden von dem Punkt, an dem die Ekliptik im Frühling den Himmelsäquator schneidet.

retrograde Bewegung Die scheinbare vorübergehende Umkehr der Bewegungsrichtung eines Planeten. Meistens bewegen sich Planeten am Nachthimmel wie die Sterne von West nach Ost, doch wenn sie um die Zeit, in der sie in Opposition stehen, von der Erde überholt werden, ändern sie scheinbar ihre Richtung.

Sonnensystem Die Familie aus acht Planeten und mehreren anderen Himmelskörpern, die die Sonne umkreisen.

Spiralgalaxie Eine Galaxie, von deren Zentrum Spiralarme aus hellen jungen Sternen ausgehen. Spiralgalaxien enthalten viel Gas und Staub und bieten damit gute Bedingungen zur Sternentstehung.

Stern Eine riesige Kugel aus glühendem Plasma, die in ihrem Zentrum durch Kernreaktionen Wärme sowie Licht erzeugt und diese abstrahlt.

Sternbild Ein Himmelsabschnitt mit Sternen, die durch gedachte Linien zu einem Bild verbunden sind. Die Himmelskugel wurde offiziell in 88 Sternbilder aufgeteilt.

Tierkeis Ein Band am Himmel beidseits der Ekliptik, durch das scheinbar die Sonne, der Mond und die Planeten wandern.

Umlaufbahn Die Bahn eines Planeten oder Himmelskörpers um die Sonne oder eines Monds um seinen Planeten.

Veränderlicher Ein Stern, dessen Helligkeit sich zeitweilig ändert. Verursacht werden die Schwankungen durch innere oder äußere Einflüsse wie etwa die Bedeckung durch einen anderen Stern.

REGISTER

DANK

Will Gater

Ich danke meiner Familie, vor allem Rose, für ihre Unterstützung. Darüber hinaus gilt mein Dank Martha und dem Team bei Dorling Kindersley, die sich sehr für das Gelingen dieses Buchs eingesetzt haben.

Dorling Kindersley dankt folgenden Personen, die bei der Vorbereitung dieses Buchs mitgewirkt haben: Giles Sparrow für seine Hilfe bei der Redaktion und Illustration sowie für den Text zum Almanach, Paul Drislane für das Design, das er mit Unterstützung von Fiona McDonald betreute, den Fachkräften, die das Register erstellt haben, Lizzie Munsey für das Korrekturlesen sowie Sophie Argyris und Luca Frassinetti für ihre Hilfe bei der Produktion des Buchs.
Die DK-Bilder stammen von Claire Bowers, Martin Copeland und Lucy Claxton.

Bildnachweis

Der Verlag dankt folgenden Personen und Instituten für die freundliche Erlaubnis, ihre Fotos abzudrucken.

(Legende: O-oberhalb; u-unterhalb/unten; m-Mitte; a-außen; l-links; r-rechts; o-oben)

2-3 Corbis: Gabe Palmer. **4 Corbis:** Visuals Unlimited. **6-7 Corbis:** Science Faction/Tony Hallas. **9 Corbis:** Myron Jay Dorf (u/Milchstraße); NASA/JPL-Caltech (u/Quasar); Science Faction/Tony Hallas (mru); Stocktrek Images (u/Andromedanebel). **European Southern Observatory (ESO):** Digitalisierte Himmelsübersicht 2 (u/Virgohaufen). **10 Corbis:** Roger Ressmeyer (mrO). **13 Corbis:** EPA/Dean Lewins (or). **Will Gater:** (ul). **14 Corbis:** Gabe Palmer (mlO). **15 Corbis:** Frank Lukasseck (um); Visuals Unlimited (mr). **16-17 Corbis:** Frank Lukasseck. **21 Corbis:** Roger Ressmeyer (mlO). **22 Corbis:** Visuals Unlimited (ml) (ul). **23 Robert Gendler:** (ur). **Alson Wong:** (mr). **28 NOAO/AURA/NSF:** (ml). **29 Science Photo Library:** Eckhard Slawik (mO). **30 Getty Images:** Visuals Unlimited, Inc./Robert Gendler (ul). **Walter MacDonald:** (ml). **31 Corbis:** Visuals Unlimited (mr). **Science Photo Library:** Celestial Image Co. (ur). **36 Corbis:** Roger Ressmeyer (ml). **37 Galaxy Picture Library:** Gordon Garradd (ml). **38 Corbis:** Roger Ressmeyer (ul); Stocktrek Images (ml). **39 European Southern Observatory (ESO):** (ur). **NASA and The Hubble Heritage Team (AURA/STScI):** (mr). **44 Getty Images:** David McNew (ml). **45 Yuri Beletsky:** (ml). **46 Corbis:** Stocktrek Images (ul). NOAO/AURA/NSF: (ml). **47 NASA and The Hubble Heritage Team (AURA/STScI):** (ur). **Hunter Wilson:** (mr). **52 Corbis:** Roger Ressmeyer (m). **53 Yuri Beletsky:** (ml). **54 NASA and The Hubble Heritage Team (AURA/STScI):** (ml). **NOAO/AURA/NSF:** (ul). **55 NOAO/AURA/NSF:** (mr). **Télescopes à Action Rapide pour les Objets Transitoires:** (ur). **61 Corbis:** Amanaimages/Katahira Takashi (ml). **62 Will Gater:** (ml). **NOAO/AURA/NSF:** (ul). **63 Getty Images:** Image Bank/LWA (mr); Visuals Unlimited, Inc./Robert Gendler (ur). **68 Will Gater:** (ul). **69 Corbis:** Reuters/Ho (ml). **70 European Southern Observatory (ESO):** Digitalisierte Himmelsübersicht 2 (ml). **NASA:** (ul). **71 Canada-France-Hawaii Telescope:** Jean-Charles Cuillandre (ur). **Galaxy Picture Library:** Jeremy Perez (mr). **76 Corbis:** Reuters/ Ali Jarekji (ul). **77 Corbis:** Visuals Unlimited (ml). **78 Corbis:** Scott Stulberg (ml). **Getty Images:** Stocktrek Images (ul). **79 Will Gater:** (mr). **NOAO/AURA/NSF:** (ur). **85 Corbis:** Stocktrek Images (ml). **86 Frank Barrett:** (ul). **Galaxy Picture Library:** Damian Peach (ml). **87 NASA:** (mr). **NOAO/AURA/NSF:** (ur). **93 Alamy Images:** Galaxy Picture Library (ml). **94 Corbis:** Roger Ressmeyer (ul). **Galaxy Picture Library:** Robin Scagell (ml). **95 Anthony Ayiomamitis/perseus.gr:** (mr). **Corbis:** Dennis di Cicco (ur). **101 Science Photo Library:** John Chumack (ml). **102 2MASS:** (ml). **NOAO/AURA/NSF:** (ul). **103 Corbis:** Stocktrek Images (ur). **NOAO/AURA/NSF:** (mr). **108 Getty Images:** Barcroft Media/Wally Pacholka (ml). **109 Corbis:** Roger Ressmeyer (ml). **110 Corbis:** Roger Ressmeyer (ul). **Galaxy Picture Library:** Damian Peach (ml). **111 Getty Images:** Stocktrek Images (ur). **NOAO/AURA/NSF:** (mr). **117 Alamy Images:** Galaxy Picture Library (um). **Getty Images:** SSPL/Jamie Cooper (ur). **118 Corbis:** Reuters/Doug Murray (om). **Jimmy Westlake:** (or). **119 Science Photo Library:** John Sanford (um). **Mila Zinkova:** (ur). **120 Corbis:** EPA/John Sun (om); Roger Ressmeyer (or). **121 Corbis:** Gary Carter (um); NASA/Bryan Allen (ur). **122 Corbis:** (om). **NASA:** JPL-Caltech (or). **123 Galaxy Picture Library:** Robin Scagell (um). **Corbis:** Richard Cummins (ur). **124 Corbis:** Radius Images (Om). **Galaxy Picture Library:** Robin Scagell (Or).

Umschlagabbildungen: *Hintergrund:* Corbis: Bettmann (Sternenkarte); Getty Images: Ian McKinnell (Himmel). *Vorderseite:* Stocktrek (aml); Jeff Vanuga (mr); NOAO / AURA / NSF: Bill Schoening (m) (Nebel); Science Photo Library: Frank Zullo (amr). *Rückseite:* Radius Images (om) (Polarlichter); Galaxy Picture Library: Michael Stecker (or); Getty Images: Don J. McCrady (ml) (Nebel); Duncan Stewart (aor); NASA: JPL (ol). *Rücken:* Getty Images: Ian McKinnell; NASA: JPL (o)

Alle anderen Abbildungen © Dorling Kindersley
Für weitere Informationen besuchen Sie: www.dkimages.com